5 ‰
Bottnischer Meerbusen
FINNLAND
Åland-Inseln
5 ‰
6 ‰
Nördliche Ostsee
ESTLAND
Mittlere Ostsee
Gotland
LETTLAND
‰
LITAUEN
LEN

KOSMOS

KOSMOS *naturführer*

Marianne Køie und Aase Kristiansen

Der große Kosmos Strandführer

Tiere und Pflanzen in Nord- und Ostsee

Mit Zeichnungen von
Susanne Weitemeyer

KOSMOS

Erschienen unter dem Originaltitel
„Havets dyr og planter“
ISBN 87-12-03003-1

Aus dem Dänischen übersetzt von Felix Heintzenberg, Lund (Schweden).

Umschlaggestaltung von Friedhelm Steinen-Broo, eStudio Calamar, Pau (Spanien), unter Verwendung von vier Zeichnungen von Susanne Weitemeyer: Essbarer Seeigel, Taschenkrebs, Hummer (Buchrücken) und von Marianne Golte-Bechtle: Seehund.

Über 780 Farbzeichnungen und über 120 Schwarzweißzeichnungen von Susanne Weitemeyer; Vor- und Nachsatzkarte von John Fowlie

Die Deutsche Bibliothek –
CIP-Einheitsaufnahme

Der Titelsatz für diese Publikation ist bei der Deutschen Bibliothek erhältlich

Für die deutschsprachige Ausgabe:

ISBN 3-440-08576-7
Lektorat: Stefanie Tommes
Herstellung: Die Herstellung, Stuttgart
Printed in Denmark
Satz: Typomedia GmbH, Ostfildern
Druck: Norhaven A/S, Denmark
Bindung: Hendriksen, Denmark

Die Autorinnen:
Dr. Marianne Køie, Dozentin am Laboratorium für Meeresbiologie der Universität Kopenhagen, spezialisiert auf Meeresbiologie. Autorin wissenschaftlicher Abhandlungen, Schwerpunkte ihrer Arbeiten sind Parasiten in Meerestieren. Promotion über Parasiten in Schnecken und Fischen. Unterrichtet seit 1970 Kurse in mariner Zoologie an den Universtitäten Frederikshavn und Helsingør.

Aase Kristiansen, Biologin, arbeitet am Institut für Botanik der Universität Kopenhagen, spezialisiert auf Meeresalgen. Autorin wissenschaftlicher Abhandlungen und populärwissenschaftlicher Artikel in Lexika und Kompendien. Sie hat Exkursionen in die verschiedensten Gebiete der nordwesteuropäischen Gezeitenzonen geleitet. Unterrichtet seit 1959 Kurse in mariner Botanik an der Universität Frederikshavn.

Die Zeichnerin:
Susanne Weitemeyer wurde an der Schule für Handwerkskunst ausgebildet. Arbeitet seit 25 Jahren als Buchillustratorin und ist spezialisiert auf Natur-Illustrationen.

Der Übersetzer:
Felix Heintzenberg studierte Biologie in Göttingen und Lund. Der Feldornithologe, Naturfotograf, Sporttaucher und Angler lebt seit 1995 in Schweden, wo er heute als Gymnasiallehrer arbeitet.

Dank:
Rainer Borcherding (Schutzstation Wattenmeer) und *Prof. Dr. Heinz Mehlhorn* (Universität Düsseldorf) gilt besonderer Dank für die tatkräftige Unterstützung bei der Recherche nach deutschen Tier- und Pflanzennamen.

Vorwort

An den verschiedenen Meeresküsten kann man eine sehr vielfältige Tier- und Pflanzenwelt beobachten. Dieses Buch beschreibt die Fauna und Flora der mittel- und nordeuropäischen Meeresregionen, von der südlichen Nordsee bis zu den Ålandinseln, d.h. von den Küstengebieten Belgiens, der Niederlande, Deutschlands, Dänemarks, Norwegens und Schwedens bis hin zu den Schärengebieten Stockholms. Im Buch werden in erster Linie Tier- und Pflanzenarten beschrieben, die am Meeresgrund leben *(Benthos)*, z.B. Meeresschwämme, Schnecken, Muscheln, Krebstiere, Seeigel und Seescheiden. Auch größere frei schwimmende Organismen, z.B. Quallen und Fische, die in Küstennähe leben, werden im Buch behandelt. Weiter werden auch einige Säugetierarten, z.B. Robben und Schweinswale, beschrieben. Im Gegensatz zu herkömmlichen Bestimmungsbüchern über die marine Fauna und Flora beinhaltet diese Buch auch einige Fischparasiten. Von den Meerespflanzen werden die großen Algenarten, z.B. Rotalgen, Braunalgen und Grünalgen sowie Armleuchteralgen und Blaualgen, aber auch Flechten und marine Blütenpflanzen vorgestellt. Dieses Buch umfasst alle größeren Meeresorganismen, die regelmäßig in Meerestiefen bis zu 20 m, in Ausnahmefällen auch bis zu 40 m auftreten, sowie Arten, die häufig am Spülsaum angespült werden.

Insgesamt werden etwa 550 Tierarten und 145 Pflanzenarten abgebildet und beschrieben. Die Arten wurden nach lebenden Vorlagen, in Ausnahmefällen auch nach sehr guten Farbfotografien, Schalen und Präparaten, sowie bei den Pflanzen nach Herbariumsmaterial gezeichnet. Für alle Arten werden neben dem deutschen und dem wissenschaftlichen Namen Artkennzeichen und Lebensweise, außerdem in den meisten Fällen auch Tiefenverbreitung, Substratansprüche, Verbreitung und ggf. die Nutzung angegeben.

Die im Buch beschriebenen Arten können in der Regel direkt in der Natur bestimmt werden. Sie sind fast alle so groß, dass man sie mit bloßem Auge erkennen kann. In einigen wenigen Fällen ist das Benutzen einer Lupe mit 10-facher Vergrößerung erforderlich.

Mit den etwa 700 beschriebenen Arten ermöglicht dieses Buch dem allgemein Naturinteressierten, aber auch Studenten, Lehrern, Tauchern, Seglern, Anglern, Berufsfischern, Strandwanderern und Küstenbesuchern ein einfaches und schnelles Bestimmen der marinen Tier- und Pflanzenarten.

Für ein kritisches Korrekturlesen der verschiedenen zoologischen Kapitel des Buches danken wir Jørgen Lützen (Institut für Zoologie, Kopenhagen), Danny Eibye-Jacobsen, Kathe R. Jensen, Claus Nielsen, Jørgen G. Nielsen, Godtfred Høpner Petersen und Ole Tendal (Zoologisches Museum Kopenhagen). Unser Dank gilt den Mitarbeitern des Zoologischen Museums Kopenhagen für die Zusammenarbeit und Hilfe mit den Ausstellungsstücken des Museums sowie für hilfreiche Ratschläge. Insbesondere sind wir Herrn Kurt W. Ockelmann (Laboratorium für Meeresbiologie, Kopenhagen) zu herzlichem Dank verpflichtet, da er das Manuskript durchgesehen hat und uns an seinem umfangreichen Wissen über Meerestiere teilhaben ließ.

Weiterhin danken wir Poul Møller für die kritische Durchsicht der Algenkapitel sowie Jørgen Kristiansen für das Korrekturlesen des gesamten Pflanzenabschnitts. Ulrik Søchting hat das Flechtenkapitel durchgesehen. Alle drei arbeiten am Institut für Botanik in Kopenhagen. Wir danken auch Susse Wegeberg (Botanisches Museum und Institut für Botanik) für das Ausleihen von Korallenalgen. Unser Dank gilt nicht zuletzt Ruth Nielsen (Botanisches Museum), die uns über Änderungen der wissenschaftlichen Namen informiert hat.

Marianne Køie *Aase Kristiansen*

Inhalt

MEERESPFLANZEN

Einleitung

Küsten- und Bodentypen

Die verschiedenen Küstenregionen von der südlichen Nordsee über Skagerrak und Kattegat bis in die Ostsee prägen die unterschiedliche Vielfalt an Pflanzen und Tieren. Man unterscheidet zwischen Steilküsten und Flachküsten.

Steilküsten sind stark der Brandung ausgesetzt. Da oftmals ein vorgelagerter Strandbereich vor der Steilküste fehlt, verlagert sich ein Teil der marinen Tier- und Pflanzenwelt in höher gelegene Bereiche. Ein gutes Beispiel hierfür sind die nordwesteuropäischen Küstenregionen, wo weite Küstengebiete regelmäßig trocken fallen und bei Hochwasser wieder überspült werden. Die Küstenbereiche der Ostsee sind nicht in gleichem Umfang Wasserstandsschwankungen ausgesetzt, da die Auswirkungen der Gezeiten hier geringer sind. Fels- und Steinküsten können sich bis weit ins Meer erstrecken, außerdem können größere Ansammlungen von Steinen am Meeresboden Lebensraum für eine reichhaltige Tier- und Pflanzenwelt bieten.

An Flachküsten entstehen aufgrund der flachen Bodenstruktur häufig Ablagerungen aus Schlamm und Sand. Bei starker Strömung oder Wellenbewegung nimmt der Sedimenteintrag zu und kann somit die Breite der Küste und des Strandes verändern. An diesen Sedimentküsten kann man auch einzelne, unterschiedlich große Steine antreffen. Außerhalb der Küstenlinie und in größeren Tiefen gibt es Gebiete, die ausschließlich sandiges Substrat aufweisen. Hierzu zählen weite Gebiete der Nordsee. In manchen Regionen sind sowohl die Strömung als auch die Brandung recht gering, so dass auch feinere Sedimentpartikel wie Schlamm auf den Boden sinken. In manchen Gegenden des Skagerraks, in tiefen Fjorden, aber auch in Flachwassergebieten trifft man schlammiges Substrat an, den so genannten Weichboden, der eine reichhaltige Tier- und Pflanzenwelt beheimatet. Große Algen und Tange kommen nicht auf Weichböden vor, da sie zum Festhaften Steine und Felsen benötigen. Sie kommen stattdessen auf sandigem und steinigem Substrat vor, oftmals in Flachwassergebieten, da sie Sonnenlicht für die Photosynthese benötigen. Beispiele hierfür sind die marinen Blütenpflanzen und die Armleuchteralgen.

Wasseraustausch zwischen Nordsee, Kattegat und Ostsee

Diese Gebiete sind durch stark unterschiedliche Salzgehalte gekennzeichnet. In der Nordsee beträgt der Salzgehalt 30–34 ‰ und nimmt vom Kattegat über die Ostsee bis zu den Ålandinseln langsam bis auf 8–6 ‰ ab.

Der geringe Salzgehalt der Ostsee beruht auf den vielen Zuflüssen aus den Strömen und Flüssen, die die Ostsee mit Süßwasser versorgen. Der Süßwassereintrag ist insbesondere im Frühjahr während der Schneeschmelze sehr hoch und erreicht sein Maximum im April und Mai. Umgekehrt wird die Nordsee mit stark salzhaltigem Wasser aus dem Atlantik versorgt, das entlang der englischen Ostküste nach Süden strömt und sich mit salzigem Wasser aus dem Englischen Kanal mischt. Das Nordseewasser mit hohem Salzgehalt dringt bis in das Kattegat vor und strömt entlang des Meeresgrundes bis in die Ostsee. Da schwach salziges Wasser leichter ist, strömt dieses gleichzeitig nahe der Oberfläche aus der Ostsee über das Kattegat in die Nordsee. Diese beiden Wassermassen werden durch Wellenbewegungen, Brandung und Wind teilweise vermischt, es entsteht jedoch meist eine deutliche Schichttrennung, die so genannte Sprungschicht. Im Öresund und den Dänischen Belten sind die Wassermassen häufig deutlich voneinander getrennt. Das Oberflächenwasser hat einen Salzgehalt von 10–14 ‰, das dem Grund nahe Tiefenwasser etwa 30 ‰. Die Sprungschicht verläuft dort in Abhängigkeit von der Wasserverteilung in einer Tiefe von 10–16 m.

Im Herbst und Winter bewirken die vorherrschenden Nordwestwinde einen erhöhten Eintrag von Salzwasser von der Nordsee über das Kattegat bis in die Ostsee. Gleichzeitig steigt der Wasserstand der Ostsee und der Salzgehalt. Im Frühjahr dominieren oftmals östliche Winde, die das Oberflächenwasser aus der Ostsee in das Kattegat und die Nordsee drücken. Dadurch fällt der Wasserspiegel der Ostsee und der Salzgehalt des Oberflächenwassers sinkt. Im weiteren Verlauf des Frühjahres stabilisiert sich die Situation. Das Oberflächenwasser wird von der Sonne erwärmt, so dass sich eine Temperatursprungschicht *(Thermokline)* bildet, die häufig in der gleichen Tiefe wie die Salzgehalt-Sprungschicht *(Halokline)* verläuft. Die daraus entstandene Sprungschicht, die Wassermassen unterschiedlicher Dichte trennt, wird *Pynokline* genannt.

Der Wassereintrag von Nordsee und Kattegat liegt bei schätzungsweise 1.190 km^3 pro Jahr, während der Wasserausfluss bei 1.660 km^3 liegt. Die Differenz von ca. 470 km^3 wird durch die Süßwasserzuflüsse durch Flüsse und Ströme in die Ostsee ausgeglichen. Der Wasserstrom vom Kattegat in die Ostsee verläuft über den Großen Belt, Kleinen Belt und Öresund im Verhältnis 7:3:1. Die kritischen Durchflussregionen verlaufen im Eingang zur Ostsee zwischen Limhamn (bei Malmö, Schweden) und Dragör (bei Kopenhagen, Dänemark), wo die Meerestiefe bis auf 8–10 m abnimmt und zwischen Gedser (Falster, Dänemark) und Darss (Vorpommersche Boddenlandschaft, Deutschland). Hier nimmt die Meerestiefe auf 17 m ab. In den verschiedenen Meeresregionen herrschen stark unterschiedliche Salzgehalte (siehe Karten auf dem Vor- und Nachsatz des Buchumschlags). Lokal können die Salzgehalte Schwankungen unterworfen sein, was besonders in Küstennähe auf Süßwasserzuflüsse zurückzuführen ist.

Salzgehalt

Der abnehmende Salzgehalt von der Nordsee bis zur Ostsee ist eine große Herausforderung für viele Tier- und Pflanzenarten. Im Flachwasser lebende Arten müssen außerdem starke Salzgehaltsschwankungen ertragen können.

1. Viele Arten vertragen diese Schwankungen nicht und kommen nur in Gebieten mit bestimmten Salzgehalten vor. Sie besitzen eine Toleranzgrenze, die vom abnehmenden Salzgehalt bestimmt wird. Daher nimmt die Artenanzahl vieler mariner Tier- und Pflanzengruppen in die Ostsee hinein stark ab. Bei Frederikshavn in Dänemark kommen z.B. 125 Rotalgenarten vor, wohingegen die Artenzahl in den Dänischen Belten auf 70, in der Ostsee um Bornholm auf 25 und um die Ålandinseln auf 15 abnimmt. Ein anderes Beispiel sind die Muscheln, von denen nur vier marine Arten bei den Ålandinseln vorkommen, während im westlichen Kattegat etwa 10-mal so viele Arten leben.
2. Andere Tier- und Pflanzenarten lösen das Problem des geringen Salzgehalts, indem sie von dem gering salzigen Oberflächenwasser in größere Tiefen mit höherem Salzgehalt abwandern. Dieses Phänomen wird *Submergenz* (Abtauchen) genannt und ist weit verbreitet. Die Meeresalgen bekommen jedoch durch die abnehmende Lichtintensität Probleme.
3. Die Anpassungen an ein Vorkommen in gering salzigen Regionen sind auch mit physiologischen Kosten verbunden. So sind Individuen, die im Brackwasser leben, in der Regel kleiner und schmächtiger als Individuen, die in Regionen mit hohem Salzgehalt leben. Diese Le-

bensweise kann auch Auswirkungen auf die Fortpflanzung haben. So kann eine geschlechtliche Fortpflanzung ausbleiben, stattdessen pflanzen sich die Arten ungeschlechtlich fort.

Um die Ålandinseln, wo der Salzgehalt geringer als 5 ‰ ist, können schon einige Süßwasserarten angetroffen werden.

Wassertemperatur

Das Vorkommen vieler Arten ist von der Temperatur des Meerwassers abhängig. In den hier beschriebenen Regionen besteht die Artengemeinschaft aus einer Mischung aus nördlichen, in kälteren Gewässern lebenden Arten, sowie Arten, die weiter südlich in wärmeren Gewässern vorkommen. Die nördliche temperierte Zone hat im Sommer eine Durchschnittswassertemperatur von 14–17°C in der Nordsee, die bis zu ca. 19°C im Kattegatt und der Ostsee ansteigt, dagegen beträgt sie im Bottnischen Meerbusen nur 14°C. Die Wassertemperatur der Nordsee liegt im Winter bei ca. 2–4°C, in den inneren dänischen Gewässern um 0°C, während die Ostsee teilweise zufriert. Im Sommer nimmt die Temperatur mit zunehmender Tiefe ab. Sie beträgt an der Oberfläche ca. 18°C, in 28 m Tiefe jedoch nur 12°C. Im Winter ist das Oberflächenwasser mit etwa 2°C kälter als das 4°C kalte Tiefenwasser.

Wasserstandsschwankungen

Wasserstandsschwankungen sind sowohl von der Tageszeit als auch von der Jahreszeit abhängig. In der Nordsee beträgt der Gezeitenunterschied (Tidenhub), also die Differenz zwischen Hochwasserlinie und Niedrigwasserlinie, etwa 1–2 m, während der Unterschied im Skagerrak weniger als 30 cm beträgt. In den westeuropäischen Gezeitenzonen kann der Gezeitenunterschied bis zu 8–12 m betragen.

In der Ostsee sind Wasserstandsschwankungen hingegen eher von den Windverhältnissen abhängig. Die jahreszeitlich bedingten Hoch- und Tiefdruckgebiete bestimmen über die Windverhältnisse die Wasserstandsschwankungen in der Ostsee. Während des Frühjahrs sind Hochdruckgebiete über Russland für östliche Windrichtungen verantwortlich, die das Wasser aus der Ostsee treiben und somit Niedrigwasser verursachen. Im Herbst herrschen Nordwestwinde vor, die Wasser aus dem Atlantik in die Ostsee drücken und somit für Hochwasser sorgen.

Diese täglichen und jährlichen Schwankungen der Wasserstände haben großen Einfluss auf die Tier- und Pflanzenwelt. Insbesondere sind Arten betroffen, die nahe der Hochwasserlinie leben und somit bei Niedrigwasser trockenfallen können. Einige Arten sind an ein kurzzeitiges Trockenfallen durch den Wechsel von Ebbe (Niedrigwasser) und Flut (Hochwasser) angepasst. Ebbe und Flut treten in der Nordsee regelmäßig zweimal pro Tag auf. In der Ostsee sind Wasserstandsschwankungen meist so unregelmäßig, dass dort nur Arten überleben können, die sich in wasserbedeckte Zonen zurückziehen können.

Licht

Licht benötigen die Pflanzen für die Photosynthese. Bei der Photosynthese erzeugen die grünen Pflanzen aus energiearmen anorganischen Verbindungen, Kohlenstoffdioxid und Wasser durch Absorption von Sonnenstrahlung energiereiche Kohlenhydrate. Als lichtabhängiger Vorgang ist die Photosynthese primär von der Lichtintensität abhängig. Mit zunehmender Tiefe nimmt das Licht schnell ab und dringt nur noch schwach in größere Tiefen als 15–20 m vor. Licht wird in erster Linie durch mikroskopisch kleine, im Wasser treibende Algen *(Phytoplankton)* begrenzt. Große Algen können auch in Tiefen bis 35 m vorkommen, da sie weniger hohe Ansprüche an die Lichtmenge stellen.

Nährstoffe

Unter den Nährsalzen haben insbesondere Phosphat und Nitrat eine wichtige Bedeutung für das Wachstum von Pflanzen. Die Nährsalze werden von den Algen aufgenommen und in die organischen Verbindungen, die bei der Photosynthese entstehen, eingebaut. Mit dem ständig steigenden Eintrag von Nährstoffen *(Eutrophierung)* in unseren Gewässern steigt auch die Anzahl an Pflanzen und Tieren. Im Spätsommer sterben viele der kurzlebigen Algen ab und sinken zu Boden. Dort werden sie von Bakterien zersetzt, woraufhin die anorganischen Nährstoffe wieder ins Wasser freigesetzt werden. Ein Teil der freigesetzten Nährsalze wird wieder von anderen Algen aufgenommen, der Rest wird im Boden gelagert. Das Zersetzen der Algen durch Bakterien verbraucht große Mengen Sauerstoff. In manchen Regionen kann Sauerstoffmangel die Folge sein, wodurch der Lebensraum für die Tier- und Pflanzenwelt weiter Gebiete unbewohnbar wird. Es dauert in der Regel mehrere Jahre, bis diese Gebiete wieder besiedelt werden.

Vertikale Verbreitung – Tiefenzonen

Die meisten marinen Organismen sind an das Leben in bestimmten Tiefen angepasst. Häufig hängt die Tiefenverbreitung verschiedener Arten davon ab, ob sie gelegentliches Trockenfallen oder Salzgehaltsschwankungen vertragen können. Wenn eine Art eine Zeit lang trockenfällt, ist sie starkem Stress ausgesetzt. So wird z.B. die Photosynthese und Nährstoffaufnahme der Algen unterbrochen. Viele Arten sind daher in geringeren Tiefen kleiner und schmächtiger. Viele Tierarten, die bei Hochwasser frei auf dem sandigen Substrat nach Nahrung suchen, können sich bei Niedrigwasser als Schutz vor dem Austrocknen im feuchten Substrat vergraben. Einige andere Tierarten, z.B. Kleinkrebse, können während der Wasserstandsschwankungen in größere Tiefen abwandern, während andere, z.B. Seepocken, an gleicher Stelle verbleiben. Seepocken besitzen zum Schutz vor Austrocknung ein verkalktes Gehäuse, in das sie sich bei Trockenheit zurückziehen. Das Gehäuse wird mit Kalkplatten fest verschlossen, damit die Tiere nicht austrocknen. Sie können so tagelang ohne Wasser ausharren. Bei Hochwasser wird das Gehäuse geöffnet und die Tiere können mit Hilfe der borstenbesetzten Beinchen (Cirren) Nahrung zu sich nehmen. Die obere Grenze, an der Seepocken noch vorkommen, wird Hochwasserlinie oder Seepockenlinie genannt. In Gebieten, in denen keine Seepocken leben, wird die untere Grenze der Warzenflechtenzone als Markierung der Hochwasserlinie benutzt *(Mauralinie)*.

Entlang der Küsten kann man vier verschiedene charakteristische Zonen unterscheiden: die Gischtzone *(Epilitoralzone)*, die Brandungszone (*Obere* und *Untere Supralitoralzone*), die Gezeitenzone (*Eulitoral-* oder *Litoralzone*) und die ständig wasserbedeckte *Sublitoralzone*. Gebiete der Gezeitenzone weisen ausgeprägte Wasserstandsschwankungen auf, so z.B. viele Gebiete der deutschen Nordseeküste. Hier wechseln Ebbe und Flut etwa alle sechs Stunden.

An mäßig brandungsexponierten Küsten ist die Einteilung in Zonen besonders deutlich. Hier leben viele Tiere und Pflanzen, die vor dem Austrocknen geschützt sind. An Küsten mit starker Brandung kommen weitaus weniger Arten vor. An ruhigen, geschützten Küstenabschnitten fehlt die Epilitoralzone völlig, und die marinen Tiere und Pflanzen leben unterhalb der Niedrigwasserlinie. Auf Seite 19 ist die Verbreitung einiger Tier- und Pflanzenarten an Stein- und Felsküsten sowie die Einteilung in verschiedene Zonen dargestellt.

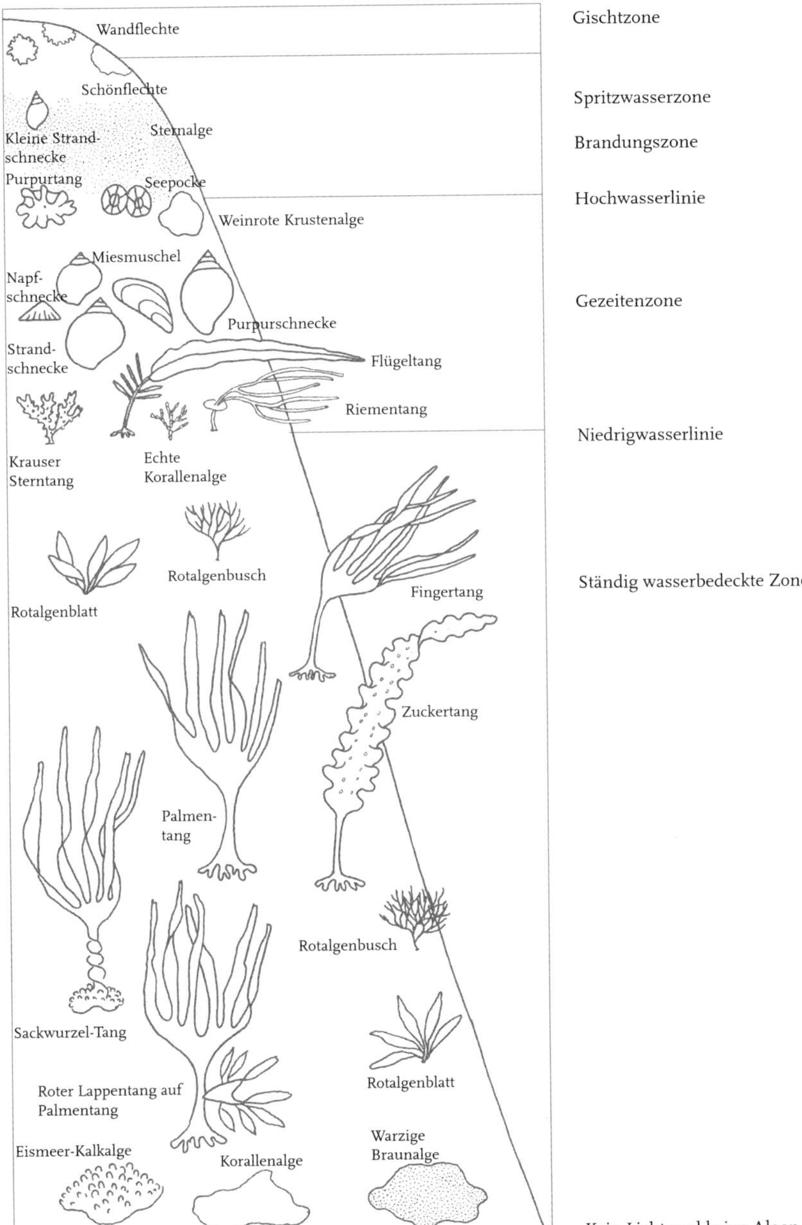

Nordsee (z.B. England, Norwegen) – brandungsexponierte Felsküste in einem ausgeprägten Gezeitengebiet

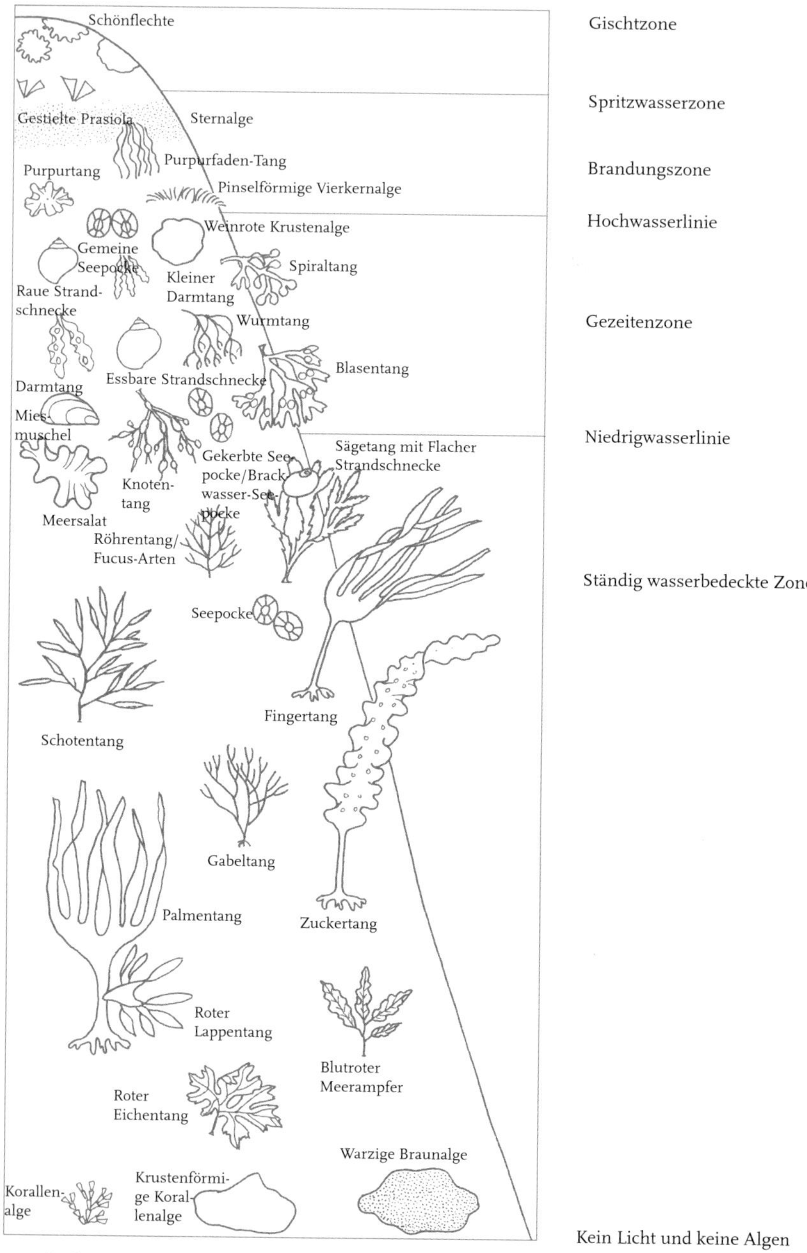

Nördliches Kattegat – Felsküste

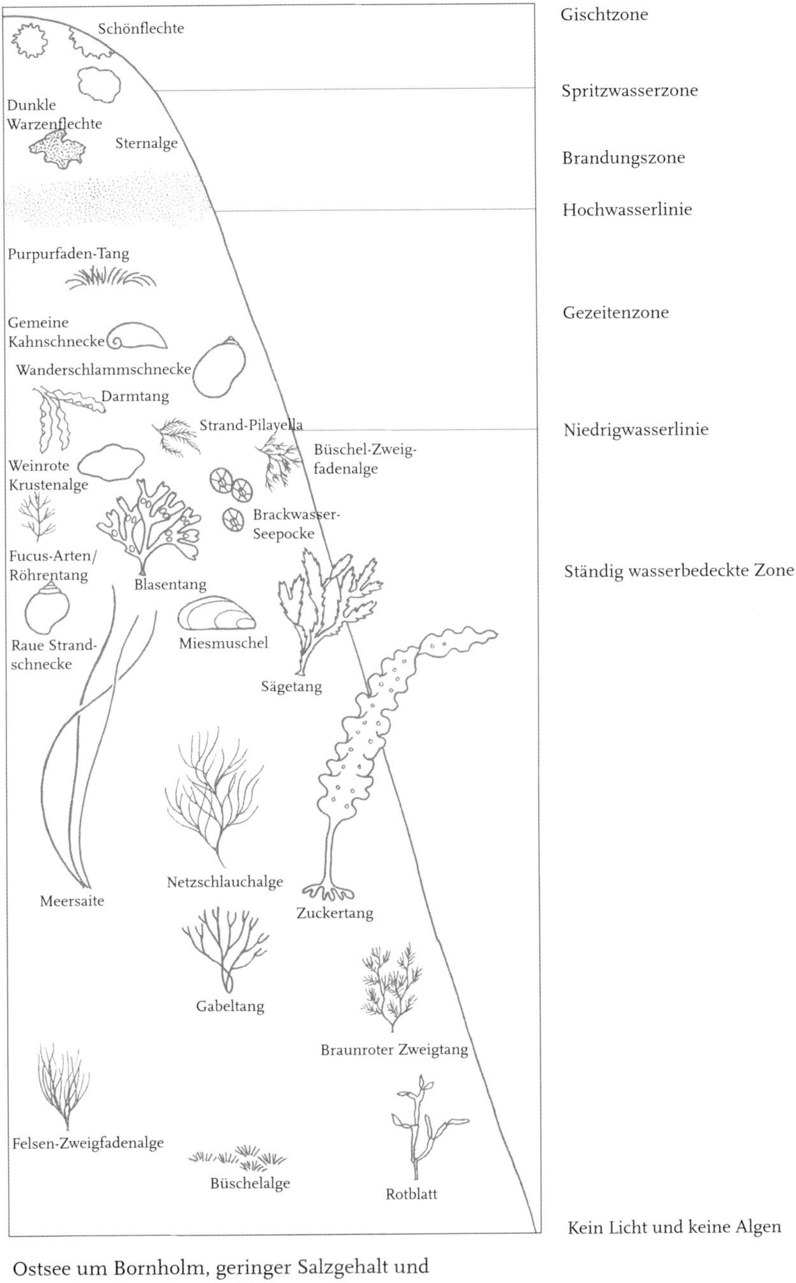

Ostsee um Bornholm, geringer Salzgehalt und unregelmäßiges Trockenfallen

Tierwelt

Bodenlebende Tiere *(Benthos)* können auf dem Substrat festsitzen oder aber mehr oder weniger im Sand- oder Schlammboden vergraben sein. Tierarten, die auf einem festen Untergrund (z.B. Steinen, Klippen und Molen) oder auf Algen und Seegras sitzen, bilden die *Epifauna*. Die Zusammensetzung der Epifauna ist von der Art des Substrats, der Strömung und Wellenbewegung, dem Salzgehalt und anderen Faktoren abhängig. In Gebieten mit hohem Oberflächensalzgehalt, so z.B. von der Nordsee bis in das Kattegat, ist die Artenzahl hoch. In der Ostsee hingegen ist sie gering.

Im oberen Bereich der Spritzwasserzone und der Gezeitenzone leben die Strandschnecken. In Gebieten, die regelmäßig wasserbedeckt sind, z.B. auf Molen, Steinen und Pfählen im Flachwasser, können Seepocken und Miesmuscheln dominieren. In Gebieten mit hohem Salzgehalt sind im oberen Bereich die Gemeinen Seepocken häufiger. In Brackwassergebieten werden diese von Brackwasser-Seepocken ersetzt.

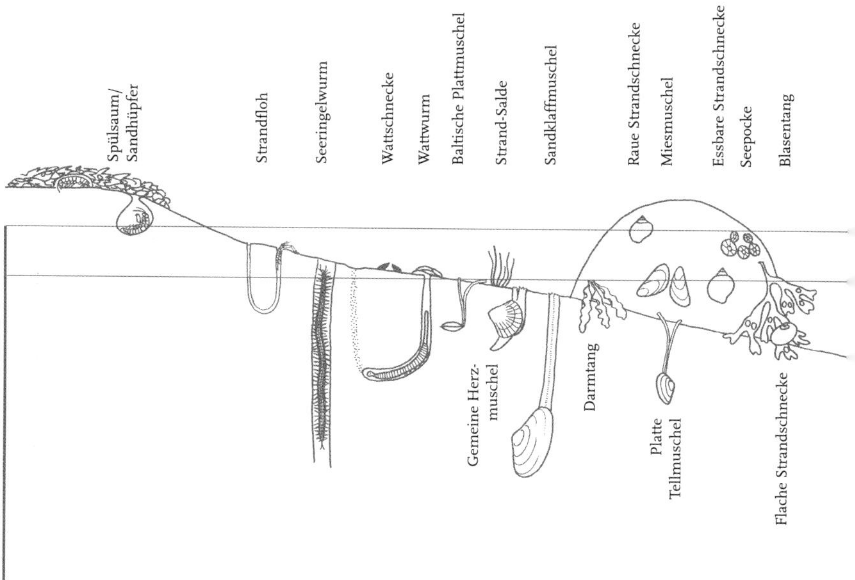

Tiere und Pflanzen an der Flachküste

Die auf Seegras wachsende Epifauna kann in geschützten Flachwassergebieten dichte Bestände bilden. Hierzu zählen Wattschnecken, Hydroiden und Moostierchen. Zwischen den Seegraspflanzen kommen Schwebgarnelen, Asseln, Flohkrebse und Garnelen vor. In den Seegraswiesen leben außerdem Seenadeln, Stichlinge, Butterfische sowie junge Heringe, Hornhechte und Seehasen.

Auf den großen Braunalgen leben Flache Strandschnecken, Grübchenschnecken, Hydroiden und Moostierchen, gelegentlich auch Seepocken und Kalkröhrenwürmer. Auch die Haftorgane der Braunalgen beherbergen eine reichhaltige Tierwelt. Nahezu alle Tiergruppen sind hier zu finden, so z.B. Schwämme, Nesseltiere, Strudelwürmer, Borstenwürmer, Muscheln, Krebstiere, Stachelhäuter und Seescheiden.

In größeren Tiefen von Nordsee bis Kattegat kann man auf Steinen und Klippen eine reichhaltige Epifauna antreffen, die oftmals von Pferdemuscheln dominiert wird. Sowohl auf Pferdemuscheln als auch auf Steinen leben u.a. Schwämme, Hydroiden, Seeanemonen, Tote Mannshand, Kalkröhrenwürmer, Seepocken, Zerbrechliche und Schwarzbraune Schlangensterne und Seesterne. Diese Epifauna lockt wiederum viele Fischarten an, z.B. große Dorscharten. Entsprechende Gebiete gelten als ausgezeichnete Angelgebiete.

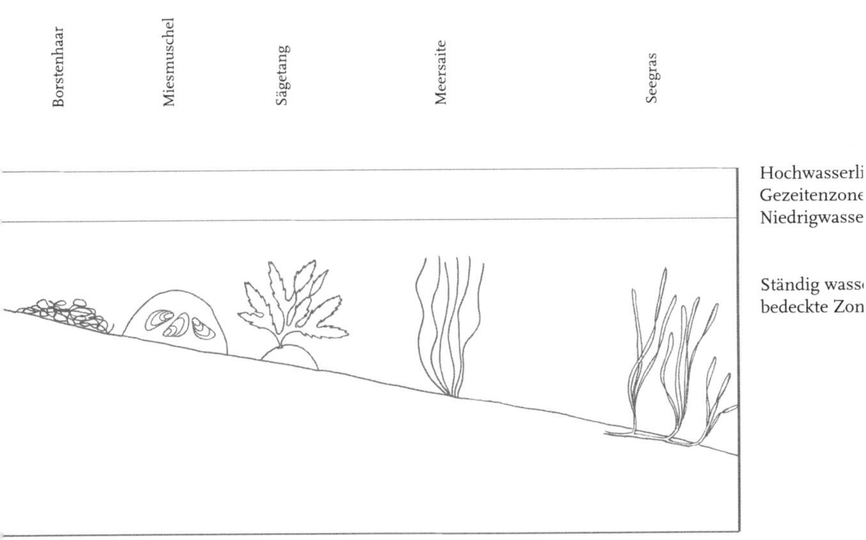

Tierarten, die in Sand- oder Schlammböden leben, werden *Infauna* genannt. Über der Niedrigwasserlinie kann man im Sand und unter angespültem Material eine spezielle Strand-Infauna beobachten, zu der u.a. die Sandhüpfer gehören. Entlang geschützter Küsten, in Fjorden und Belten gibt es vom Strand bis in wenige Meter Tiefe auf gemischtsandigem Substrat eine reichhaltige Infauna. Die Tierwelt der Flachküsten wird von Baltischen Plattmuscheln, Herzmuscheln, Sandklaffmuscheln, Seeringelwürmern, Wattschnecken und Wattwürmern vertreten. Diese Tierarten vertragen größere Schwankungen des Salzgehalts sowie der Temperatur. Im Wattenmeer ist diese Infauna besonders reichhaltig, da das auflaufende Wasser die Organismen mit frischem Wasser und Nahrung versorgt. Im Herbst nimmt die Aktivität der Arten stark ab und viele vergraben sich tief im Substrat. Wenn der Boden von der Frühlingssonne wieder erwärmt wird, setzt bei den Tieren das Wachstum wieder ein und sie pflanzen sich fort. Die meisten großen Arten werden mehrere Jahre alt. Flachwassergebiete sind wichtige Gebiete für Jungfische von Flunder, Scholle und Seezunge u.a. und sind auch für Watvögel von großer Bedeutung.

Auf reinem Sandböden, so u.a. in weiten Gebieten der Nordsee, kommen Venusmuscheln, Trogmuscheln, Tellmuscheln, Kammborstenwürmer und Kleine Herzigel vor. Diese Arten benötigen einen gleichmäßigeren Salzgehalt als die Flachwasserarten. Viele dieser Muschelarten dienen Schollen und Flundern als Nahrung.

Weiße Pfeffermuscheln, Korbmuscheln, Kleine Schwertmuscheln und Abgestutzte Klaffmuscheln sowie Borstenwürmer, Nephtys und Kammborstenwürmer u.a. leben ab wenigen Metern Tiefe in gemischtsandigem Substrat mit hohem Anteil organischer Stoffe, z.B. in geschützten Fjorden der Dänischen Belte. Diese Tiere sind die Nahrungsgrundlage für viele Plattfischarten, u.a. für Flundern und Schollen.

Im Skagerrak und Kattegat kann die Fauna ab ca. 15–20 m Tiefe, wo ein mehr schlammiges Sediment vorherrscht, von Schlangensternen und Herzigeln bestimmt sein. Hier leben auch die Kaiserhummer in Substratgängen. Islandmuscheln gehören zu den wenigen Muschelarten, die in dieser Tiefe vorkommen. Allerdings leben hier eine Reihe von Borstenwurmarten, u.a. Seemaus, Gewöhnlicher Blutwurm und Dicker Borstenwurm. In Gebieten, in denen keine Grundnetzfischerei betrieben wird, kommen u.a. Seefedern, röhrenbewohnende Borstenwürmer und in kleineren Gebieten, insbesondere im nördlichen Öresund, die Röhren des Zierlichen Röhrenflohkrebses vor.

Zum *Plankton* gehören Organismen, die selbst nicht aktiv gegen die Strömung schwimmen können. Die meisten größeren Bodenlebewesen haben eine pelagische Larve, die von wenigen Stunden bis zu einigen Wochen im Freiwasser verbringen können. Diese Larven *(Meroplankton)* sind häufig kleiner als 1 mm und werden daher in diesem Buch nicht beschrieben. Hydroiden und Quallen besitzen ein geschlechtsreifes, frei schwimmendes Stadium, die Meduse. Nur wenige Hydroidenmedusen sind so groß, dass man sie mit dem bloßen Auge sehen kann. Die Medusen der Quallen sind ein Beispiel hierfür. Rippenquallen, pelagisch lebende Borstenwürmer, viele Wasserflöhe, Leuchtkrebse u.a. verbringen ihr gesamtes Leben im Freiwasser *(Holoplankton)*. Zum *Nekton* gehören Tierarten, die gegen die Strömung schwimmen können.

Nahrung Die Nahrung der Tierarten hängt vom Nährstoffgehalt des Bodens und des Wassers ab. Epifauna- und Infaunaarten verfolgen häufig unterschiedliche Ernährungsstrategien.

Die meisten festsitzenden Arten der *Epifauna* sind *Suspensionsfresser*, die von freischwimmenden Partikeln im Wasser leben. Diese Partikel können Bakterien, Algen und Zooplankton, sowie suspendierter *Detritus* (tote organische Materie) sein. Die meisten Suspensionsfresser leben in Gebieten mit starker Wasserströmung, Epifaunaarten wie z.B. Meeresschwämme, Kalkröhrenwürmer, Pantoffelschnecken, Miesmuscheln, Seepocken, Moostierchen und Seescheiden. Auch Arten, die zur *Infauna* gehören, können Suspensionsfresser sein, z.B. die meisten Muscheln, Turmschnecken und Zierliche Schlangensterne.

Sedimentierer ernähren sich von *Detritus* auf oder im Boden. Der Großteil der Nahrung besteht jedoch aus Bakterien und Kleintieren, die auf totem organischen Material leben. Die meisten Sedimentierer leben auf ebenem Substrat, so z.B. Kammborstenwürmer, Wattschnecken, Schlamm-Strandflöhe, Grobe Schlangensterne, Herzigel und Seegurken.

Pflanzenfresser (Herbivore), z.B. Käferschnecken, Napfschnecken und Strandschnecken, raspeln die Oberfläche von Steinen ab oder leben von Epiphyten. Die Durchsichtige Napfschnecke sowie der Essbare und der Rundstachlige Seeigel können auch die Blätter großer Tangarten fressen.

Räuberisch lebende Arten *(Carnivore)* fressen andere Tierarten. Wellhornschnecken, Strandkrabben und Seesterne sind Beispiele für räuberisch lebende Arten, die verschiedene Beutetiere fressen, u.a. Würmer, Muscheln und Fische, aber auch Aas. Andere Arten, z.B. die Bohrschnecken, ernähren sich ausschließlich von lebenden Muscheln. Manche Nacktschnecken haben sich auf einige bestimmte Beutetierarten spezialisiert.

Parasiten schmarotzen in oder auf einem Wirtstier, das oftmals wesentlich größer ist als der Parasit selbst. Die meisten freilebenden Tierarten haben Parasiten, die aber wegen ihrer geringen Größe nur selten gesehen werden und häufig innerhalb des Wirtstieres leben. Miesmuscheln, Austern und viele Fischarten sind von mehr oder weniger spezialisierten parasitischen Ruderfüßern befallen. Wurzelkrebse parasitieren häufig andere Krebstiere, der Quallenflohkrebs schmarotzt auf großen Quallen und die Knotige Asselspinne befällt Seeanemonen. Bandwürmer, Digene Saugwürmer und Kratzer sind häufige Parasiten auf Fischen.

Fortpflanzung Die meisten Meerestiere pflanzen sich geschlechtlich fort und haben eine frei schwimmende Larve. Diese Larve dient als Verbreitungsstadium dieser Tiere. Bei den Hydroiden und Schirmquallen hat die Meduse die Funktion des Verbreitungsstadiums, da sie die Möglichkeit hat, sich über weite Gebiete auszubreiten. Die Durchmesser der Medusenstadien können zwischen wenigen Millimetern und mehreren Metern schwanken. Die Medusen entstehen durch Abschnürungen von fest sitzenden Polypenstadien oder seltener durch Abschnürung vom Rand der Muttermedusen. Es gibt jedoch eine Reihe von Ausnahmen. Innerhalb einer Gruppe kann es Arten geben, die sich geschlechtlich und frei schwimmend fortpflanzen, andere hingegen vermehren sich ungeschlechtlich. Auch innerhalb einer Gattung können unterschiedliche Fortpflanzungsstrategien auftreten. Die Essbare Strandschnecke hat pelagische Eikapseln und pelagisch lebende Larven. Die Flache Strandschnecke legt ihre Eipakete an Algen ab. Ihre Jungtiere ähneln den adulten Individuen und können direkt auf den Algen kriechen (direkte Entwicklung). Die Jungschnecken suchen sofort geschützte Orte auf. Die Entwicklung der Rauen Strandschnecke ähnelt der Entwicklung der Flachen Strandschnecke. Die Raue Strandschnecke behält ihre Eier so lange in der Mantelhöhle, bis daraus die voll entwickelten Jungtiere schlüpfen. Einige Meerestiere vermehren sich ungeschlechtlich durch Teilung. Hierzu gehören viele Seeanemonen, Hydroiden und einige Borstenwürmer.

Pflanzenwelt

Zu den festsitzenden Pflanzen im Meer *(Benthos)* gehören insbesondere die großen Algen, die auch als Tange oder *Makrobenthos* bezeichnet werden. Die mikroskopisch kleinen Algen schwimmen frei als Plankton im Meer oder liegen als braune Beläge auf dem Meeresboden und werden dann als *Mikrobenthos* bezeichnet.

Die festsitzenden Algen (Tange) wachsen auf Klippen, Steinen, Schalen oder anderem harten Substrat. Die meisten Algen, die von ihrer festen Unterlage abgerissen werden, sterben, einige können jedoch auch frei treibend weiterleben. Sie wachsen weiter, ändern jedoch häufig ihre Form, werden länger und schlanker. So können sie in Flachwassergebieten ausgedehnte, lose liegende Massen bilden. Beispiele hierfür sind Massenansammlungen von Felsen-Faseralgen und Strand-Pilayellas sowie fädige Grünalgenteppiche, die aus Zweigfadenalgen und Borstenhaar bestehen. Viele Algenarten nutzen andere Algen, um sich auf ihnen festzuhaften. Diese Algen werden als *Epiphyten* bezeichnet. In Gebieten, in denen viele Nährstoffe vorkommen, können die Epiphyten so üppig wachsen, dass sie der Alge, auf der sie festsitzen, das Licht nehmen. Viele Algenarten bevorzugen Brandungsküsten mit schnell strömenden Wassermassen. Andere Arten ziehen ruhigere Gebiete vor.

Armleuchteralgen und marine Blütenpflanzen sind im Substrat verankert und wachsen auf schlammigen und sandigen Böden entlang ruhiger Küstenabschnitte, oftmals in Fjorden, häufig in der Ostsee.

An den Haftorganen der Armleuchteralgen und der marinen Blütenpflanzen sitzen Wurzeln oder wurzelähnliche Fäden *(Rhizoide)*, mit denen die Pflanzen auch Wasser und Nährstoffe aus dem Boden aufnehmen können. Die anderen Algen nehmen ihre Nährstoffe und Wasser über die gesamte Pflanzenoberfläche auf.

Algenfarbe Wie landlebende Pflanzen betreiben auch Algen Photosynthese. Mit Hilfe des Farbstoffes Chlorophyll a in den Chloroplasten der Zellen und Sonnenenergie wird Kohlendioxid (CO_2) in organische Verbindungen umgewandelt. Über das Wasser werden organische Nährsalze, u.a. Nitrat und Phosphat, aufgenommen. Vielfach wird das grüne Chlorophyll a von anderen Farbstoffen überlagert. Die Mischfarben haben den verschiedenen Algenklassen unterschiedliche Namen gegeben. Die gewöhnlichsten Arten gehören zu den Rot-, Braun-, Grün-, Armleuchter- und Blaualgen.

Größe, Merkmale, Vermehrung und Lebensdauer Algen unterscheiden sich sowohl in Aussehen, Form und Alter. Die kleinsten festsitzenden Arten sind kleiner als 0,5 cm, während die größten Algen bis zu 3 m hoch werden können.

Algen besitzen keine Wurzeln, Stängel oder eigentliche Blätter, dennoch zeigen sie blattartiges Laub, den *Thallus* (Plural: *Thalli*). Bei den festsitzenden Arten können die Thalli stark variieren und von unverzweigten oder verzweigten Fäden bis zu feineren und gröberen Büschen und Blättern reichen. Die großen, lederartigen Algen besitzen kompliziert aufgebaute, stark differenzierte Gewebe *(Gewebethalli)*.

Die Fortpflanzung erfolgt entweder ungeschlechtlich oder geschlechtlich mit Hilfe von beweglichen oder unbeweglichen Sporen. Es gibt eine Reihe verschiedener Möglichkeiten: Die ungeschlechtlichen Sporen werden zu Zeiten, in denen die Alge viele Nährstoffe zur Verfügung hat, in großen Mengen gebildet. Die Population wächst dadurch schnell an. Die geschlechtliche Fortpflanzung sichert die genetische Rekombination und somit die Population der Alge. Es können dabei zwei Geschlechtszellen zu einer verschmelzen. Manchmal ist aber eine Geschlechtszelle größer als die andere. Teilweise ist die weibliche Geschlechtszelle zu einer stationären Eizelle entwickelt und die männliche Geschlechtszelle besitzt eine Geißel zur Fortbewegung. Die gleiche Algenart kann in mehreren Entwicklungsstadien vorkommen. So gibt es ausgewachsene männliche und weibliche Pflanzen, aber auch Pflanzen, die männliche und weibliche Teile auf dem gleichen Individuum vereinen. Mehrere verschiedene ungeschlechtliche Generationen können gleichzeitig auftreten. Die Generationen weisen oftmals eine unterschiedliche Chromosomenzahl auf. Geschlechtspflanzen sind haploid (einfacher Chromosomensatz = n), nach der Befruchtung entsteht wieder ein diploider Chromosomensatz (doppelter Chromosomensatz = 2n) und die Generation ist ungeschlechtlich. Hier treten wiederum verschiedene Kombinationsmöglichkeiten und viele unterschiedliche Lebenszyklen auf, die in den Algenkapiteln näher beschrieben werden.

Die kleineren Algenarten leben in der Regel nur ein paar Wochen oder Monate, gelegentlich auch bis zu einem Jahr. Ihre Lebensweise ist an verschiedene Jahreszeiten angepasst. Sie benötigen z.B. kaltes Wasser im Frühjahr. Viele dieser kurzlebigen Arten sind Opportunisten, d.h., sie können aufgrund ihrer schnellen Fortpflanzung schnell neue Gebiete besiedeln. Alle einjährigen Algen bilden bei der Fortpflanzung Sporen, die gleich zu neuen Individuen auskeimen und somit ungünstige Perioden überleben können. Die großen, langsam wachsenden Algen sind mehrjährig und nicht so konkurrenzkräftig wie die kleineren Arten. Die Mehrjährigkeit ähnelt der vieler Landpflanzen. In der Regel werden Algen jedoch nur 2–3 Jahre alt, seltener 6–7 Jahre. Eine Ausnahme ist der Knotentang, der bis zu 20 Jahre alt werden kann. Die mehrjährigen Algen sehen im darauf folgenden Jahr entweder unverändert aus, sterben ab oder bilden Blätter und Sprosse neu.

Pflanzenfresser Viele Tierarten im Meer sind Pflanzenfresser, die u.a. Algen fressen. Zu ihnen gehören in Gebieten mit hohem Salzgehalt insbesondere die Seeigel, die große Mengen Braunalgen fressen. In anderen Gebieten sind Strandschnecken die dominierenden Algenfresser, in der Ostsee sind es die kleinen Asselarten. Um sich vor Fressfeinden zu schützen, scheiden mache Algenarten, z.B. die Federige Desmarestia, Schwefelsäure aus. Die Säure bewirkt, dass die Alge nicht gefressen wird. Gemeine Strandschnecken verschmähen Blasentang, wenn der Polyphenolgehalt in der Pflanze auf 2–5% steigt.

Das Sammeln von Tieren und Pflanzen

Am Spülsaum kann man große Mengen angespülter Algen finden, außerdem kommen auch einige Krebstiere vor, z.B. Sandhüpfer. Auffällig sind aber auch Muschelschalen und Schneckengehäuse, Eikapseln, Moostierchen, Meeresschwämme und vieles mehr. Diese Spülsaumfunde kann man natürlich einsammeln. Man sollte jedoch in Gezeitengebieten vorsichtig sein und kontrollieren, ob sich nicht ein Einsiedlerkrebs in dem vermeintlich leeren Schneckenhaus versteckt hat. Angespülte Algen sind oft schon teilweise vergammelt, so dass sich das Sammeln nicht mehr lohnt. Nach auflandigen Winden kann man jedoch auch frische Algen finden, bei denen sich das Sammeln durchaus lohnt.

Im Flachwasser kann man Tiere und Pflanzen, die in der Umgebung von Steinen und Hafenmolen sitzen, auch mit der Hand oder mit Hilfe eines Bodennetzes mit harter Kante an der Unterseite einsammeln oder mit einem einfachen Kescher fangen. Beim Schnorcheln oder Sporttauchen mit Sauerstoffgerät kann man Pflanzen und sogar Tiere in größeren Tiefen sammeln.

Die größten Dichten erreichen Algen in Tiefen von 0–6 m. In Tiefen über 35 m wird das Sonnenlicht zu schwach, um Algenwachstum zuzulassen. Rätselhafterweise überleben einzelne Arten auch in noch größeren Tiefen. Algen und Tiere können von Booten aus mit verschiedenen Boden-Schleppnetzen, deren Öffnungen von scharfen Metallrahmen eingefasst sind, gefangen werden. Diese Schlepp-Vorrichtungen werden über harte Substrattypen, z.B. über Steinriffe, gezogen. Bei Weichböden eignet sich eher eine Greifvorrichtung, die ein Stück der obersten Bodenschicht mit aufnimmt, in der sich die Tiere befinden. Plankton wird mit einem feinmaschigen Netz gefangen.

Um die Tiere näher betrachten zu können, empfiehlt es sich, weiße Plastikschalen (z.B. Filmentwicklungswannen) mitzubringen. Sie werden mit Meerwasser gefüllt und anschließend werden die Tiere oder Algen hineingesetzt. Einzelheiten der Arten können dann in voller Größe betrachtet werden. Das eingesammelte Material wird in Eimern oder Plastiktüten aufbewahrt und muss kühl gelagert werden. Nach dem Untersuchen und Bestimmen werden die Tiere wieder ins Meer zurückgesetzt. Viele Algen und marine Blütenpflanzen können jedoch auch gepresst werden.

Das Pressen von Algen

Viele Algenarten kann man trocknen oder pressen. Die dekorativen Resultate eignen sich als Bilder für hübsche Postkartenmotive oder für Collagen. Natürlich kann man auch ein klassisches Herbarium anlegen.

Die eingesammelten Algen werden in eine mit etwas Meerwasser gefüllte Plastiktüte gelegt. Man muss darauf achten, dass nicht zu viele Algen in der gleichen Tüte aufbewahrt werden. Anschließend wird die Tüte so verknotet, dass ein Luftpolster entsteht. Auf dem Weg nach Hause sollte die Tüte kühl gehalten werden.

Es gibt verschiedene Möglichkeiten, Algen zu pressen. Auf den folgenden zwei Seiten wird dazu eine Anleitung gegeben.

1. Zunächst gießt man Salzwasser in eine Entwicklungswanne oder eine andere flache Schale. Salzwasser kann selber hergestellt werden, indem man einem Liter Wasser 1–3 Löffel Salz zugibt. Danach legt man eine Platte (Glas, Plexiglas o.Ä.) in das Wasser, um das Papier zu stützen, auf das die Alge gepresst werden soll. Die Alge sollte komplett mit Wasser bedeckt sein.
   Dann wird ein Stück Papier, ein Karton oder eine Postkarte ins Wasser auf die Platte gelegt (wichtig ist die Wahl eines geeigneten Papiermaterials, das im Wasser nicht die Konsistenz verliert). Für ein Herbarium verwendet man weißes Papier. Das Blatt sollte kleiner als die Platte, jedoch größer als die Alge sein.

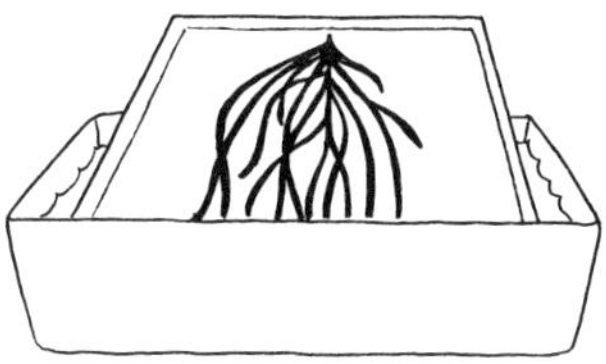

2. Danach wird die Alge im Wasser auf dem Papier ausgebreitet. Am besten legt man die Platte zur Arbeitserleichterung leicht schräg. Die Alge wird mit den Fingern und einer Pinzette betupft, bis sie ordentlich ausgebreitet liegt. Blätter sind leicht zu pressen, bei dichteren Büschen wird es schwieriger und erfordert etwas Geschick, damit das Resultat nicht nur dunkle Klumpen sind. Büschelartige Algen müssen in ihren Zweigsystemen etwas ausgelichtet werden, indem man ein paar der dicksten Sprosse mit den Fingern oder einer Pinzette entfernt.

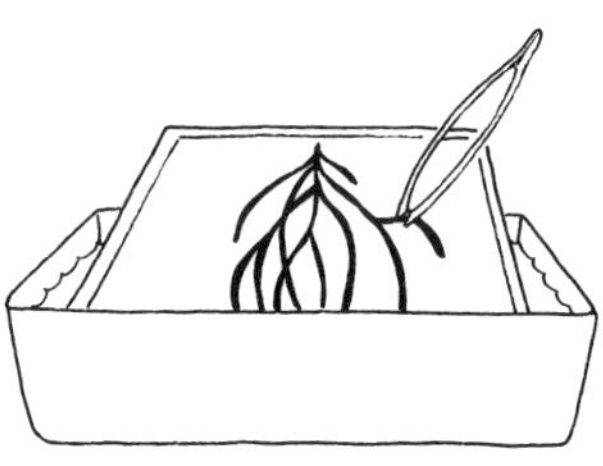

3. Nun nimmt man die Platte mit dem Papier und der Alge vorsichtig schräg aus dem Wasser und lässt das überschüssige Wasser ablaufen.

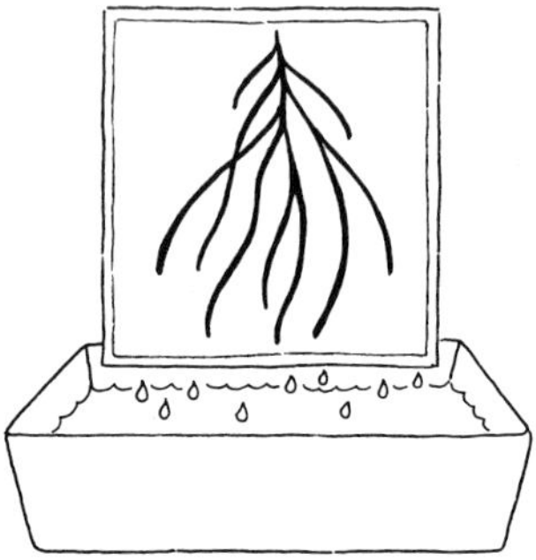

4. Als Nächstes legt man das Papier mit der Alge auf Zeitungspapier und deckt das Ganze mit Gaze, Nylonstoff oder synthetischem Gewebe ab, damit die Alge nicht an den Zeitungen kleben bleibt, die darüber gelegt werden. Zuletzt kommt alles in eine Presse. Man kann die Alge mit Zeitungen pressen und dazu eine gewöhnliche Pflanzenpresse oder zwei schwere Platten verwenden. Die feuchten Zeitungen sollten nach 1–2 Stunden gewechselt werden. Die Algen sind nach 1–2 Tagen in der Presse trocken. Das variiert in Abhängigkeit von Feuchtigkeit und Temperatur des Raumes.

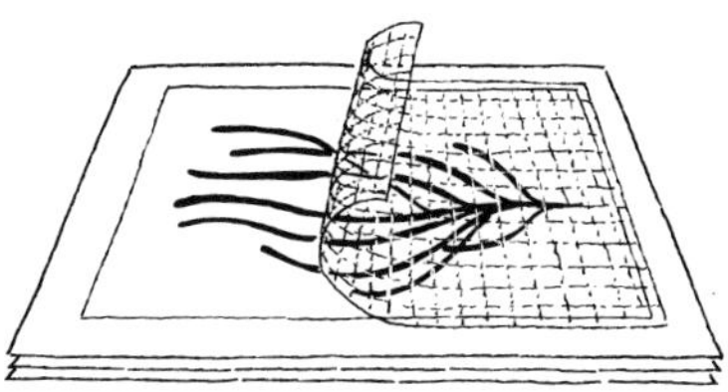

5. Wenn die Alge trocken ist, wir der Stoff vorsichtig entfernt. Sie klebt nun auf dem darunter liegenden Papier fest. Ihre Zellwände enthalten Schleimstoffe, die sie automatisch auf dem Papier fixieren. Jetzt kann man die Alge auf einen größeren Bogen kleben und Namen, Datum und Fundort dazuschreiben. Oder man rahmt die Alge ein. Allerdings verliert sie ihre Farbe, wenn sie im direkten Sonnenlicht hängt.

Benutzung des Buches

Tiere

Im Buch werden ca. 550 Tierarten beschrieben, eine lediglich kleine Auswahl der reichhaltigen Meeresfauna. Ins Buch wurden die häufigsten und größeren Tiere sowie ökonomisch bedeutende Arten aufgenommen. Weiterhin werden einige wichtige Fischparasiten beschrieben.

Das Tierkapitel ist traditionell systematisch gegliedert, die Schwämme bilden den Anfang und die Säugetiere stehen am Schluss. Die genaue Abfolge der einzelnen Gruppen kann man dem Inhaltsverzeichnis entnehmen.

Für jede Art wird zuerst der deutsche Name angegeben. Nach Rücksprache mit vielen Wissenschaftlern und Experten und ausgiebiger Recherche mussten wir feststellen, dass es für sehr viele Arten noch keine eingebürgerten deutschen Bezeichnungen gibt. Wir haben daher anhand der Artkennzeichen und der Lebensweise sowie in freier Übersetzung der dänischen, holländischen oder wissenschaftlichen Artnamen deutsche Artbezeichnungen gebildet. In manchen Fällen haben die Arten den deutschen Namen auch nach ihrem wissenschaftlichen Gattungsnamen erhalten, z.B. der Borstenwurm *Nicolea*. Die deutschen Bezeichnungen sollten lediglich als Hilfsmittel zum Kennenlernen der Arten dienen. Sie sind nicht eindeutig genug.

Nach dem deutschen Namen wird kursiv der wissenschaftliche Artname angegeben. Dieser Name ist auf der ganzen Welt gültig. Es ist wichtig, diesen Namen zu erwähnen, um zweifelsfrei davon ausgehen zu können, dass man die richtige Art vor sich hat. Zuerst wird der Gattungsname genannt, der mit einem großen Buchstaben beginnt. Dahinter steht der Artname, der kleingeschrieben wird. Hinter dem wissenschaftlichen Namen steht der Name der Wissenschaftler, die diese Art zuerst beschrieben haben. Wenn eine Art heute in eine andere Gattung eingeordnet wird als die der ursprünglichen Beschreibung, steht der Erstbeschreiber in Klammern.

Zu Beginn der Artbeschreibung wird die Größe (meist in Zentimetern) angegeben. Das bedeutet, dass das gesamte Tier (oder bei den Vorderkiemern und Muscheln deren Schalen) in der Regel nicht länger als die angegebene Länge wird. Die Größenangaben gelten für Meeresgebiete mit einem hohen Salzgehalt, also Nordsee, Skagerrak und Kattegat. Viele Arten, z.B. Miesmuscheln, können auch im Brackwasser leben, sie erreichen dort jedoch nicht die gleiche Größe wie im Salzwasser.

Nach der Größenangabe erfolgt die Beschreibung der Art. Es sollte in den meisten Fällen möglich sein, die Art anhand der Beschreibung und Zeichnung zu bestimmen. Gelegentlich empfiehlt es sich, eine Lupe mit 10-facher Vergrößerung zu benutzen. Einige wenige Arten werden nur beschrieben, jedoch nicht gezeichnet. Diese Arten stehen direkt im gleichen Abschnitt der zuvor genannten Art. Hier werden besonders die Unterschiede zwischen den Arten hervorgehoben.

Die Verbreitungsangaben betreffen nur die Verbreitung in dem vom Buch umfassten Gebiet. Wenn für eine Art „Nordsee bis westliche Ostsee" angegeben ist, bedeutet das, dass die Art in geeigneten Habitaten in diesem Gebiet und allen dazwischen liegenden Gewässern angetroffen werden kann. Das heißt jedoch nicht, dass die Art nicht auch in anderen Regionen vorkommt, die außerhalb des im Buch beschriebenen Gebietes liegen. Weiterhin wird die Tiefe angegeben, z.B. „ab der Niedrigwasserlinie", d.h., dass die Art ständig mit Wasser bedeckt sein muss. Die angegebenen Tiefenangaben gelten für das Kattegat. In der Ostsee leben viele Arten in vergleichsweise größeren Tiefen und in der Nordsee näher an der Oberfläche.

Für ein genaues Studium der Arten sollte man sowohl die Artbeschreibung, die direkt bei der jeweiligen Art steht, und die Familienbeschreibung als auch die Beschreibung der übergeordneten Tiergruppe und den Einleitungsteil des Kapitels lesen.

Pflanzen

Das Buch umfasst 145 Pflanzenarten: festsitzende Algen (Tange), einige marine Blütenpflanzen sowie ein paar charakteristische Flechtenarten. Unter den Meeresalgen, die die Flora der Meere bestimmen, sind 135 größere, leicht erkennbare Arten von den etwa 325 in Dänemark und 500 in Norwegen vorkommenden Arten ausgewählt worden.

Die Pflanzen sind nach Klassen/Gruppen sortiert: Blaualgen, Rotalgen, Braunalgen, Grünalgen, Armleuchteralgen, Flechten und marine Blütenpflanzen. Die Klassen/Gruppen werden jeweils zu Beginn einzeln beschrieben.

Zu Anfang steht der deutsche Artname der Pflanze. Danach wird der gültige wissenschaftliche Name angegeben, der wie bei den Tieren aus dem Gattungs- und dem Artnamen zusammengesetzt ist. Beim Borstenhaar lautet der wissenschaftliche Name *Chaetomorpha linum*, wobei *Chaetomorpha* der Gattungsname und *linum* der Artname ist. Die Art wurde zunächst von dem dänischen Forscher O.F. Müller als *Conferva linum* beschrieben. Der deutsche Forscher Kützing hat die Art später in die Gattung *Chaetomorpha* eingegliedert. Die vollständige und richtige Bezeichnung ist heutzutage also „*Chaetomorpha linum* (O.F. Müller) Kützing".

Beim Bestimmen von Pflanzen sollte man darauf achten, dass man frisches Pflanzenmaterial vor sich hat. Ältere Exemplare verlieren schnell ihre Farbe und beginnen zu verrotten. Man sollte außerdem versuchen, die Haftorgane zu finden, da sie bei der Bestimmung von Bedeutung sein können.

Marine Blütenpflanzen mit Blättern, Stängeln und Blüten sind relativ einfach anhand des Aussehens zu bestimmen. Gleiches gilt für Flechten und Armleuchteralgen. Bestimmungshinweise sind direkt bei den Art- oder Gruppenbeschreibungen zu finden. Bei der Bestimmung von Algen ist die Farbe wichtig. Entweder kann man die Alge gegen das Licht halten, so dass sie durchleuchtet wird, oder aber man legt sie in eine weiße Schale, die mit Wasser gefüllt ist. Es ist dann auf einen Blick erkennbar, ob es sich um eine Rot-, Braun-, Grün- oder Blaualge handelt. Innerhalb der einzelnen Algenklassen sind die Arten weiter nach ihrem Aussehen in blattartige, hautartige, krustenartige, fein verzweigte Büsche usw. eingeteilt. Das hat zur Folge, dass ähnliche Arten zur einfacheren Bestimmung nebeneinander abgebildet sind.

Bei jeder Artbeschreibung ist auch die Größe der Algen angegeben. „Bis zu 1 m groß ..." bedeutet, dass die Art eine Länge von einem Meter haben kann, jedoch auch kleinere vorkommen. Wenn man Algen in der Natur sammelt, sollte man auch die Größe beachten. Sie kann als wichtiges Bestimmungsmerkmal herangezogen werden.

Bei den Algen können männliche und weibliche Fortpflanzungsorgane auf der gleichen Pflanze sitzen. Bei einigen Algen gibt es aber auch getrennt lebende männliche und weibliche Pflanzen. Die Bestimmung erfordert dann große Sorgfalt, ein genaues Lesen des Bestimmungstextes und eine Lupe mit 10-facher Vergrößerung. Nur so entdeckt man die winzigen Details, die zur eindeutigen Bestimmung unentbehrlich sind. Einige Arten können mit Sicherheit nur mit Hilfe eines Mikroskops und Spezialliteratur bestimmt werden.

Blatttypen (= Thallustypen):

Blätter mit Mittel- und Seitenrippen

Blätter ohne Blattnerven

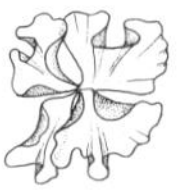

hautartiges Blatt ohne Blattnerven

krustenförmige Blätter mit oder ohne Auswüchse

kugelförmiges Blatt, luft- oder schleimgefüllt

röhrenförmige Blätter, häufig luftgefüllt

bandförmige Blätter

fadenförmige Blätter

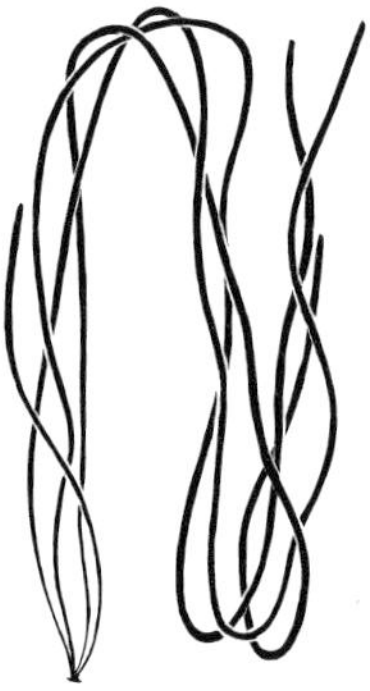

riemenförmige (streifenförmige) Blätter

grob verzweigte, buschförmige Blätter

fein verzweigte, buschförmige Blätter

gegabelte, runde Blätter mit Haftorgan

wedelförmige, lederartige Blätter

lederartige, flache, gegabelte Blätter

lederartig mit Stiel und Haftorgan

Für jede Art ist das Verbreitungsgebiet entlang der Küsten angegeben. Viele Algen können sowohl im Flachwasser als auch in größeren Tiefen leben. Es gibt jedoch meist eine Tiefe, die von der Art bevorzugt wird, in der sie häufig vorkommt und eine Pflanzengesellschaft bildet. In flachen Gewässern kann man *Fucus*-Gesellschaften und in größeren Tiefen *Laminaria*-Gesellschaften antreffen.

Am Ende eines jeden Artenabschnitts wird die geografische Verbreitung der einzelnen Algen beschrieben. Es wird die Verbreitung innerhalb der vom Buch behandelten Region angegeben, von der Nordsee bis zu den Ålandinseln. Für weiter reichende Informationen zur Namensgebung und Verbreitung der Algenarten sollte man Spezialliteratur zu Rate ziehen.

Verzweigungsformen:

unverzweigt

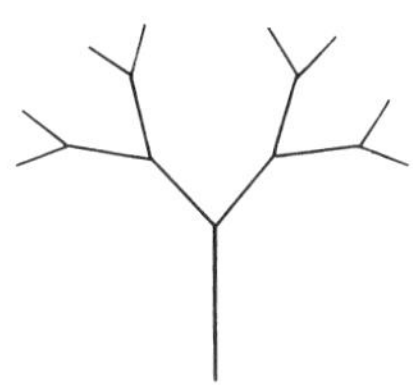
gegabelt

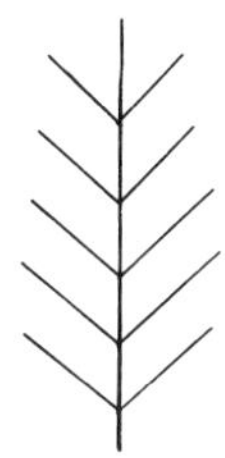
gegenständig verzweigt

gefiedert

wechselständig verzweigt

allseitig verzweigt

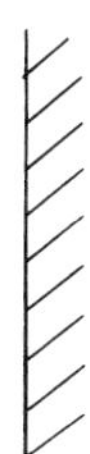
einseitig verzweigt

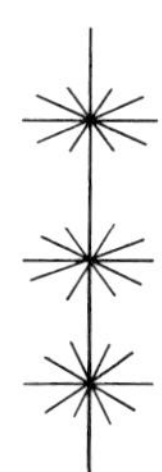
radial verzweigt (Quirle)

MEERESTIERE

Dinoflagellaten *Dinozoa*

Dinoflagellaten sind kleine pelagisch lebende Organismen, von denen die meisten kleiner als 0,1 mm und daher mit dem bloßen Auge nicht erkennbar sind. Das Meeresleuchttierchen, *Noctiluca scintillans*, ist bei Massenauftreten sichtbar.

Meeresleuchttierchen

Noctiluca scintillans (Macartney)

Durchmesser bis 2 mm, kugelförmig, halbdurchsichtig, mit einem Tentakel zum Fangen von Zooplankton. Besonders häufige Art im Spätsommer in Oberflächennähe. Bei Massenauftreten kann das Wasser tagsüber die Farbe von Tomatensuppe annehmen. Nachts erhellt die Art das Wasser wie durch Myriaden winziger Lichtquellen. Die Tiere strahlen bei mechanischer Berührung blaugrünes Licht ab, das so stark sein kann, dass man im Schein der Bugwelle eines Bootes lesen kann oder sich beim Baden vorkommt, als ob man in leuchtender Suppe schwimmt. Nordsee bis westliche Ostsee.

Auch andere Dinoflagellaten können Meeresleuchten verursachen. Ebenso größere pelagische Tierarten, u.a. Rippenquallen, können bei Berührung ein Leuchten erzeugen.

Meeresleuchttierchen

Meeresleuchten, verursacht von *Noctiluca scintillans*

Schwämme *Porifera*

Meeresschwämme sind festsitzende, mehrzellige Tiere. Sie sind einfach gebaut und besitzen keine echten Organe. Charakteristisch ist ein kompliziertes System innerer Kanäle und Hohlräume. Einige Arten sind mit besonderen Zellen, so genannten Kragengeißelzellen, versehen. Diese verursachen eine Wasserströmung durch die Kanäle und filtern mikroskopisch kleine Nahrungspartikel aus dem Wasser, das durch kleine Poren an der Oberseite des Schwammes hereinströmt und aus größeren Ausströmöffnungen wieder ausgeschieden wird. Meeresschwämme besitzen ein inneres Skelett aus winzigen Kalk- und Kieselnadeln und/oder aus Sponginfasern, einer hornartigen Substanz. Die Arten können voneinander oft nur durch Größe und Form der Skelettnadeln unterschieden werden. Die meisten sind Hermaphroditen und haben frei schwimmende Larven. Die bekannten hellbraunen Putzschwämme stammen aus wärmeren Meeresregionen. Wenn die organischen Bestandteile des Schwammes entfernt werden, bleibt das weiche Sponginskelett übrig.

Kalkschwämme *(Calcarea)* sind klein, weiß oder gelblich mit Kalknadelskelett. Man findet die kleinen Kalkschwämme häufig an schattigen, geschützten Stellen in Flachwassergebieten.

Weißröhren-Kalkschwamm

Leucosolenia botryoides (Ellis & Solander)

Höhe bis 5 cm, weißlich bis graugelb, verzweigt in Kolonien lebend. Ausströmöffnungen an der Spitze der 1–2 mm dünnen Ästchen. Auf Steinen und Algen, häufig auf Blasentang an der Niedrigwassergrenze. Nordsee bis westliche Ostsee.

Wimpern-Kalkschwamm

Scypha ciliata (Fabricius)

Höhe bis 8 cm, gelblich weiß, zylinderförmig mit dünnen, rauen Wänden. Die breite Ausströmöffnung befindet sich an der Spitze und ist von langen Kalknadeln umgeben. Die Tiere sitzen einzeln oder in Gruppen auf Steinen oder Algen. Ab der Niedrigwasserlinie. Nordsee bis westliche Ostsee.

Rechts: Weißröhren-Kalkschwamm
Links: Wimpern-Kalkschwamm

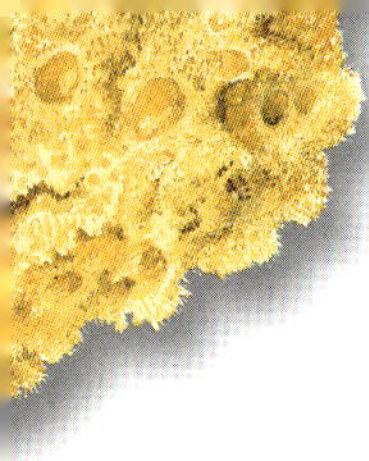

„Badeschwamm“

Beutelkalkschwamm

Grantia compressa (Fabricius)

Der bis zu 5 cm hohe Schwamm ist weißgrau bis weißgelb. Im Wasser sind die Schwämme sackförmig angeschwollen, außerhalb des Wassers sind sie jedoch flacher und dünner. Die einzige große Ausströmöffnung sitzt an der Spitze des Schwammes. Häufig hängen die Tiere in Gruppen an Klippen oder Algen. Ab der Hochwasserlinie. Nordsee.

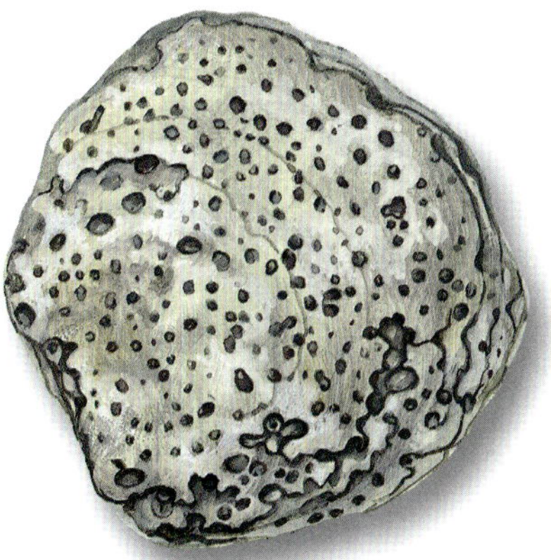

Austernschale, vom Bohrschwamm zerfressen

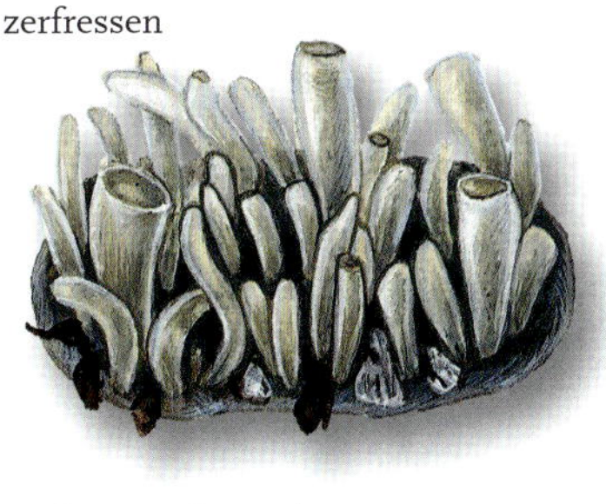

Zackiger Röhrenschwamm

Beutelkalkschwamm

Kieselschwämme *(Demospongiae)* können sehr unterschiedliche Größen, Formen und Farben haben. Das Skelett besteht aus Kieselnadeln. Ab der Flutlinie bis in große Meerestiefen.

Bohrschwamm

Cliona celata (Grant)

Mit Hilfe chemischer Substanzen bohrt dieser Schwamm ungleichmäßige Löcher und Gänge in Kalksteine, leere Schneckenhäuser und Muschelschalen, u.a. in Austern und Islandmuscheln. Gelegentlich kann man die weichen Ausstülpungen des lebenden gelblichen Schwammes aus den Bohrlöchern hervorgucken sehen. Nordsee und westliche Ostsee.

Zackiger Röhrenschwamm

Polymastia mammillaris (O.F. Müller)

Der Schwamm bildet ein abgerundetes, hartes, wenige Zentimeter hohes, graues, gelbes oder rosafarbenes Kissen mit einem Durchmesser von bis zu 12 cm. Die schornsteinartigen, dünnwandigen Auswüchse, die Papillen, sind bis zu 3 cm lang. Lebt ab der Niedrigwasserlinie auf Steinen und Schalen. Nordsee bis Kattegat.

Gerandeter Geweihschwamm
Haliclona limbata (Montagu)

Durchmesser bis 6 cm. Abgerundeter rötlich brauner Klumpen, gelegentlich mit flachen, kegelförmigen Erhöhungen. Elastisch, Skelett aus Sponginfasern. Auf Schalen, Seegras und Blasentang, ab der Niedrigwasserlinie. Häufig in Meeresbuchten und Fjorden. Nordsee bis westliche Ostsee.

Gerandeter Geweihschwamm um Miesmuscheln

Augen-Geweihschwamm
Haliclona oculata (Pallas)

Höhe bis 20 cm, gelbbraun bis rötlich mit runden bis leicht abgeflachten, recht weichen Ästen, die einen Durchmesser von bis zu 8 mm haben. Die Ausströmöffnungen befinden sich nur auf den Seiten der Äste, häufig direkt untereinander. Auf Steinen und an Hafenmolen, ab der Niedrigwasserlinie. Wird häufig am Strand angespült. Nordsee bis westliche Ostsee.

Augen-Geweihschwamm

Krugschwamm
Haliclona urceolus (Rathke & Vahl)

Bis 15 cm lang, hellgrau bis hellbraun, sehr weich mit zylindrischen, hohlen, keulenförmigen Verzweigungen. Die breiten Ausströmöffnungen befinden sich einzeln an der Spitze der Verzweigungen. Auf Steinen, ab wenigen Metern Tiefe. Nordsee bis westliche Ostsee.

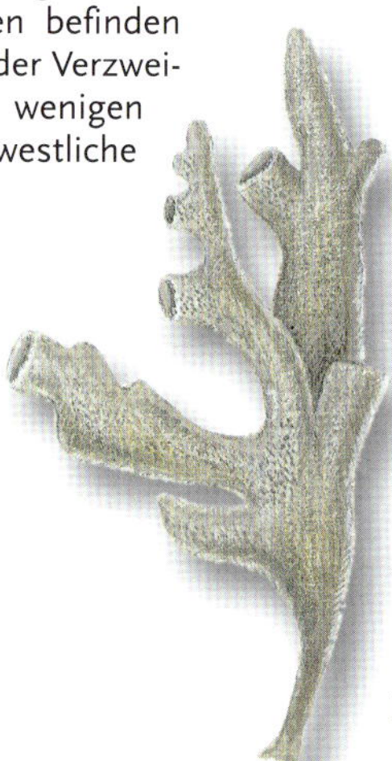

Krugschwamm

Korkschwamm, Feigenschwamm

Suberites ficus (Linnaeus)

Der gräulich bis orangerote, elastische, feste Schwamm kann in Form eines Stabes, eines unregelmäßig geformten Klumpens oder eines Belags auftreten. Sein Durchmesser wird selten größer als 10 cm. Breite Ausströmöffnungen. Sitzt gerne auf Steinen oder Muschelschalen. Ist häufig auf Schneckenhäusern, die von einem Einsiedlerkrebs bewohnt werden, anzutreffen. Durch den Korkschwamm wird das Schneckenhaus zersetzt, so dass am Ende der Einsiedlerkrebs nur noch von dem Schwamm umgeben ist. Nordsee bis westliche Ostsee.

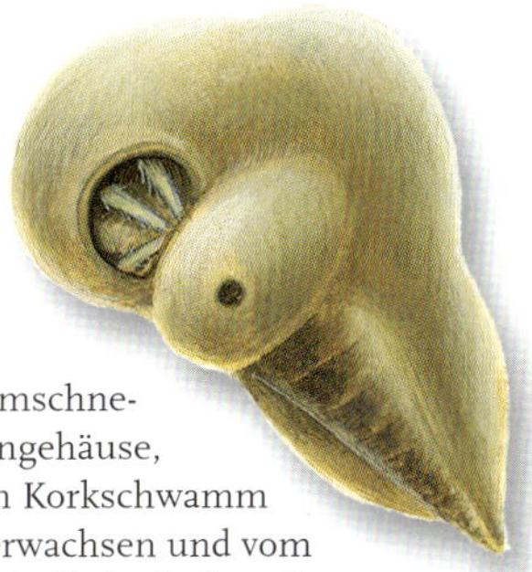

Turmschneckengehäuse, vom Korkschwamm überwachsen und vom Einsiedlerkrebs bewohnt

Brotschwamm, Meerbrot

Halichondria panicea (Pallas)

Der Schwamm ist gelblich oder bräunlich, oft auch grünlich, aufgrund seiner Symbiose mit Grünalgen. Die großen Ausströmöffnungen sitzen meistens auf kegelförmigen Erhöhungen. Der Brotschwamm bildet ungleichmäßige Klumpen oder ca. 1 cm dicke Beläge auf Steinen und Algen. Ab der Niedrigwasserlinie. Am Strand angespülte, getrocknete Meerbrot-Exemplare sind weißlich und haben eine brotkrümelartige Struktur. Nordsee bis westliche Ostsee.

Gallertschwamm

Halisarca dujardini Johnston

Kolonielebend. Durchmesser bis 5 cm, ohne Kieselnadeln. Bildet einen wenige Millimeter dünnen, weißlich bis grau orangefarbenen, weichen, glatten und schleimigen Belag auf Seegras, Algen, Steinen und Schalen. Ab der Niedrigwasserlinie. Nordsee bis westliche Ostsee.

Brotschwamm (links) und Gallertschwamm (rechts) auf Palmentangwurzeln

Nesseltiere *Cnidaria*

Nesseltiere können einzeln oder in Kolonien leben. Die einfachsten Arten sind beutelförmig und sitzen mit ihrem geschlossenen Ende fest. Am entgegengesetzten Ende befindet sich die Mundöffnung, die häufig von vielen weichen Tentakeln umgeben ist. Nesseltiere haben keine Afteröffnung. Auf der Haut sitzen Nesselkapseln, die an den Tentakeln leicht erhöht in Gruppen angeordnet sind. Diese Zellen werden zur Verteidigung und zum Fangen und Lähmen von Beute eingesetzt. Nesselkapseln schießen bei Berührung eine Schlauch ab, der Gift ausscheiden kann, die Beute an sich festklebt oder diese umwickelt. Manche Arten sind so giftig, dass sie auch für den Menschen gefährlich sein können. Viele Arten können sich sowohl geschlechtlich, z.B. durch pelagisch lebende Larven, als auch ungeschlechtlich durch Knospung fortpflanzen. Wenn sich die Knospen nicht vom Muttertier trennen, bilden sich Kolonien. Einzelne Kolonien bestehen aus verschiedenen Tierformen, die als ein einziger Organismus zusammenarbeiten. Eine Form übernimmt dabei die Fortpflanzung, eine andere die Ernährung und eine dritte die Verteidigung der Kolonie. Viele Arten haben mehrere Stadien: ein festsitzendes Stadium, das Polypenstadium, und ein pelagisch lebendes Stadium, die Meduse. Sie leben räuberisch. Einige Arten ernähren sich von kleinen Planktonorganismen, andere von Fisch. Sie werden in Hydroiden, Blumen- oder Korallentiere und Quallen unterteilt.

Hydroiden *Hydrozoa*

Häufig gibt es zwei Generationen: eine festsitzende Polypengeneration und eine pelagische Medusengeneration. Die marinen Formen werden daran unterschieden, ob die Polypenköpfchen der Ernährungspolypen von mikroskopisch kleinen Chitinhüllen oder -bechern (Hydrotheken) umgeben sind oder ob ihnen diese fehlen. Sowohl die Polypengeneration als auch die Medusengeneration leben räuberisch und fressen u.a. Bodentiere und Ruderfüßer. Die Polypengeneration wird u.a. von Nacktschnecken und Seepocken gefressen. Hydroiden setzen sich auch an Schiffsrümpfen fest und können zusammen mit Algen die Fahrt bremsen.

Die Hydroiden der Unterordnung ***Acethata*** haben keine Chitinhülle um die Polypenköpfchen. Die Polypen sind glockenförmig und mindestens einen halben Zentimeter groß.

Röhrenpolypen *(Corymorphidae* und *Tubulariidae)* haben eine Hülle um den Stiel. Die Tentakel sitzen in zwei Kreisen, zwischen denen die Geschlechtsorgane sitzen.

Ungeteilter Röhrenpolyp

Nickender Kölbchenpolyp

Corymorpha nutans M. Sars

Einstielig, Höhe bis 10 cm, Tentakel und Stiel weiß, Polypenkopf rot und Geschlechtsorgane orange. Die dünne und durchsichtige Hülle des Stiels ist mit feinen Härchen versehen, an denen Sandkörner festkleben können. Kommt auf sandigem Grund ab der Niedrigwasserlinie vor. Die Medusen haben eine bis zu 6 mm hohe zugespitzte Glocke. Von Nordsee bis zum nördlichen Öresund und Dänische Belte.

Nickender Kölbchenpolyp

Ungeteilter Röhrenpolyp

Tubularia indivisa Linnaeus

Polypenköpfe rot mit weißen Tentakeln. Der bis zu 20 cm lange, unverzweigte, unregelmäßig zusammengeschnürte Stiel ist von einer steifen, glatten, graubraunen Hülle umgeben. Fortpflanzung ohne Medusen, aber durch polypenähnliche Larven. Auf Steinen, ab 10 m Meerestiefe. Von Nordsee bis zu den nördlichen Dänischen Belten und im Öresund.

Gewöhnlicher Köpfchenpolyp

Gewöhnlicher Köpfchenpolyp

Tubularia larynx Ellis & Solander

Bis zu 10 cm hoch mit roten Polypenköpfen, kolonielebend. Der dünne, verzweigte Stiel ist von einer gelbbraunen Hülle umgeben, die unregelmäßige Einschnürungen aufweist. Die Larven sind polypenähnlich. Auf Braunalgen, Steinen, an Pfählen, ab der Niedrigwasserlinie. Nordsee, nördliche Dänische Belte und Öresund.

Die Keulenpolypen *(Clavidae)* haben lange Tentakel, die unregelmäßig am keulenförmigen Polypenköpfchen entspringen. Die hier beschriebenen Arten haben keine frei schwimmende Medusenform, dafür aber pelagisch lebende Larven.

Mehrkörniger Polyp, Weibchen: Kolonie und Einzeltier

Mehrkörniger Polyp

Clava multicornis (Forskål)

Die weichen, unverzweigten, hellroten, büscheligen Kolonien trifft man am häufigsten auf Blasentang an, ab der Hochwasserlinie. Die beim Männchen roten, beim Weibchen blauen, traubenförmigen Geschlechtsorgane sitzen unterhalb der Tentakel. Nordsee bis westliche Ostsee.

Brackwasser-Röhrenpolyp

Cordylophora caspia (Pallas)

Höhe bis 8 cm, buschig verzweigte Kolonie mit brauner Hülle um den Stiel. Die ovalen Eibeutel mit grünen Eiern, aus denen später die pelagisch lebenden Larven schlüpfen, sitzen an den Ästen unter den Polypenköpfen. Der Brackwasser-Röhrenpolyp lebt auf Pflanzen in der Nähe von Süßwassereinläufen von der südlichen Nordsee bis zum Kattegat, außerdem in der Ostsee von Bornholm bis zu den Ålandinseln. Die Art kam im 19. Jahrhundert aus dem Kaspischen und Schwarzen Meer nach Westeuropa.

Brackwasser-Röhrenpolyp, Weibchen

Arten aus den Familien *Bougainvilliidae* und *Eudendriidae* haben eine Hülle um den Stiel, die den Arten der *Hydractiniidae* fehlt. Bei allen drei Familien sind die Tentakel kreisförmig angeordnet.

Bougainvillia-Polyp

Bougainvillia-Polyp

Bougainvillia ramosa (Van Beneden)

Stark verzweigte, etwa 10 cm hohe Kolonie mit runzeliger Hülle um den Stiel. Die kleinen, paarigen, birnenförmigen Eibeutel unter den Medusenköpfen entwickeln sich zu kleinen Medusen. Vorkommen auf Algen, Steinen und Schalen. Nordsee bis nördliche Dänische Belte und Öresund.

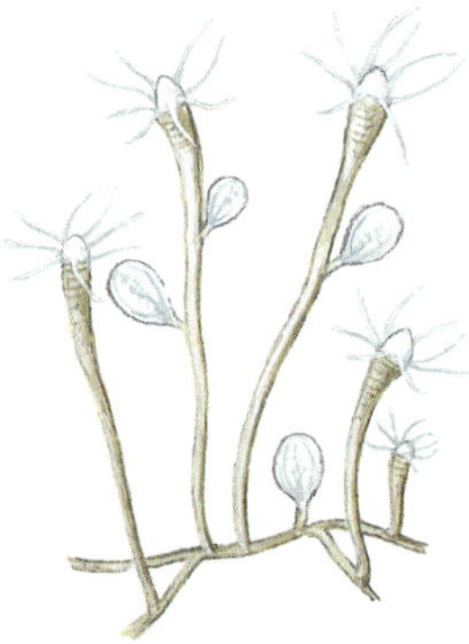

Leuckartiara-Polyp

Leuckartiara, Mützen-Meduse

Leuckartiara octona (Fleming)

Die dünnen, bis zu 6 cm hohen, oftmals unverzweigten Stiele sind von einer dünnen, runzeligen, braunen Hülle umgeben. Die Kolonie sitzt häufig auf Schneckenhäusern lebender Schnecken, v.a. auf Turmschnecken, Muscheln, Kahnfüßern, Krebsen und Manteltieren, ab 10 m Meerestiefe. Die Polypen bilden Medusen. Das kuppelförmige Oberteil der bis zu 2 cm hohen Medusenglocke ist farblos und geleeartig. Das gelbbraune Mundrohr hängt im Hohlraum der Glocke und trägt auf der Außenseite die stark faltigen Geschlechtsorgane. Besonders häufig sind Medusen im Herbst anzutreffen. Nordsee bis nördliche Dänische Belte und Öresund.

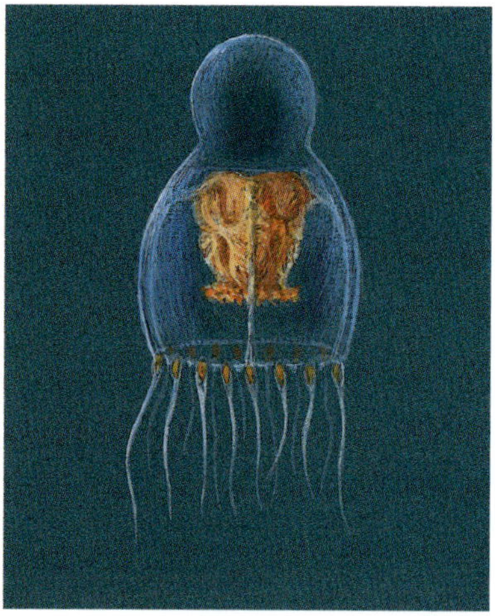

Meduse von Leuckartiara

Bäumchenpolyp

Eudendrium rameum Pallas

Die bis zu 20 cm große Kolonie ist stark und unregelmäßig verzweigt. Die Äste sind dick, braun und laufen zur Spitze hin dünner aus. Rötliche Polypenköpfe. Die kleinen männlichen Geschlechtszellen sind kreisförmig angeordnet. Die birnenförmigen weiblichen Geschlechtszellen sitzen in mehreren unregelmäßigen Ringen unter oder auf dem Polypenkopf. Leben ab wenigen Metern Tiefe auf Steinen und Muschelschalen. Nordsee, Kattegat und nördliche Dänische Belte.

Bäumchenpolyp, Weibchen

Stachelpolyp

Hydractinea echinata (Fleming)

Die bis 1 cm hohen, unverzweigten, weißlichen, mit Tentakeln besetzten Polypen sitzen zusammen mit kleinen Stacheln sowie kleineren Polypen mit gelblichen männlichen und rötlichen weiblichen Geschlechtszellen auf einer harten Unterlage. Die Kolonien leben in Symbiose mit einem Einsiedlerkrebs. Die harte Basalplatte des Polyps wächst über die Öffnung des Schneckenhauses hinaus, so dass der Einsiedlerkrebs das gefährliche Umziehen und Suchen nach einem neuen Haus noch hinauszögern kann. Einsiedlerkrebse bevorzugen polypenbewachsene Schneckenhäuser. Dieses Zusammenleben hat für den Polyp den Vorteil, dass er so mit frischem Wasser versorgt wird. Die Art kommt auch auf Steinen und Pfählen vor. Ab der Niedrigwasserlinie, Nordsee bis nördliche Dänische Belte und Öresund.

Stachelpolyp

Einsiedlerkrebs in Wellhornschneckengehäuse, das von Stachelpolypen überwachsen ist

Turmschneckengehäuse mit abgestorbener Stachelpolypen-Kolonie bedeckt, die Kolonie überdacht die Gehäuseöffnung

Kniender Glockenpolyp

Die Hydroiden-Unterordnung der ***Thecata*** besteht aus koloniebildenden Polypenarten. Die Polypenköpfe sind von bis zu 1 mm dünnen Chitinbechern (Hydrotheken) umgeben. Die Geschlechtszellen werden in Chitinhüllen (Gonotheken) gebildet. Die Medusen sind flach oder napfförmig, der Mund ist auf der Mitte der Unterseite und die Geschlechtszellen liegen an vier Verdickungen (Radiärkanäle). Die Radiärkanäle ergeben von oben betrachtet ein Kreuz. Die Meduse ist in der Regel kleiner als 1 cm. Ein paar Arten können beträchtlich größer werden, z.B. die Art *Eutonina indicans* (Romanes) und die größere Art *Staurostoma mertensii* (Brandt), die einen Durchmesser von bis zu 3 cm bzw. 20 cm haben können. Ab dem Frühjahr von Nordsee bis westliche Ostsee und von Nordsee bis nördliches Kattegat.

Glockenpolypen *(Campanulariidae)* besitzen einen glockenförmigen Chitinbecher. Von den vielen verschiedenen Arten, die oft nur mikroskopisch zu bestimmen sind, werden hier einige ausgewählte Arten vorgestellt.

Kniender Glockenpolyp

Obelia geniculata (Linnaeus)

Die bis zu 4 cm hohen, zickzackförmigen, farblosen und schwach verzweigten Stämme entspringen an langen Basalausläufern. Die Geschlechtszellen werden in langen zylindrischen Chitinhülsen gebildet und entwickeln sich zu bis zu 5 mm breiten frei schwimmenden Medusen. Die Hydroiden sitzen auf Algen, besonders auf Blasentang. Nordsee bis mittlere Ostsee, ab der Niedrigwasserlinie.

Langer Glockenpolyp

Obelia longissima (Pallas)

Bis zu 30 cm lang mit dünnem, schwarzbraunem Hauptstamm und kürzeren, verzweigten Seitenästen. Sitzt auf Algen, anderen Hydroiden, Steinen und Schalen. Nordsee bis nördliche Dänische Belte und Öresund.

Zickzack-Glockenpolyp

Laomedea flexuosa Alder

Buschig. Die bis zu 4 cm langen, schwach zickzackförmigen Stämme ähneln denen des Knienden Glockenpolypen, *O. geniculata*, jedoch entwickeln sich die, in lang gestreckten, becherförmigen Chitinhüllen sitzenden Geschlechtszellen nicht zu Medusen. Chitinbecher mit glatter Kante. Vorkommen auf Seegras, Blasentang, Steinen, Pfählen und Miesmuscheln, ab der Niedrigwasserlinie. Nordsee bis mittlere Ostsee.

Der **Brackwasser-Glockenpolyp**, *Laomedea loveni* (Allman), bildet eine bis zu 3 cm hohe, kräftige, verzweigte Kolonie, die dem Zickzack-Glockenpolypen ähnelt, jedoch können sich die Geschlechtszellen über die becherförmigen Chitinhüllen erstrecken. Hüllenrand geschwungen. Auf Seegras, Blasentang, Steinen, Klippen, Pfählen und Miesmuscheln, ab der Niedrigwasserlinie. Nordsee und Ostsee bis zu den Ålandinseln.

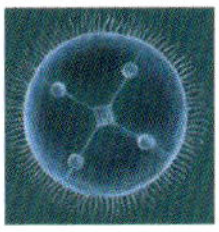

Langer Glockenpolyp und Meduse, von oben betrachtet

Zickzack-Glockenpolyp

Fiederzweig-polyp

Quirl-Polyp

Rhizocaulus verticillatus (Linnaeus)

Bis 10 cm hohe, verzweigte, steife, aufrecht sitzende Kolonie. Die Chitinbecher sitzen kreisförmig an Stielchen um die Stängel. Die Geschlechtszellen in den sehr kurzstieligen flaschenförmigen Chitinhülsen bilden keine Medusen. Kolonien sitzen auf Steinen, Schalen und anderen festen Stellen, ab wenigen Metern Wassertiefe. Nordsee bis Kattegat und nördliche Dänische Belte.

Zu den Familien *Haleciidae* und *Plumulariidae* gehören in erster Linie große und verzweigte Arten. Keine der hier beschriebenen Arten hat frei schwimmende Medusen. Die Chitinbecher sind ring- oder schalenförmig.

Fiederzweigpolyp

Halecium halecinum (Linnaeus)

Höhe bis 25 cm, verzweigt mit federartigen Seitenästen. Die Polypenköpfe können nicht in die kleinen, ringförmigen Chitinbecher eingezogen werden. Auf Steinen und Schalen von Nordsee bis westliche Ostsee, ab wenigen Metern Wassertiefe.

Quirl-Polyp

Federpolyp

Kirchenpaueria pinnata (Linnaeus)

Länge bis 20 cm, weißlich, federartig, zierlich. Die kleinen, napfförmigen Chitinbecher sitzen auf den Seitenästchen, die paarigen Chitinhülsen mit den Geschlechtsindividuen sitzen am Hauptstamm an. Auf Steinen und Schalen, ab 10 m Tiefe, Nordsee bis nördliche Dänische Belte und Öresund.

Borstiger Meerbart

Verzweigter Federpolyp

Zypressenmoos

Federpolyp

Borstiger Meerbart

Nemertesia antennina (Linnaeus)

Die orangebraune Kolonie besteht aus einem Büschel unverzweigter, bis zu 25 cm hoher, dicker, gegliederter Stämme. Aus jedem Hauptstamm entspringt ein Kreis unverzweigter Seitenästchen mit napfförmigen Chitinbechern. Die Chitinhülsen mit den Geschlechtsindividuen sitzen am Stamm. Meist auf Sandböden. Nordsee, Skagerrak und östliches Kattegat.

Verzweigter Federpolyp

Nemertesia ramosa Lamouroux

Braungelb, unregelmäßig, mehrfach verzweigt, bis 20 cm hoch mit dickem, gegliedertem Stamm. Lebt auf Sandböden, Steinen und Muschelschalen, ab 20 m Tiefe. Nordsee und Skagerrak.

Die Arten der Familie *Sertulariidae* sind große, kräftige, stark verzweigte Hydroiden, die keine freien Medusen bilden. Die Chitinbecher haben Deckel.

Zypressenmoos

Sertularia cupressina Linnaeus

Die bis zu 50 cm hohe Kolonie kann aus mehreren braunen Stämmen bestehen, die ein- oder zweifach verzweigt sind. Da sich der Stamm älterer Hydroiden verdreht, bilden die Seitenästchen eine Spirale. V.a. auf Steinen und Schalen, ab wenigen Metern Tiefe. Nordsee bis westliche Ostsee.

Tannenmoos

Zwergmoos

Tannenmoos, Meertanne

Abietinaria abietina (Linnaeus)

Höhe bis 30 cm, gelbbraun, mehrfach federartig verzweigt. Die Chitinbecher sitzen unpaarig an den Ästchen. Auf Steinen und Schalen, ab wenigen Metern Tiefe. Nordsee bis nördliche Dänische Belte und Öresund.

Zwergmoos

Dynamena pumila (Linnaeus)

Die bis zu 3 cm hohen, braunen, oftmals unverzweigten Stämme von *D. pumila* entspringen an breiten, basalen Ausläufern. Die Chintinbecher sitzen paarig, so dass der Stängel aus Dreiecken zusammengesetzt zu sein scheint. Bei Berührung leuchten lebende Zwermoos-Kolonien stark. Sie leben auf Algen, vor allem auf Sägetang, ab der Hochwasserlinie. Nordsee bis westliche Ostsee.

Korallenmoos

Hydrallmania falcata (Linnaeus)

Der bis zu 30 cm lange, schlanke Stamm des Korallenmooses ist so verzweigt, dass die Seitenäste eine Spirale bilden. Die Ästchen haben die gleiche Größe und sind federartig. Auf Steinen und Schalen, ab 10 m Tiefe. Nordsee bis westliche Ostsee.

Flaschenbürsten-Polyp

Thuiaria thuja (Linnaeus)

Die mehrfach verzweigten Ästchen sitzen spiralförmig an dem bis zu 30 cm hohen, braunen Stamm. Da die Ästchen die gleiche Größe haben, wirkt die Kolonie zylinderförmig. Die unteren Ästchen fallen nach und nach ab. Auf Steinen und Schalen, ab 20 m Tiefe. Nordsee und Skagerrak.

Flaschenbürsten-Polyp

Korallenmoos

Blumentiere *Anthozoa*

Blumen- oder Korallentiere haben keine Medusengeneration. Sie ähneln einem hohlen Zylinder, der an der einen Seite eine Fußplatte und an der anderen Seite eine Mundscheibe bildet. Die meisten Arten sind relativ groß und können sich ungeschlechtlich durch Knospung oder Teilung vermehren. Wenn die neu gebildeten Individuen mit dem Muttertier verbunden bleiben, bilden sich Kolonien. Die Mundspalte mündet in die Darmhöhle. Bei geschlechtlicher Fortpflanzung bilden sich kleine pelagisch lebende Larven. Im tiefen Wasser des Skagerraks und vor den Küsten Norwegens gibt es Gebiete, in denen Arten mit kräftigem Kalkskelett vorkommen und eine Art Korallenriff bilden. Die meisten Arten mit Kalkskelett leben jedoch in tropischen Meeren, wo sie im Flachwasser Korallenriffe formen können.

Achtstrahlige Korallentiere *(Octocorallia)* bilden in der Regel Kolonien. Der Polypenkopf hat 8 federartige Arme, die in einem Kreis angeordnet sind. Die hier beschriebenen Arten ernähren sich von Zooplankton.

Zu dieser Gruppe gehören Lederkorallen (u.a. *Alcyoniidae*) mit kleinen, inneren Kalknadeln und Seefedern *(Pennatuliae)*, die mit Hilfe eines inneren Kalkstabs aufrecht stehen.

Tote Mannshand, Meerhand
Alcyonium digitatum Linnaeus

Festsitzende, massive, fleischige, häufig aufrecht stehende, zylindrische, schwach verzweigte, weiße, gelbliche oder orangefarbene Kolonie. Länge und Breite bis 20 cm. Die durchsichtigen Polypenköpfe bedecken die gesamte Oberfläche der Kolonie und können komplett eingezogen werden. Kommen auf Steinen und Schalen, gerne auf Pferdemuscheln vor. Ab wenigen Metern Tiefe. Nordsee bis Kattegat und nördlicher Öresund.

Leuchtende Seefeder
Pennatula phosphorea Linnaeus

Hellrot, bis 12 cm lang. Alle Polypenköpfe sitzen auf einer Seite des Tieres auf flachen Auswüchsen, was den Kolonien ein federartiges Aussehen verleiht. Der Stiel besitzt einen inneren Kalkstab, ist basal angeschwollen und steckt aufrecht im Schlammboden. Ab 15 m Tiefe, leuchtet bei Berührung hell auf. Nordsee bis nördliche Dänische Belte und Öresund.

Peitschen-Seefeder
Virgularia mirabilis (O.F. Müller)

Schlank, hell gelblich, bis 50 cm hoch. Die Polypenköpfe sitzen auf kurzen, blattartigen Auswüchsen. Auf schlammigem Grund, ab 20 m Tiefe. Nordsee bis nördliche Dänische Belte und Öresund.

Tote Mannshand: zusammengezogene Kolonie auf der Großen Tritonia, von einem Schlangenstern umklammert; rechts eine Kolonie mit ausgestreckten Tentakel

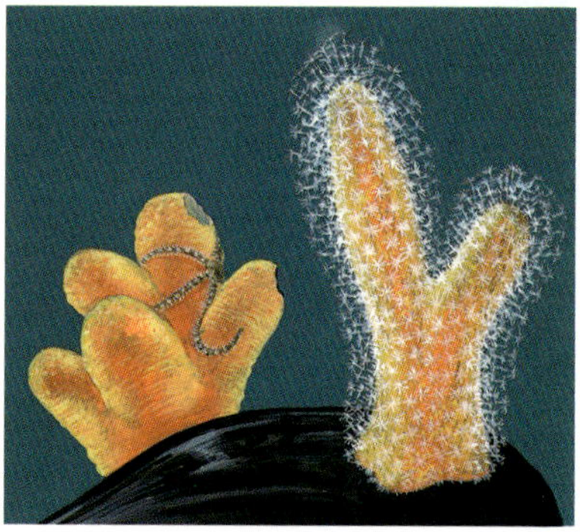

Peitschen-Seefeder

Leuchtende Seefeder

Sechsstrahlige Korallentiere *(Hexacorallia)* leben einzeln oder in Kolonien. Sie haben viele unverzweigte Tentakel in ein oder zwei Reihen um den Mund herum. Zu den *Hexacorallia* gehören Arten, die auf tropischen Korallenriffen häufig zu finden sind.

Die Zylinderrosen *(Cerianthidae)* sind einzeln lebende Seeanemonen, deren langer Stiel mit einer filzartigen, schleimigen braunen Hülle umgeben ist, in die Sandkörner eingelagert sind. Zylinderrosen haben zwei kreisförmig angeordnete Tentakelkränze: Die kurzen Labialtentakel umgeben den Mund, die langen, äußeren Marginaltentakel den Mundrand.

Vielarmige Köcheranemone

Pachycerianthus multiplicatus
Carlgren

Bis zu 30 cm lang und 5 cm breit. Körper gräulich bis rotbraun. Lebt auf schlammigem Grund, ab 20 m Tiefe. Nördliche Nordsee, Skagerrak, Kattegat und nördlicher Öresund.
Dünne Köcheranemonen, *Cerianthus lloydii* Gosse, sind bis zu 15 cm lang, weißlich bis gelblich und um die Mundscheibe braunviolett. Kommen auf sandigem bis schlammigem Substrat vor, ab 10 m Tiefe. Nordsee bis Kattegat und nördlicher Öresund.

Vielarmige Köcheranemone

Becherkoralle, lebendes Tier auf leerer Kalkschale

Mitglieder der *Caryophylliidae* können einzeln oder in Kolonien leben. Sie bilden ein Kalkskelett mit radial verlaufenden Scheidewänden und sind mit koloniebildenden tropischen Sternkorallen verwandt.

Becherkoralle

Caryophyllia smithii Stokes & Broderip

Einzeln wachsende Koralle, 2 cm Durchmesser. Sie besitzt ein becherförmiges Kalkskelett, in das der durchscheinende, variabel schwarzrot bis orange gefärbte Körper eingezogen werden kann. Die Tentakel haben eine Verdickung an ihren Spitzen. Die Becherkoralle lebt auf Steinen und Klippen, ab 10 m Tiefe. Nördliche Nordsee, Skagerrak und nördliches Kattegat.

Langarm-Anemone

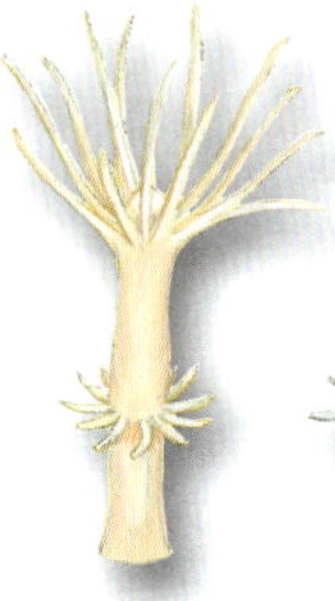

Lebhafte Zwerganemone

Hohle Witwenrose

Die folgenden beiden Seeanemonen gehören zur Familie der *Gonactiniidae*.

Lebhafte Zwerganemone

Gonactinia prolifera (M.Sars)

Bis zu 2 cm hoch, hellrot oder farblos. Einzigartiges Schwimmvermögen, Fortpflanzung durch Querteilung möglich. Lebt ab wenigen Metern Wassertiefe. Nordsee bis Kattegat und nördlicher Öresund.

Langarm-Anemone

Protanthea simplex Carlgren

Höhe bis 3 cm. Gelblicher, becherförmiger Körper mit deutlichen Längsmuskeln und langen durchsichtigen oder weißen Tentakeln, die nicht eingezogen werden können. Auf Klippen, Seegurken und Wurmröhren, ab 15 m Tiefe. Nördliche Nordsee, Skagerrak und nördliches Kattegat.

Fransige Witwenrose

Glatte Witwenrose

Die folgenden Arten gehören zur Familie der *Sagartiidae*.

Hohle Witwenrose

Sagartia troglodytes (Price)

Höhe bis 10 cm, sehr variabel, Körper rötlich, grau oder grünlich mit helleren Längsstreifen. Die Tentakel sind grauweiß mit helleren Querbändern. Körper mit kleinen Warzen, die Partikel festhalten können. Auf Steinen und Schalen vor, ab der Niedrigwasserlinie. Nordsee bis nördliche Dänische Belte und Öresund.

Fransige Witwenrose

Sagartiogeton laceratus (Dalyell)

Höhe bis 3 cm, weiß oder lachsrot mit rötlichen Längsbändern. Braune oder orangefarbene Mundscheibe und gräuliche Tentakel. Kann sich ungeschlechtlich durch Knospungen an der breiten Fußscheibe oder durch Längsteilung fortpflanzen. Auf Steinen und Schalen. Auf schlammigem Grund, häufig auf Turmschnecken. Ab 10 m Tiefe. Nordsee bis Kattegat und nördlicher Öresund.

Schlammrose

Sagartiogeton undatus (O.F. Müller)

Bis 10 cm hoch und halb so breit an der Basis. Körper lachsfarben mit olivbraunen Längsstreifen. Bis zu 170 Tentakel mit olivbraunen Längsbändern. Kann sich nicht durch Knospung fortpflanzen. Lebt auf Steinen und Schalen, ab wenigen Metern Tiefe. Nordsee bis westliche Ostsee.

Glatte Witwenrose

Sagartiogeton viduatus (O.F. Müller)

Bis 5 cm hoch, Körper grau bis grünlich mit weißgelben Längsstreifen. Viele dünne, durchsichtige Tentakel mit zwei grünbraunen Längsstreifen. Die Glatte Witwenrose kommt auf Seegras vor, ab der Niedrigwasserlinie. Nördliche Nordsee, Skagerrak und Kattegat.

Schlammrose

Die großen Seeanemonen (mehrere Familien) besitzen alle eine Fußscheibe, einen zylindrischen Körper und viele einfache Tentakel um den Mund herum. Viele Arten reagieren auf Berühren, indem sie sich zusammenziehen und als Verteidigung viele lange, mit Nesselzellen besetzte Fäden aus der Mundöffnung oder aus den Körperseiten herausschießen.

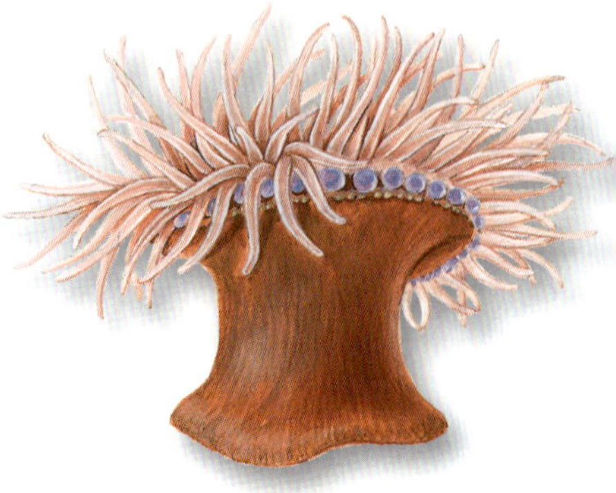

Pferdeaktinie

Pferdeaktinie

Actinia equina (Linnaeus)

Körper glatt, bis zu 5 cm hoch und bis 5 cm breit, rot, grün oder braun, häufig mit blauen perlenartigen Ausstülpungen unter den Tentakel. Die bis zu 1,5 cm langen Tentakel können eingezogen werden. Lebend gebärend. Pferdeaktinien leben auf Steinen und Klippen ab der Hochwasserlinie. Nördliche Nordsee, Skagerrak, Kattegat und nördlicher Öresund.

Glatte Seedahlie

Bolocera tuediae (Johnston)

Bis 20 cm hoch. Körper glatt und hellbraun bis hellrot. Die Mundscheibe und die hellen Tentakel sind dunkler und können leicht abgeworfen werden. Auf Schlammböden, ab 10 m Tiefe. Nördliche Nordsee, Skagerrak, Kattegat und nördlicher Öresund.

Glatte Seedahlie

Seedahlie

Seedahlie, Dickhornige Seerose

Tealia [Urticina] felina (Linnaeus)

Körper bis 15 cm hoch und breit, sehr variabel, häufig gefleckt, rötlich oder grünlich. Die bis zu 150 kurzen, kegelförmigen grünen oder roten Tentakel haben 2–3 weiße Streifen. Die Mundscheibe hat feine weißliche oder rote Streifen, die strahlenförmig vom Mund abgehen. Der Körper besitzt gräuliche Warzen, mit denen er sich an Steinen, Schalen und Algenstücken festhaften kann. Kleinere Tiere und Fische werden von den Nesselzellen festgehalten und gelähmt. Die Tentakel ziehen sich mit der Beute zusammen und führen diese in die Mundhöhle. Kann sich mit Hilfe der Fußscheibe bewegen. Auf beschatteten Steinen, ab der Niedrigwasserlinie. Nordsee bis westliche Ostsee.

Seenelke

Scharlachanemone

Seenelke

Metridium senile (Linnaeus)

Das Tier ist ausgestreckt bis zu 20 cm hoch, zusammengezogen nur etwa halb so groß. Körper glatt, weiß, hellbraun, orange oder lachsfarben. Die vielen kurzen, dünnen Tentakel sind heller als der Körper. Mundscheibe bei großen Exemplaren der Seenelke gelappt. Kann sich ungeschlechtlich durch Knospung von der Fußscheibe vermehren. Die kleinen neu gebildeten Anemonen kriechen langsam vom Muttertier weg. Deshalb trifft man häufig auf mehrere, gleich gefärbte Tiere dicht beieinander. Die Nesselzellen können keine größeren Tiere lähmen. Ab der Niedrigwasserlinie. Nordsee bis westliche Ostsee.

Scharlachanemone

Stomphia coccinea (O.F. Müller)

Höhe bis 6 cm, etwas breiter als hoch. Zusammengezogen sehr flach. Der Körper ist karminrot mit helleren Streifen. Bis zu 80 Tentakel mit zwei roten Streifen und roter Spitze. Der Seedahlie sehr ähnlich, aber kleiner mit breiterer Fußscheibe und glattem Körper. Wird das Tier von einer Breitwarzigen Fadenschnecke angegriffen, löst sich die Fußscheibe vom Untergrund, Körper und Tentakel werden ausgestreckt, so dass das Tier wegtreiben kann. Auf Steinen, Schalen und Pferdemuscheln, ab 15 m Tiefe. Nördliche Nordsee, Skagerrak bis nördliche Dänische Belte und Öresund.

Gefingerte Witwenrose

Hormathia digitata (O.F. Müller)

Stark knotig, hell gelblich orange, Körper bis 10 cm hoch mit breiter Fußscheibe und rötlichen Tentakeln. Sitzt oft auf Wellhornschnecken, sowohl auf lebenden als auch auf von Einsiedlerkrebsen bewohnten Gehäusen. Ab 20 m Tiefe. Nördliche Nordsee bis Kattegat und nördlicher Öresund.

Gefingerte Witwenrose

Schirmquallen
Scyphozoa

Am bekanntesten ist die als Qualle bekannte Medusengeneration. Die Polypengeneration ist klein oder fehlt.

Zu den **eigentlichen Quallen oder Medusen** gehören große frei schwimmende Tiere mit einer zentralen Mundöffnung auf der Unterseite, die von vier Mundarmen umgeben ist, sowie Tentakel am Rand des Schirmes. Die Meduse ist die geschlechtliche Generation. Die meisten Arten sind getrenntgeschlechtig und haben pelagisch lebende Larven. Die Larven setzen sich auf Steinen oder Schalen fest und entwickeln sich zu wenige Millimeter großen, weißlichen becherförmigen Polypen, die durch Querteilung Medusen bilden. Die Polypen sind mehrjährig, während die Medusen höchstens ein Jahr alt werden.

Ohrenqualle
Aurelia aurita (Linnaeus)

Der recht flache, durchsichtige, farblose Schirm wird bis zu 30 cm breit. Die ringförmigen Geschlechtsorgane sind beim Männchen weiß und beim Weibchen rot. Die Tentakel am Rand der Scheibe besitzen viele Nesselzellen, die bei Berührung jedoch von Menschen nicht wahrgenommen werden. Jüngere Ohrenquallen ernähren sich u.a. von kleineren Fischen, ältere von pelagischen Kleintieren. Die weißliche Polypengeneration lebt auf Steinen und Algen. Ab der Niedrigwasserlinie. Nordsee und Ostsee bis zu den Ålandinseln.

Gelbe Haarqualle, Feuerqualle
Cyanea capillata (Linnaeus)

Die Gelbe Haarqualle hat einen Durchmesser von bis zu 1 m, ihr Schirm ist flach bis leicht gewölbt. Die Schirmoberseite ist nahezu glatt und ohne Nesselzellen. Die Unterseite ist mit gut entwickelter Muskulatur ausgestattet, die als Magen funktioniert. Mundarme und Tentakel stark in rotbraunen Nuancen gefärbt. Die rötlichen Geschlechtsorgane hängen sackförmig zwischen den Mundarmen auf der Schirmunterseite. Zahlreiche zusammenziehbare Tentakel dicht mit Nesselzellen besetzt. Im ausgestreckten Zustand können die Tentakel bis zu 10 m lang werden. Sie können stark brennen, ebenso abgerissene Fäden. Nordsee und Ostsee bis zu den Ålandinseln.

Blaue Nesselqualle
Cyanea lamarckii Péron & Lesueur

Durchmesser von bis zu 20 cm. Ihr Schirm ist mehr gewölbt als bei der Gelben Haarqualle und mit Warzen besetzt. Hat weniger und kürzere Tentakel und brennt nicht so stark wie die Gelbe Haarqualle. Nordsee, Skagerrak und Kattegat.

Kompassqualle
Chrysaora hysoscella (Linnaeus)

Durchmesser bis 20 cm, Schirm gelblich mit hellbraunem Rand, V-förmig gemustert mit langen Tentakeln und langen, hell rötlichen Mundarmen. Nordsee, Skagerrak und nördliches Kattegat.

Die Familie der **Wurzelmundquallen** *(Rhizostomeae)* umfasst bei uns nur die Blumenkohlqualle.

Blumenkohlqualle
Rhizostoma octopus (Linnaeus)

Durchmesser bis zu 60 cm, Schirm knorpelartig, blau mit violettem Rand und starker Wölbung, ohne zentrale

1. Kompassqualle, 2. Gelbe Haarqualle, 3. Blaue Nesselqualle,
4. Ohrenqualle, 5. Blumenkohlqualle

Mundöffnung und ohne Tentakel. Ernährt sich von pelagischen Kleinlebewesen, die durch die vielen Kanäle der acht langen und steifen Mundarme in den Magen gepumpt werden. Nordsee, Skagerrak und nördliches Kattegat.

Entwicklungsstadien der Ohrenqualle

Stiel- oder Becherquallen *(Stauromedusae)* besitzen einen becher- bis trichterförmigen Körper mit acht „Armen“, an deren Spitzen sich büschelförmige Tentakel befinden. Am Ende der Tentakel sitzen mit Nessel- und Haftzellen versehene Verdickungen. Am unteren Ende ist ein beweglicher Stiel mit einer Saugscheibe, mit der sich die Tiere an Algen festhaften können. Die Mundöffnung ist im Inneren des Bechers. Stielkorallen ernähren sich vor allem von Schnecken und Krebstieren. Sie werden traditionell zu den Schirmquallen gezählt.

Randanker-Stielqualle

Randanker-Stielqualle

Haliclystus auricula Fabricius

Bis 4 cm hoch, rötlich, grünlich oder bräunlich, hat häufig die gleiche Farbe wie die Alge, auf der sie sitzt. Stiel etwas kürzer als Becher. In jeder Einbuchtung zwischen den acht Armen sitzt ein eiförmiger, klebriger Randanker, mit dem sie sich seitlich anheften kann. Ab der Niedrigwasserlinie. Nordsee bis zu den Dänischen Belten und nördlicher Öresund.

Vierhorn-Becherqualle

Vierhorn-Becherqualle

Lucernaria quadricornis O.F. Müller

Höhe bis 6 cm. Stiel länger als der Becher und mit acht paarig angeordneten Armen. Farbe sehr variabel, grau, grün oder rotbraun. Ohne Randanker. Kommen ab der Niedrigwasserlinie vor. Von der Nordsee bis zur westlichen Ostsee.

Rippenquallen *Ctenophora*

Rippenquallen sind durchsichtige, geleeartige, frei schwimmende Tiere, die pelagisch leben. Am Körper sitzen in Längsrichtung acht bänderartige „Rippen“, die aus kleinen irisierenden Cilienplättchen bestehen und der Fortbewegung dienen. Rippenquallen schwimmen mit dem Mund voraus, der auf der Unterseite des Tieres sitzt. Sie können bei Beunruhigung leuchten und haben keine Nesselzellen. Geschlechtliche Fortpflanzung, die Larven unterscheiden sich nur wenig von den ausgewachsenen Tieren. Die drei hier beschriebenen Arten ernähren sich räuberisch und kommen in der Nähe der Wasseroberfläche vor.

Seestachelbeere

Pleurobrachia pileus (O.F. Müller)

Bis zu 2 cm groß, oval bis kugelförmig und durchsichtig. Die acht Rippen strecken sich über beinahe die ganze Länge des Tieres. Sie fängt ihre Beute, zumeist Zooplankton und Kleinfische, mit Hilfe der langen, zusammenziehbaren, federartig verzweigten, klebrigen, bräunlichen Tentakel. Die Tentakel können ganz in den Körper eingezogen werden. Nordsee und Ostsee bis zu den Ålandinseln.

Glas-Lappenquallen, *Bolinopsis infundibulum* (O.F. Müller), sind bis zu 10 cm lang, eiförmig und am breiteren Vorderende mit zwei großen Schwimmlappen versehen. Fangen Beute, indem sie diese mit den Schwimmlappen umschließen. Nordsee bis westliche Ostsee.

Melonenqualle

Beroe cucumis Fabricius

Bis zu 15 cm lang, hellviolett bis hellrot, tonnenförmig mit stumpfem Vorderende und ohne Tentakel. Rippen verlaufen über die gesamte Länge des Tieres. Die Melonenqualle schwimmt im Freiwasser mit dem Mund nach hinten. Sie ernährt sich von anderen Rippenquallen, die über den großen, spaltenförmigen, dehnbaren Mund in den großen sackförmigen Schlund geraten. Nordsee bis westliche Ostsee.

Links: Seestachelbeere mit dem Mund nach oben

Rechts: Melonenqualle

Plattwürmer *Plathelminthes*

Plattwürmer sind weiche, längliche, wurmartige, oftmals platte Tiere ohne Afteröffnung und häufig ohne Darmkanal. Die meisten sind Zwitter. Plattwürmer umfassen Strudelwürmer *(Turbellaria)*, monogene und digene Saugwürmer *(Trematoda: Monogenea* und *Digenea)* sowie Bandwürmer *(Cestoda)*. Die drei letztgenannten Gruppen leben ausschließlich parasitisch und werden im Kapitel über die Fischparasiten beschrieben.

Strudelwürmer *Turbellaria*

Strudelwürmer sind überwiegend kleine, blattförmige, frei lebende Tiere mit Augen und Flimmerhärchen (Cilien). Ihre Nahrung, die aus kleinen Krebstierchen und Würmern besteht, wird über den Mund aufgenommen, der auf der Unterseite sitzt. Einige Arten können übel riechenden Schleim abscheiden, um nicht von Fischen gefressen zu werden. Einige haben pelagisch lebende Larven. Manche Arten legen Eikapseln am Grund ab. Andere können sich ungeschlechtlich vermehren.

Acoela-Strudelwürmer (Ordnung *Acoela*) sind klein und besitzen keinen Darm. Die Nahrung wird über den Mund aufgenommen und mit Hilfe von besonderen Körperzellen verdaut.

Algenplanarie
Convoluta convoluta (Abildgaard)

Bis 4 mm lange, gelbliche oder grüne Acoela-Art ohne Tentakel. In Zellen aufgenommene Kieselalgen geben der Art die Farbe. Die Photosyntheseprodukte der Algen werden von der Algenplanarie genutzt. Lebt zwischen Steinen und Algen, ab der Niedrigwasserlinie. Nordsee bis mittlere Ostsee.

Polycladia-Strudelwürmer (Ordnung *Polycladia*) haben einen baumartig verzweigten Darm und können einige Zentimeter lang und stark gefärbt sein.

Bandplanarie
Prostheceraeus vittatus (Montagu)

Bis 5 cm lang, gelblich weiß mit schwarzen oder braunen Längsstreifen, gewellter Kante, zwei deutlichen Tentakel und kleinen dunklen Augen am Vorderende. Kann schwimmen, lebt aber vorzugsweise zwischen Seescheiden, Steinen und Algen, ab der Niedrigwasserlinie. Nordsee bis Kattegat.

Lovéns Planarie
Cryptocelides loveni Bergendal

Länge bis 4 cm, hellbeigefarben, Vorderende leicht zugespitzt und ohne Tentakel. Lovéns Planarien leben auf schlammigem Substrat, ab 10 m Meerestiefe.

Algenplanarie

Bandplanarie

Langs Planarie, *Discocelides langi* Bergendahl, ist bis 3 cm lang, grauweiß bis braun oder rötlich, beinahe kreisförmig, ohne Tentakel. Kann sich rudernd fortbewegen, indem sie den Körper zusammen- und ausrollt, wobei mal der Bauch und mal der Rücken innen ist. Lebt auf schlammigem Grund zwischen Schalen und Algen, ab 8 m Tiefe. Nordsee bis Kattegat und nördlicher Öresund.

Lovéns Planarie

Tricladia-Strudelwürmer (Ordnung *Tricladia)* haben einen dreigeteilten Darm, ein Teil erstreckt sich nach vorne und zwei Teile mit Seitenverzweigungen nach hinten.

Kolbenplanarie

Procerodes [ulvae] littoralis (Ström)

Länge bis 1 cm, bräunlich bis grau mit hellen Tentakel und zwei Augen. Lebt häufig zwischen Algen und Steinen in Brackwassergebieten, ab der Niedrigwasserlinie. Nordsee und Ostsee bis um die Ålandinseln.

Kolbenplanarie

Schnurwürmer oder **Nemertini**

Nemertea, Rhynchocoela

Schnurwürmer sind schleimige, fadenartige Tiere, die man oftmals zusammengerollt antrifft. Wie auch die Strudelwürmer leben sie räuberisch, sind frei lebend, haben Augen und sind mit Flimmerhärchen bedeckt. Sie unterscheiden sich von den Strudelwürmern durch ihren durchgehenden Darmkanal und dadurch, dass sie getrenntgeschlechtig sind. Außerdem besitzen sie einen langen, ausstülpbaren Rüssel, der mit Nadeln und Giftdrüsen versehen sein kann. Der Rüssel wird um die Beute geschlungen, die daraufhin zum Mund geführt wird. Einige Arten habe eine Längsfurche an beiden Seiten des Vorderendes. Ihre Farbgebung ist sehr variabel und am hellsten auf der Unterseite. Lange Schnurwürmer zerfallen bei Berührung oft in Stücke, werden aber nur selten von anderen Tieren gefressen, da sie übel schmeckenden Schleim absondern können. Sie haben ein großes Reproduktionsvermögen.

Ringel-Nemertine
Tubulanus annulatus (Montagu)

Bis 1 m lang, rot mit weißen Längs- und Querstreifen. Der Kopf ist breiter als der übrige Körper. Lebt zwischen den Wurzeln von Braunalgen, in Muschelkies und unter Steinen, ab wenigen Metern Tiefe. Nordsee bis Kattegat und nördlicher Öresund.

Ringel-Nemertine

Breite Nemertine

Zweistreifige Nemertine

Rote Nemertine

Breite Nemertine

Cerebratulus marginatus Renier

Bis 80 cm lang, 2–3 cm breit, seitlich abgeflacht und kräftig, graugrün mit helleren Kanten. Bei Berührung zerfallen sie in mehrere Stücke und versuchen, auch den langen Rüssel abzuwerfen. Können mit schlängelnden Bewegungen schwimmen. Auf Schlammböden, ab 15 m Tiefe. Nordsee bis Kattegat und nördlicher Öresund.

Zweistreifige Nemertine

Lineus bilineatus (Renier)

Bis zu 50 cm lang, rot bis schokoladenbraun mit zwei hellgelben Längsstreifen. Flacher, rundlicher Kopf. Zweistreifige Nemertinen leben auf Mischböden, Muschelkies, unter Steinen und zwischen Algen. Nordsee bis Kattegat und nördlicher Öresund.

Rote Nemertine, Roter Schnurwurm

Lineus ruber (O.F. Müller)

Bis 12 cm lang, rotbraun, dunkel olivfarben oder grün, oftmals kann man das rote Herz durch die Haut sehen. Bei Berührung zieht sich der Körper zusammen. Ernährt sich von Borstenwürmern, Miesmuscheln und Algen. Lebt zwischen Steinen, wo im Frühjahr der durchsichtige Laich abgelegt wird. Nordsee bis Ostsee um Bornholm, ab der Niedrigwasserlinie.

Streifen-Nemertine

Streifen-Nemertine

Micrura fasciolata Ehrenberg

Bis zu 15 cm lang, rotbraun mit vielen weißen Querstreifen, Kopf am Vorderende mit weißem Fleck. Lebt zwischen den Wurzeln großer Braunalgen, Schalen und Steinen, ab der Niedrigwasserlinie. Nordsee bis Kattegat und nördlicher Öresund.

Helle Nemertine

Amphiporus lactifloreus (Johnston)

Bis 5 cm lang, gräulich oder orange. Vorderende gleichmäßig gerundet und genauso breit wie Körper. Ernährt sich überwiegend von Flohkrebsen und ist zwischen Algen und Seegras auf allen Bodentypen zu finden. Ab der Niedrigwasserlinie, von der Nordsee bis zur nördlichen Ostsee.

Schöne Nemertine

Nipponnemertes pulcher (Johnston)

Bis 8 cm lang, rot bis orange, mit einer Einschnürung hinter dem rhombenförmigen Kopf. Kann schwimmen. Lebt von Krebstierchen und Borstenwürmern und ist zwischen Steinen, Schalen und auf schlammigem Grund ab wenigen Metern Tiefe anzutreffen.

Helle Nemertine

Braunrückige Nemertine

Oerstedia dorsalis (Abildgaard)

Bis 3 cm lang, variabel gefärbt, braun mit hellerem Mittelstreifen, unregelmäßig gelblich oder rotbräunlich gefleckt oder quer gestreift. Das stumpf zugespitzte Vorderende geht in den zylindrischen Körper über. Lebt auf Algen, an denen sie sich mit Schleim festhält, außerdem auf Schalenkies und gemischtsandigem Substrat. Ab der Niedrigwasserlinie, Nordsee bis westliche Ostsee.

Dunkle Nemertine

Prostomatella obscura (Schultze)

Länge bis 4 cm, grünlich oder rötlich mit 4 Augenflecken. Lebend gebärend. Lebt zwischen Muschelkies und Algen in Gebieten mit geringem Salzgehalt. Ab der Niedrigwasserlinie, südliche Dänische Belte und Öresund bis zu den Ålandinseln.

Braunrückige Nemertine

Muschelegel

Malacobdella grossa (O.F. Müller)

Länge bis 3 cm, Jungtiere weißlich, geschlechtsreife Tiere grünlich violett oder hellrot. Egelähnlich mit Saugnapf am hinteren Ende der Unterseite. Muschelegel leben in den Schalen großer Muscheln, u.a. Islandmuscheln. Sie ernähren sich von der Nahrung der Muscheln, ohne ihren Wirt zu schädigen. Nordsee bis Dänische Belte und Öresund.

Schöne Nemertine, zusammengezogenes Exemplar

Dunkle Nemertine

Muschelegel

Ringelwürmer *Annelida*

Ringelwürmer besitzen einen äußerlich in Segmente gegliederten Körper. Am Vorderende befindet sich der Mund, am Hinterende eine Afteröffnung. Zu den Ringelwürmer gehören die Vielborster *(Polychaeta)*, Wenigborster *(Oligochaeta)* und Egel *(Hirudinea)*. Einige Egel leben parasitisch auf Fischen und werden im Kapitel über die Fischparasiten beschrieben.

Vielborster *Polychaeta*

Die Mehrzahl der Vielborster besitzen an den Seiten der Körpersegmente Anhänge (Parapodien, Ruder), die der Fortbewegung dienen. Der Pelagische Borstenwurm, *Tomopteris helgolandica*, hat keine borstenartigen Anhänge. Vielborster leben zumeist räuberisch. Andere Arten leben im Sediment vergraben oder in einer selbst gebauten Röhre. Die meisten sind getrenntgeschlechtig. Viele haben ein pelagisches Larvenstadium, allerdings sind einige auch lebend gebärend. Andere können sich durch einfache Teilungen fortpflanzen.

Pelagischer Borstenwurm

Tomopteris helgolandica Greeff

Bis 8 cm lang und durchsichtig. Schwimmt schnell. Der Pelagische Borstenwurm lebt das ganze Leben lang ausschließlich im Freiwasser. Nordsee bis Kattegat und Öresund.

Seemaus, Seitenansicht, links das Vorderende

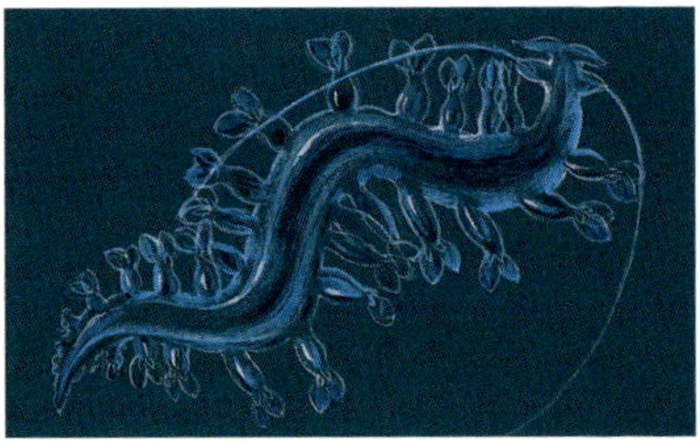

Pelagischer Borstenwurm

Schuppenwürmer *(Aphroditidae)* und die Familie der *Polynoidae* haben einen kurzen breiten Körper mit 12–18 Paar Rückenschuppen. Die Nahrung besteht hauptsächlich aus anderen Vielborstern und kleinen Krebstieren. Schuppenwürmer kommen auf schlammigem Grund vor, die *Polynoidae* leben auf allen Bodentypen zwischen Steinen, Muscheln, Algen und in den Röhren anderer Vielborster.

Seemaus

Aphrodita aculeata Linnaeus

Bis 15 cm lang, tonnenförmig, graubraun mit gewölbtem Rücken und goldgelben irisierenden Borsten an der Körperseite. Die Rückenschuppen sind von filzartigen Borsten bedeckt. Lebt zumeist im Boden versteckt, ab 10 m Tiefe. Nordsee bis Dänische Belte und nördlicher Öresund.

Variabler Schuppenrücken

Grober Schuppenrücken

Variabler Schuppenrücken

Harmothoe imbricata (Linnaeus)

Bis 6 cm lang, mit 15 Paar schwarzen bis rotbraunen, gefleckten oder längs gestreiften Rückenschuppen, die leicht abfallen. Ab der Niedrigwasserlinie, in Nordsee bis nördliche Ostsee.
Sars-Schuppenrücken, *Antinoella sarsi* (Kinberg), sind bis 4 cm lang, grünlich mit 15 Paar Rückenschuppen. Ab der Niedrigwasserlinie. Nordsee und Ostsee bis zu den Ålandinseln.

Grober Schuppenrücken

Lepidonotus squamatus (Linnaeus)

Bis 5 cm lang mit zwölf Paar grauen, gelben oder braunen Rückenschuppen, die fest auf dem Körper ansitzen. Ab der Niedrigwasserlinie. Nordsee bis westliche Ostsee.

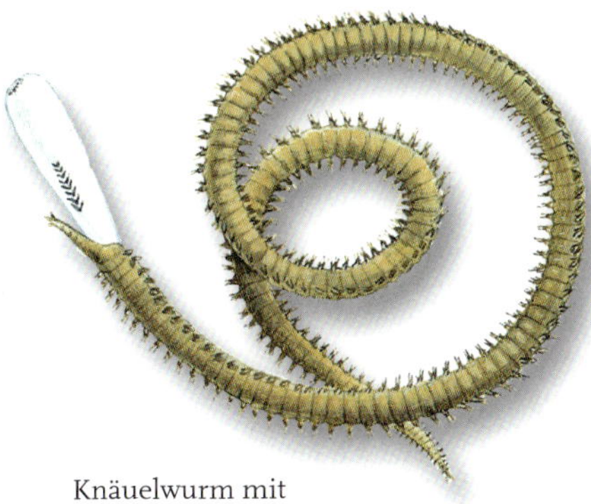

Knäuelwurm mit ausgestülptem Rüssel

Arten der Familien *Glyceridae* und *Goniadidae* haben lange, schlanke Körper, die an beiden Seiten zugespitzt sind. Der kurze, ausstülpbare Rüssel ist mit Kiefern und oftmals mit kleinen Giftdrüsen versehen. *Glyceridae* und *Goniadidae* leben räuberisch. Die hier beschriebenen Arten kommen in Gangsystemen auf sandigem und schlammigem Grund vor.

Gewöhnlicher Blutwurm

Glycera alba (O.F. Müller)

Bis 10 cm langer, heller, roter Körper. Der blitzschnell ausstülpbare große Rüssel besitzt vier Kiefer und Giftdrüsen. Ab wenigen Metern Tiefe. Nordsee bis westliche Ostsee.
Große Blutwürmer, *Glycera rouxii* Auduin & Milne-Edwards, sind bis 20 cm lang, rot und ähneln den Gewöhnlichen Blutwürmern, jedoch kräftiger. Biss führt zu Schwellungen. Können zur Fortpflanzungszeit schwimmen. Leben ab 10 m Tiefe. Nordsee bis Dänische Belte und Öresund.

Knäuelwurm

Goniada maculata Ørsted

Bis 10 cm lang, gelblich. Auf beiden Seiten des Rüssels sitzt eine Reihe V-förmiger Kiefer. Rollt sich in einem Gefäß zu einem kleinen Knäuel oder einer Kugel zusammen. Ab 10 m Tiefe, Nordsee bis westliche Ostsee.

Gewöhnlicher Blutwurm

Angehörige der Blattwürmer *(Phyllodocidae)* sind lange, schlanke, platte und segmentierte Würmer, die sich schnell bewegen. Blattartige seitliche Anhänge bedecken beinahe den gesamten Rücken. Sie leben räuberisch und haben einen ausstülpbaren Mund. Kommen auf schlammigem und gemischtsandigem Substrat vor, zwischen Steinen und Schalen oder Algenwurzeln.

Gefleckter Ruderwurm

Phyllodoce maculata (Linnaeus)

Länge bis 10 cm, hellrot bis hellbraun oder grünlich mit drei Längsreihen dunkelbrauner Flecken. Nordsee bis westliche Ostsee.

Grönländische Ruderwürmer, *Phyllodoce groenlandica* Ørsted, sind bis 40 cm lang, irisierend, grün oder bräunlich mit zahlreichen dunklen Querbändern und braunen blattförmigen Anhängen. Im Frühjahr legen sie grüne schleimige Eierpakete an Algenwurzeln ab. Ab wenigen Metern Tiefe von Nordsee bis Kattegat und Öresund.

Grüner Blattwurm

Euladia viridis (Linnaeus)

Bis 15 cm lang, gelbgrün bis dunkelgrün. Lebt zumeist zwischen Algen, ab der Niedrigwasserlinie. Nordsee bis Dänische Belte und nördlicher Öresund.

Grüner Blattwurm

Gefleckter Ruderwurm

Zur Familie *Hesionidae* gehören Arten, die einen großen, breiten, ausstülpbaren Rüssel besitzen und im Flachwasser leben.

Ophiodromus

Ophiodromus flexuosus (Delle Chiaje)

Bis 7 cm langer, abgeflachter, breiter Körper, braunschwarz mit wenigen irisierenden blaugrünen Querstreifen. Lebt räuberisch auf Schlamm-Mischgrund, ab der Niedrigwasserlinie. Kann sowohl vorwärts als auch rückwärts schnell schwimmen. Nordsee bis Kattegat und nördlicher Öresund.

Ophiodromus

Autolytus, bodenlebende Variante mit sich abschnürenden Geschlechtsindividuen

Zur Familie *Syllidae* gehören kleine, in Flachwassergebieten häufige Würmer, mit langen, schnurartigen Anhängen am Vorderende und oftmals langen gegliederten Anhängen an den Seiten. Die meisten Arten leben von Nesseltieren, die sie aussaugen. Viele Arten vermehren sich durch Knospung.

Autolytus

Autolytus prolifer (O.F. Müller)

Wechselt zwischen ungeschlechtlicher, bodenlebender und geschlechtlicher, pelagisch lebender Generation ab. Die bodenlebende Variante ist bis zu 2 cm lang, gelblich und kann am Hinterende geschlechtlich lebende, planktonähnliche Individuen abschnüren. Die Bodenform ernährt sich u.a. von Glockenpolypen. Ab der Niedrigwasserlinie, Nordsee bis Kattegat.

Die Familie *Lumbrineridae* umfasst bei uns nur eine Gattung.

Lumbrineris

Lumbrineris [Scoloetoma] fragilis (O.F. Müller)

Bis 30 cm lang, hellrot, stark irisierend mit spitzem Vorderende ohne Anhänge. Kann auf den ersten Blick einem Regenwurm ähneln. Besitzt kräftige Zähnchen, lebt räuberisch und ernährt sich von Vielborstern, Weichtieren und Schlangenstern-Armen. Auf Schlamm-Mischgrund, ab 10 m Tiefe. Nordsee bis Dänische Belte und Öresund.

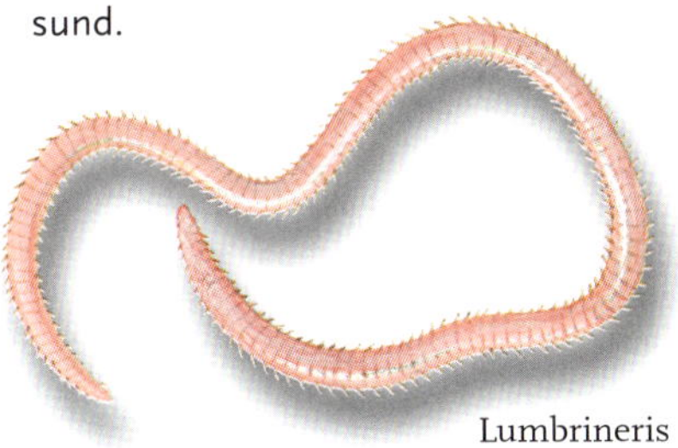

Lumbrineris

Seeringelwürmer *(Nereidae)* haben lange, schlanke, segmentierte Körper. Am Vorderende sitzen zwei lange, nach vorne gerichtete Antennen, dünne Tentakel und zwei ovale Taster (Palpen). Der große, ausstülpbare Rüssel hat zwei kräftige Kiefer.

Brauner Seeringelwurm

Nereis pelagica Linnaeus

Bis 18 cm lang, braun oder bronzefarben mit metallischem Glanz. Mit größeren Palpen als die nachfolgenden Arten. Lebt räuberisch in Schleimröhren in Brotschwämmen, zwischen Miesmuscheln oder Braunalgenwurzeln. Wie bei vielen andere *Nereis*-Arten können sich die hinteren Segmente zur Fortpflanzungszeit in zum Schwimmen modifizierte Borstenfüßchen (Parapodien) umbilden. Der Paarungszeitpunkt ist von einer bestimmten Mondphase abhängig, in der die Würmer an die Oberfläche schwimmen und die Eier und Samenzellen abgeben. Die Tiere überleben die Paarung nicht. Ab der Niedrigwasserlinie, Nordsee bis westliche Ostsee.

Seeringelwurm

Nereis [Hediste] diversicolor
(O.F. Müller)

Bis 20 cm lang. Ein rotes Blutgefäß ist deutlich als Rückenstreif auf dem hellbraun und orangefarbenen Körper zu sehen. Lebt in einem bis zu 30 cm tiefen, aus Schleim gebauten, verzweigten Gangsystem in sauerstoffarmen, schwarzen Böden. Die Gangöffnungen können trocken liegen, der Wurm ist aber immer wasserbedeckt. Ernährt sich u.a. von Kieselalgen und Kleintieren sowie von Material, das sich im Sandtrichter an der Gangöffnung sammelt. In geschützten Flachwassergebieten. Nordsee und Ostsee bis um die Ålandinseln.

Irisierender Seeringelwurm

Nereis [Neanthes] virens M. Sars

Bis 80 cm lang, dunkelgrün bis bläulich mit rötlichen Parapodien. Kräftiger und weniger flach als der Seeringelwurm. Der Irisierende Seeringelwurm lebt in Gängen, jedoch nicht auf sauerstoffarmen Böden. Er ist ein guter Schwimmer und lebt räuberisch, kann aber auch Detritus und Algen fressen. Zur Fortpflanzungszeit häufig an der Wasseroberfläche, wo er Fischen und Vögeln als Beute dient. Ab der Niedrigwasserlinie, Nordsee bis westliche Ostsee.

Gefärbter Seeringelwurm

Nereis [Neanthes] fucata (Savigny)

Bis 20 cm lang, hellrot mit zwei weißen Längsstreifen auf dem Rücken. Der Gefärbte Seeringelwurm lebt frei zwischen Steinen und Muscheln, gerne in den obersten Windungen von Schneckenhäusern, die von Einsiedlerkrebsen bewohnt werden. Wenn der Krebs frisst, kriecht der Wurm zur Öffnung und versucht, ein Stück Nahrung zu ergattern. Beim Wechseln des Gehäuses folgt er dem Einsiedlerkrebs. Nordsee bis Kattegat, ab der Niedrigwasserlinie.

Platter Seeringelwurm

Platynereis dumerilii
(Audouin & Milne-Edwards)

Bis zu 10 cm lang. Die irisierende Haut ist gelblich, grünlich oder rötlich mit farbigen Flecken. Dünner und mit längeren Tentakeln als die vorhergehenden Arten. Lebt in dünnen, durchsichtigen Röhren zwischen Algen, Steinen und Schwämmen. Ernährt sich hauptsächlich von Algen. Ab der Niedrigwasserlinie, Nordsee bis nördliche Ostsee.

Seeringel-
wurm

Irisierender
Seeringel-
wurm

Gefärbter Seeringelwurm

Platter Seeringelwurm

Brauner
Seeringelwurm

Die Arten aus der Familie *Nephtyidae* sind aus vielen Segmenten zusammengesetzt und haben einen rechteckigen Körperquerschnitt. Kopf ohne lange Anhänge. Leben in Gängen im Boden und schwimmen mit seitlichen Schlängelbewegungen. Ernähren sich räuberisch, fressen aber auch Detritus.

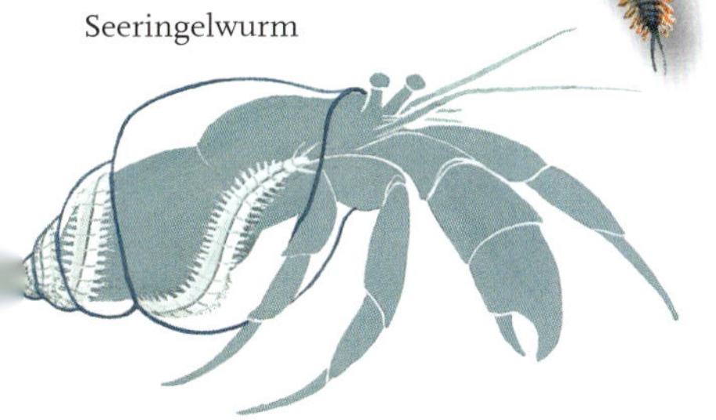

Gefärbter Seeringelwurm: Durchsicht durch ein vom Einsiedlerkrebs bewohntes Wellhornschneckengehäuse

Nephtys

Nephtys hombergi Savigny

Bis 20 cm lang, gräulich bis hellrot, irisierend. Ab der Niedrigwasserlinie, von Nordsee bis westliche Ostsee.

Nephtys

Der Wattwurm und der Bewehrte Pfahlwurm gehören zu den Familien *Arenicolidae* bzw. *Orbiniidae*.

Wattwurm, Sandwurm

Arenicola marina (Linnaeus)

Bis 20 cm lang, rotbraun bis grünlich. Die Mittelpartie des Tieres hat büschelige Kiemenanhänge, das dicke Vorderende besitzt keine Kiemen. Wattwürmer leben kopfüber in einer L-förmigen Röhre im Sand vergraben. Der Kopf des Wattwurms liegt tief unten in dem waagerechten Gang. Große Exemplare leben bis etwa 20 cm tief im Boden, kleinere etwas flacher. Der Wattwurm ernährt sich von organischen Partikeln im Sand. Die Sandkörner werden vom Vorderende aufgenommen, woraufhin die unverdaulichen Sandkörner an der Oberfläche wieder ausgeschieden werden. Häufig sieht man die „Sandwürstchen" dicht an dicht auf dem Meeresboden über und unter der Niedrigwasserlinie. Wattwürmer werden als gute Angelköder ausgegraben und anschließend auch verkauft. Leben in der Nordsee, v.a. im Wattenmeer und bis in die westliche Ostsee.

Wattwurm, im Substrat vergraben; Vorderende liegt links, Hinterende rechts; charakteristische Würstchen auf dem Substrat

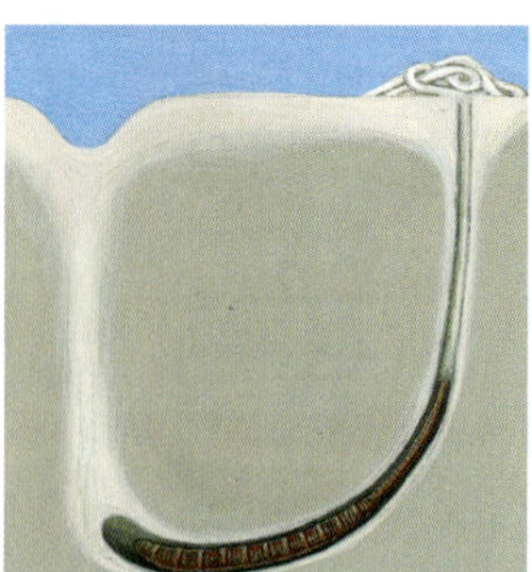

Wattwurm

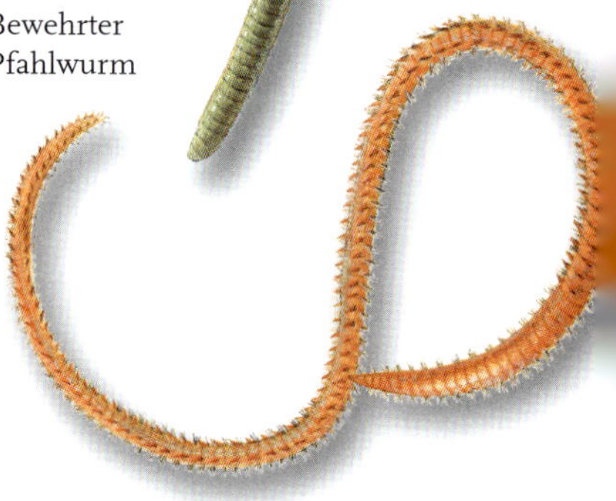

Bewehrter Pfahlwurm

Bewehrter Pfahlwurm

Scoloplos armiger (O.F. Müller)

Bis zu 12 cm lang, rot bis orange. Kopf spitz und ohne Anhänge. Der Vorderkörper ist kräftiger als der Hinterkörper. Der Bewehrte Pfahlwurm lebt in den obersten 10 cm von Sand- oder Mischböden vergraben. Er verträgt auch sauerstoffarme Böden und lebt vom organischen Material des Bodens. Im Frühjahr kann man die ballonförmigen Eipakete der Bewehrten Pfahlwürmer am Boden angeheftet finden. Ab der Niedrigwasserlinie, von Nordsee bis westliche Ostsee.

Die Familie der *Spionidae* ist sehr artenreich. Die Tiere haben lange dünne Körper und zwei lange dünne Tentakel am Vorderende.

Bohrwurm

Polydora ciliata (Johnston)

Bis 3 cm lang und fadenartig dünn. Lebt häufig in Schneckenhäusern oder Kalksteinen, in die der Wurm längliche, kommaförmige Löcher bohrt. Häufig, wo sich organisches Material ansammelt. Ab der Niedrigwasserlinie, von Nordsee bis westliche Ostsee.

Scolelepis

Scolelepis squamata (O.F. Müller)

Bis 8 cm lang, blaugrün. Lebt in tiefen, mit Schleim ausgekleideten Gängen im Sandboden der Brandungszone, wo er Detritus und Kleinsttiere mit den Tentakel einsammelt. Nordsee bis Kattegat und nördlicher Öresund.

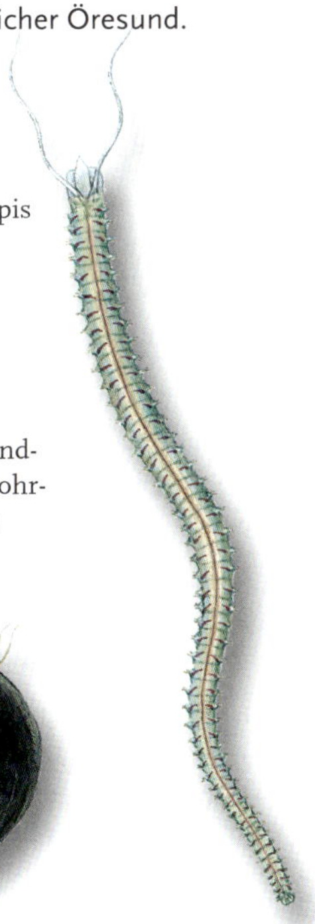

Scolelepis

Schale einer Strandschnecke, vom Bohrwurm zerfressen

Pygospio

Pygospio

Pygospio elegans Claparède

Bis 1,5 cm langer, fadenartig dünner, gelblicher Wurm mit rötlichen Kiemen. Lebt in 1 mm dünnen, Y-förmigen, mit Sand verkleideten Gängen. Die Röhren können so eng stehen, dass der Boden wie ein Gewebe erscheint. Sehr häufig im Wattenmeer und in geschützten Flachwassergebieten, wo er gerne zusammen mit Seeringelwürmern und Schlickkrebschen vorkommt. Die Röhren können bei Niedrigwasser trockenfallen. Nordsee und Ostsee bis zu den Ålandinseln.

Amerikanische Spioniden, *Marenzelleria viridis* (Verill), sind bis 14 cm lang, schlank, farblos mit dunklen Pigmentierungen und recht kurzen Tentakeln. Leben ab der Niedrigwasserlinie, tief im Sand- oder Schlammboden vergraben. In den 80er Jahren sind Amerikanische Spionoiden von der Atlantikküste Amerikas nach England verschleppt worden. Seitdem haben sie sich über Seen und Flussmündungen entlang der Nord- und Ostsee ausgebreitet und sind an vielen Orten die dominierenden Bodenlebewesen. Wurden bis zu den Ålandinseln nachgewiesen und weitere Ausbreitungen sind zu erwarten.

Flabelligeridae zeichnen sich durch einen zylindrischen oder tonnenförmigen Körper aus. Ihre Haut ist von kleinen Papillen bedeckt, die Schleim ausscheiden, an dem sich Partikel, z.B. Sandkörner, anheften können. Die Anhänge des Vorderkopfes sind häufig in das Vorderende gedrückt. Da sie grünes Blut besitzen, sind sie häufig grün gefärbt. *Flabelligeridae* ernähren sich von Detritus.

Brada

Brada villosa (Rathke)

Der zigarrenförmige, bräunliche oder grünliche Körper ist bis zu 4 cm lang. Lebt auf schlammigen Böden, ab 10 m Tiefe. Nordsee bis westliche Ostsee. **Diplocirrus,** *Diplocirrus glaucus* (Malmgren), ist bis 25 mm lang, gräulich, Vorderende ähnlich Brada, Hinterende jedoch lang und schlank. Kommt überwiegend auf Schlamm- oder Kies-Mischböden vor, ab 5 m Tiefe. Nordsee bis Dänische Belte und Öresund.

Bart-Borstenwurm

Pherusa plumosa (O.F. Müller)

Bis 6 cm lang, grünlich oder bräunlich mit zylindrischem, recht steifem Körper. Am Vorderende mit langen, nach vorne gerichteten, irisierenden Borsten. Lebt auf Steinen, Schalen oder zwischen Algen, Schwämmen oder Pferdemuscheln, ab 10 m Tiefe. Nordsee bis westliche Ostsee.

Brada

Bart-Borstenwurm

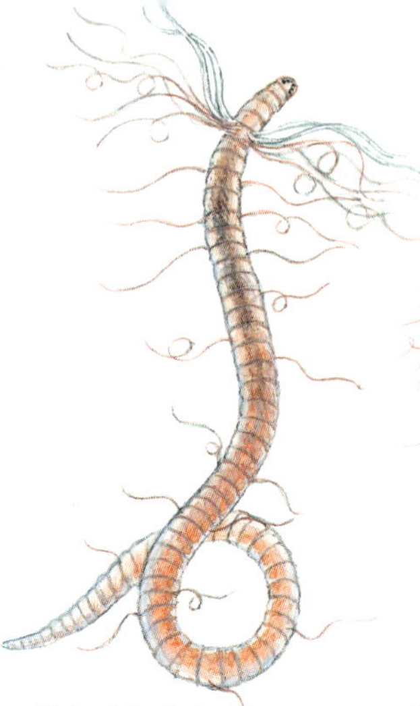

Fadenbüschelwurm

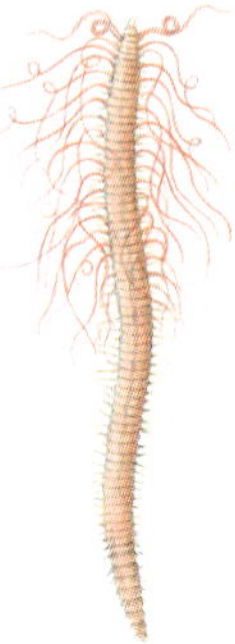

Chaetozone

Cirratulidae haben lange, fadenartige Kiemen am Großteil ihres langen, zylindrischen Körpers. Leben im Boden versteckt oder zwischen Steinen, Schalen und Algen. Einige Arten können sich durch Teilung vermehren.

Fadenbüschelwurm

Cirratulus cirratus (O.F. Müller)

Bis 12 cm lang, hellrot bis hellbraun mit roten, fadenartigen Kiemen über den Großteil des Körpers. Lebt im Sand und Schlamm vergraben, zwischen Steinen, Schalen und großen Braunalgenwurzeln, ab 10 m Tiefe. Nordsee bis westliche Ostsee.

Chaetozone

Chaetozone setosa Malmgren

Bis zu 25 mm lang, dunkelrot. Vorderende zugespitzt mit zwei langen Tentakel und langen fadenartigen Kiemen auf der Rückseite. Kräftige, nach hinten gerichtete Borsten am Hinterende. Lebt ab wenigen Metern Tiefe in Kies, Sand und Schlamm und zwischen den Wurzeln großer Braunalgen. Nordsee bis westliche Ostsee.

Die Familie *Chaetopteridae* umfasst einige wenige, stark spezialisierte, Röhren bewohnende Gattungen.

Norwegischer Pergamentwurm in teilweise geöffneter Röhre

Norwegischer Pergamentwurm

Chaetopterus norvegicus M. Sars

Bis 25 cm lang, hell, gelblich grün mit dunklem Darm. Lebt in einem pergamentartigen Röhrchen, das mit Hilfe von Drüsen in der Haut gebildet wird. Das Röhrchen sitzt mit der Öffnung zur Oberfläche im Boden verankert. Der Körper ist in drei Teile gegliedert, die alle eine Funktion im Filterprozess haben. Wenn der Wurm Wasser durch die Röhre pumpt, bleiben Partikel am Schleim kleben und werden im mittleren Raum verdaut. Bei Störungen leuchtet das Tier bläulich auf. Ab 20 m Tiefe, Nordsee bis Kattegat und nördlicher Öresund.

Leere Röhre von Spiochaetopterus

Spiochaetopterus

Spiochaetopterus typicus M. Sars

Das bis zu 6 cm lange, weißliche Tier mit zwei langen, dünnen Palpen lebt in bis zu 30 cm langen, dünnen, durchsichtigen Röhren, die ein paar Zentimeter aus dem schlammigen Boden herausgucken. Ab wenigen Metern Tiefe. Nordsee bis Kattegat und Öresund.

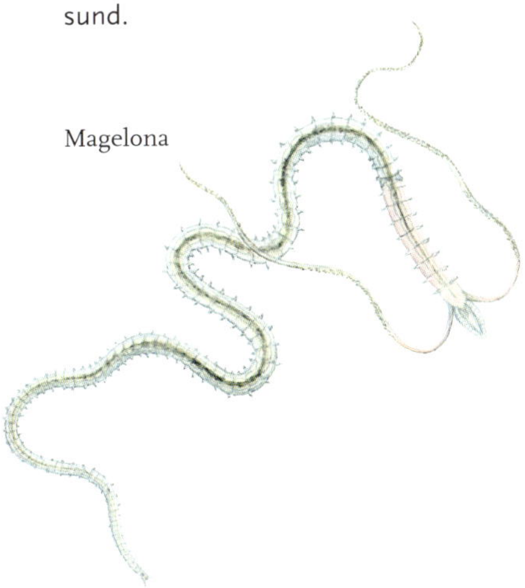

Magelona

Zur Familie *Magelonidae* gehört nur eine Gattung.

Magelona

Magelona mirabilis (Johnston)

Bis zu 15 cm lang, dünn, zylindrisch, mit rosafarbenem Vorderende und graugrünem Hinterteil. Die beiden langen Tentakel suchen die Umgebung nach Detritus ab. Lebt in Gängen sandiger Mischböden, ab wenigen Metern Tiefe. Nordsee bis westliche Ostsee.

Die Arten aus der Familie *Capitellidae* ähneln den Regenwürmern. Sie sind fadenartig dünn, oftmals rötlich, haben kurze Borsten und keine Anhänge an dem zylindrischen Körper, Vorderende zugespitzt. Sie graben im Boden und leben von der organischen Materie des Bodenmaterials. Einige Arten können 20–30 cm lang werden. Man findet sie als dünne, rote, gummibandartige Würmer, wenn man nach Wattwürmern gräbt.

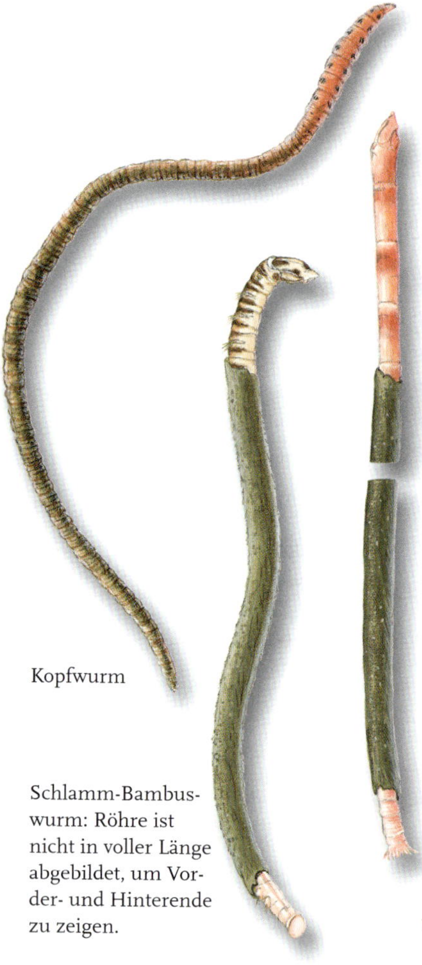

Kopfwurm

Schlamm-Bambuswurm: Röhre ist nicht in voller Länge abgebildet, um Vorder- und Hinterende zu zeigen.

Kopfwurm

Capitella spp.

Bis 10 cm lange, fädige, rotbraune Würmer. Die Gattung *Capitella* umfasst mehrere Arten, die aus praktischen Gründen zu der Art *Capitella capitata* (Fabricius) zusammengefasst werden. Der Kopfwurm gilt als Indikatorart für verunreinigte Böden. Kann auf sauerstoffarmen und schwefelhaltigen Böden leben, wo die meisten anderen Arten nicht mehr existieren können. Ab der Hochwasserlinie. Nordsee bis westliche Ostsee.

Bambuswürmer *(Maldanidae)* sind lange, oftmals rote, zylindrische Würmer ohne Anhänge, deren Mittelsegment länger als breit ist. Vorder- und Hinterende sehen abgeschnitten aus. Die meisten Arten leben auf schlammigen Böden. Sie sitzen mit dem Kopf nach unten in senkrecht stehenden Röhren und fressen Sediment.

Schlamm-Bambuswurm

Maldane sarsi Malmgren

Bis zu 10 cm lang, Vorderende braun gemustert, Hinterende heller. Lebt in runden, kräftigen Lehmröhrchen im Schlammboden, ab 10 m Tiefe. Nordsee bis Dänische Belte und Öresund.

Praxillella

Praxillella praetermissa (Malmgren)

Bis 10 cm lang, hell mit rötlichen Streifen. Bewohnt zylindrische Lehmröhren mit eingelagerten Sandkörnern und Schalenstückchen in schlammigen Böden, kommt aber auch in flachen Röhren vor, die an Schalen geheftet sind. Ab 10 m Tiefe von Nordsee bis westliche Ostsee.

Vorder- und Hinterende von Praxillella

Die Familie der *Opheliidae* lebt im Boden vergraben und bewegt sich mit dem spitzen Vorderende und dem kräftigen Rüssel vorwärts. Sie fressen Bodenmaterial und ernähren sich von dessen organischen Bestandteilen.

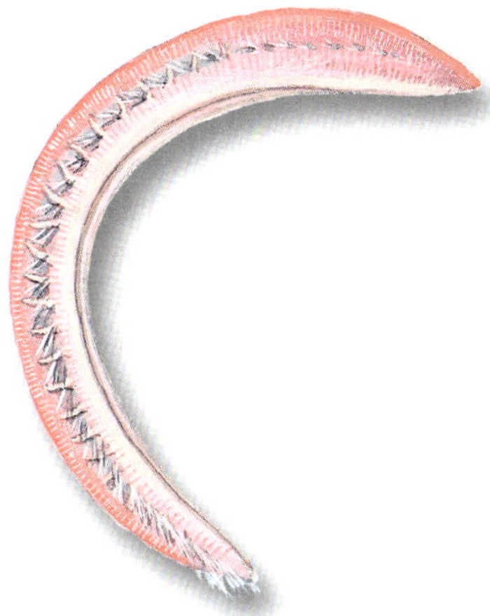

Gewöhnlicher Schneckenwurm

Gewöhnlicher Schneckenwurm

Ophelia borealis (Rathke)

Bis zu 5 cm lang, rosa, steif, an beiden Enden zugespitzt. Vorderende zylindrisch, an der Unterseite des Hinterendes eine Furche. Lebt in Sandböden, ab 1 m Tiefe. Nordsee bis westliche Ostsee.

Schlanker Schneckenwurm

Ophelina acuminata Ørsted

Der steife, schlanke, bis zu 6 cm lange Körper ist hellgrau mit roten, fingerförmigen Kiemen. Zugespitztes Vorderende und Furche entlang der gesamten Unterseite. Gräbt in schlammigen Mischböden, ab 10 m Tiefe. Beim Schwimmen ähnelt er einem Lanzettfischchen. Nordsee bis Dänische Belte und nördlicher Öresund.

Schlanker Schneckenwurm

Zwiebelwurm

Travisia forbesii Johnston

Bis zu 3 cm lang. Kurzer, dicker, zylindrischer, weißer oder rosafarbener Körper. Zur Verteidigung gegen Fressfeinde riecht dieser Wurm stark nach Zwiebeln. Lebt in Sand- und groben Kiesböden, ab 10 m Tiefe. Nordsee bis westliche Ostsee.

Zwiebelwurm

Die Familie der *Scalibregmidae* ähnelt in ihrer Lebensweise den *Opheliidae*, bevorzugt jedoch Schlammböden. Die hier behandelten Arten ernähren sich von Bodenmaterial.

Dicker Borstenwurm

Polyphysia crassa (Ørsted)

Bis 5 cm langer, hellroter, dicker, kurzer und weicher Körper mit verzweigten Kiemen an der vorderen Rückseite. Gräbt in schlammigen Böden, ab 20 m Tiefe. Nordsee bis Dänische Belte und Öresund.

Scalibregma

Scalibregma inflatum Rathke

Bis zu 6 cm lang, Vorderende dick und mit Kiemen auf der Oberseite, Hinterende schlank. Die Art lebt in Schlammböden, ab 20 m Tiefe. Nordsee bis westliche Ostsee.

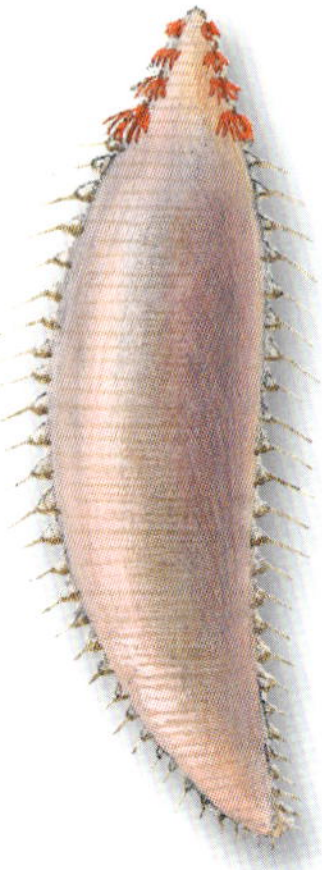

Dicker Borstenwurm

Scalibregma

Die „Sandkorallen" *(Sabellariidae)* lagern Sandkörner in die Röhren ein. Die Röhren können große, riffartige Klumpen im Flachwasser bilden. Die Tiere ernähren sich von Plankton, das mit kurzen Tentakel festgehalten wird.

Pümpwurm, „Sandkoralle"

Sabellaria spinulosa Leuckart

Bis zu 3 cm lang, rötlich, mit hufeisenförmigem Kreis kurzer, leuchtender Borsten am Vorderende. Die Röhren bilden zusammen große Klumpen und sitzen auf Steinen, Schalen und den Wurzeln großer Braunalgen, ab wenigen Metern Tiefe. Nordsee bis Kattegat und nördlicher Öresund.
Röhren-„Sandkorallen", *Sabellaria alveolata* (Linnaeus), sind bis 4 cm lang. Die Oberflächen der dicht beieinander stehenden Röhren ähneln Bienenwaben. Die dicken Beläge stehen auf Steinen und können bei Niedrigwasser trockenfallen. Südliche Nordsee.

Röhren vom Pümpwurm

Krummer Köcherwurm, lebendes Tier und leere Röhre

Köcherwurm

Spindelförmige Owenie

Köcherwürmer *(Pectinariidae)* besitzen am Vorderende einen Kamm kräftiger, goldglänzender Grabborsten, Tentakel und rote Kiemen. Die Tiere leben in kegelförmigen Röhren, die aus Sandkörnern zusammengeklebt sind. Das dünne Ende steht aus dem Boden hervor. Die Tiere fressen organisches Material, das mit den Tentakel eingesammelt wird.

Krummer Köcherwurm

Pectinaria auricoma (O.F. Müller)

Bis zu 4 cm lang, hellrot. Die Röhre ist bis zu 6 cm lang und schwach gekrümmt. Lebt in gemischten Schlammböden, ab 10 m Tiefe. Nordsee bis Dänische Belte und Öresund.

Gerade Köcherwürmer, *Pectinaria belgica* (Pallas), haben bis zu 10 cm lange, kräftige, gerade Röhren mit rauer Oberfläche. Leben in gemischtschlammigem Substrat, ab 20 m Tiefe. Nordsee bis westliche Ostsee.

Köcherwurm

Pectinaria koreni Malmgren

Bis 5 cm lang. Die gerade, grobkörnige Sandröhre ist bis 8 cm lang, man findet sie angespült. Lebt auf gemischten Sandböden, ab wenigen Metern Tiefe. Nordsee bis westliche Ostsee.

Owenien *(Oweniidae)* sind lange, zylindrische Würmer. Sie wohnen in recht kurzen Röhren, die sie mit sich herumtragen, ernähren sich von Detritus.

Spindelförmige Owenie

Owenia fusiformis Delle Chiaje

Bis 10 cm lang, gelblich grün mit rötlicher Fransenkrone, ohne lange Tentakel. Röhre mit kleinen Schalenstückchen. In Kies-, Sand- und Schlammböden, ab 10 m Tiefe. Nordsee bis Kattegat und nördlicher Öresund.

Arten aus den Familien *Trichobranchidae* und *Terebellidae* haben eine Brustregion, die mit kurzen Haarborsten und winzigen Klammerborsten besetzt ist. Der Hinterkörper hat lediglich Klammerborsten. Die sehr langen Tentakel können nicht eingezogen werden und können in einem großen Umkreis organische Partikel sammeln. Die Partikel werden mit Hilfe von Flimmerhärchen an den Tentakel zum Mund geführt. Die Kiemen nahe des Vorderendes können fadenförmig, verzweigt oder kammförmig sein oder fehlen. Die Röhren bestehen aus Sand, Lehm oder Schalenstückchen.

Terbellides

Terbellides stroemi M. Sars

Bis 7 cm lang, hellorange bis hellrot mit zwei großen, roten, kammförmigen Kiemen und vielen farblosen Tentakel. Baut ein dickes, glattes Lehmrohr in schlammigen Böden, ab 10 m Tiefe. Nordsee bis nördliche Ostsee.

Bäumchenröhrenwurm

Lanice conchilega (Pallas)

Bis 20 cm lang. Körper gelblich rot mit drei Paar verzweigten Kiemen. Die Röhren werden häufig am Strand angespült gefunden und bestehen aus einer hautartigen Schicht mit angehefteten Sandkörnern und Schalenstückchen. Das verzweigte obere Ende der Röhre steht ein paar Zentimeter aus dem Sandboden hervor. Die Partikel, die sich an den Verzweigungen ansammeln, werden über die Tentakel zum Mund geführt. Bei Niedrigwasser können Bäumchenröhrenwürmer teilweise trockenfallen. Nordsee bis Dänische Belte und Öresund.

Terbellides

Bäumchenröhrenwurm, Röhre

Nicolea

Nicolea

Nicolea zostericola (Ørsted)

Bis 5 cm lang, hell rötlich bis bräunlich mit zwei Paar kurzen, roten Kiemen. Der rote Magen kann durch die Haut gesehen werden. Das dünne Röhrchen wird aus Drüsensekreten und Sandkörnern oder Lehmpartikeln gebaut und an Algen angeheftet. Lebt ab der Niedrigwasserlinie, von Nordsee über Ostsee bis Bornholm.

Amphitrite, rechts ein Teil der Schlammröhre

Amphitrite

Amphitrite cirrata O.F. Müller

Bis zu 10 cm lang, rotbraun mit drei Paar besenförmigen Kiemen. Lebt in einer dicken Lehmröhre auf schlammigen Mischböden, Sand oder zwischen Steinen und Schalen, ab 30 m Tiefe. Nordsee bis westliche Ostsee.

Neoamphitrite

Neoamphitrite figulus (Dalyell)

Bis 20 cm lang, graubraun mit drei Paar verzweigten Kiemen. Die feste, oftmals gewellte Lehmröhre guckt aus dem Boden heraus. Ab der Niedrigwasserlinie. Häufige Art im Wattenmeer und in Flussmündungen, Nordsee bis westliche Ostsee.

Thelepus

Thelepus cincinnatus (Fabricius)

Bis 20 cm lang, hellorange mit zwei Paar korallenroten, fadenartigen Kiemen. Lebt in langen, unregelmäßigen hautartigen Röhren, die mit Steinchen und Schalenstückchen bedeckt sind, sitzen häufig auf großen Muschelschalen oder zwischen Steinen. Nordsee bis Dänische Belte und Öresund.

Artacama

Artacama proboscidea Malmgren

Bis 8 cm lang, rot mit fadenartigen, roten Kiemen. Besitzt einen großen Rüssel, der als Grabwerkzeug benutzt wird. Lebt in Lehmröhren im Schlammboden, ab 20 m Tiefe. Nordsee bis westliche Ostsee.

Neoamphitrite

Artacama

Thelepus auf Kammmuschel

Die *Ampharetidae* haben einen recht kurzen Körper, der nach hinten zugespitzt ist. Am Vorderende sitzen viele Tentakel, die in den Mund eingezogen werden können. Auf der Rückseite des Vorderendes befinden sich drei bis vier fingerförmige Kiemenpaare und häufig einige goldglänzende Borsten. Die Würmer leben mit dem Kopf nach oben in dickwandigen Lehmröhrchen, die im Schlammboden stecken.

Amphicteis

Amphicteis

Amphicteis gunneri (M. Sars)

Der dicke, bleiche, irisierende und bis zu 5 cm lange Körper hat am Vorderende außer den Tentakeln auch vier dicke, grünliche Kiemenpaare. An jeder Seite sitzen 10–20 Paar goldglänzende Borsten. Lebt in dickwandigen Lehmröhren in schlammigem Mischgrund, ab 10 m Tiefe. Nordsee bis westliche Ostsee.

Anobothrus

Anobothrus

Anobothrus gracilis (Malmgren)

Am bis zu 4 cm langen, schlanken, orangefarbenen, irisierenden Körper sitzen vier Kiemenpaare auf der Oberseite und goldglänzende Borsten an den Vorderleibseiten. Bewohnt Lehmröhren in schlammigen Mischböden, ab 10 m Tiefe. Nordsee bis Kattegat und nördlicher Öresund.

Melinna

Melinna

Melinna cristata (M. Sars)

Bis 5 cm langer, heller, schlanker Körper, vier Paar dicke, grünliche Kiemen und viele dünne, farblose Tentakel. Ohne glänzende Borsten am Vorderende. Bewohnt 15–20 cm lange, dünne, steife Lehmröhren, die häufig mit kleinen Schalenstückchen besetzt sind. Ab 20 m Tiefe, von Nordsee bis westliche Ostsee.

Pfauenwurm

Zur Familie der *Sabellidae* gehören zylindrische Würmer mit einer großen blumenartigen Tentakelkrone. Sie bauen eine zylindrische Röhre, die häufig aus Lehm besteht und sammeln ihre Nahrung, Plankton und Detritus, mit den Tentakeln.

Pfauenwurm

Sabella penicillus Linnaeus

Der bis zu 20 cm lange Körper ist grauviolett bis orange. Die federförmigen Tentakel mit dunkelroten oder violetten Querstreifen bilden eine bis zu 10 cm breite Krone. Die bis zu 50 cm lange Lehmröhre steht aufrecht auf Steinen oder Schalen, ab 10 m Tiefe. Nordsee bis Dänische Belte und Öresund.

Schlicksabelle

Myxicola infundibulum (Renier)

Bis zu 20 cm lang. Die hell rötliche, trichterförmige Krone wird bis 5 cm breit und wird durch Tentakel gebildet, die durch eine Haut miteinander verbunden sind. Die Spitzen der Tentakel stehen frei. Die geleeartige Röhre sitzt häufig zwischen Algen und Schalen, ab wenigen Metern Tiefe. Nordsee bis Kattegat und nördlicher Öresund.

Schlicksabelle

Die Familien *Serpulidae* und *Spirorbidae* umfassen Arten mit einer Tentakelkrone. Sie leben in von Körperdrüsen gebildeten Kalkröhren. Die Röhren lebender oder frisch toter Würmer sind weiß. Die verzweigten Tentakel sind in zwei Halbkreisen an der Tentakelkrone angeordnet. Die meisten Arten haben einen Deckel, der von den Tentakel umgeben ist. Die Arten aus der Familie *Serpulidae* leben von Plankton und kleinen Partikeln, die sich in der Tentakelkrone verfangen. Der rote, zugespitzte Körper des Wurmes ist sichtbar, wenn das Rohr zerbricht. Die meisten Arten sind, in Anpassung an die festsitzende Lebensweise, Zwitter. Häufig leben sie in Gruppen zusammen, in denen sich Jungtiere direkt neben den Elterntieren ansiedeln. Leben gerne auf Schiffsrümpfen und können, u.a. zusammen mit Seepocken, ein Problem für die Schifffahrt darstellen.

Norwegischer Kalkröhrenwurm

Hydroides norvegica Gunnerus

Bis 3 cm langer, roter Körper, mit roten und weißen Querstreifen auf der Tentakelkrone. Die Röhre des Norwegischen Kalkröhrenwurms ist etwa 3 cm lang, zylindrisch und hat gelegentlich zwei flache Längskanten. Sie sitzt in ihrer gesamten Länge auf Steinen, Schalen oder Braunalgenwurzeln fest und ist unregelmäßig geschwungen oder spiralförmig eingerollt. Ab wenigen Metern Tiefe, von Nordsee bis Dänische Belte und Öresund.

Norwegischer Kalkröhrenwurm

Australischer Kalkröhrenwurm

Dreikantwurm

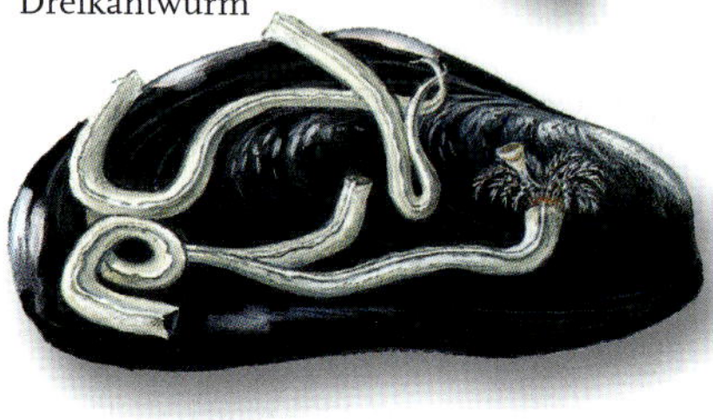

Dreikantwurm

Pomatoceros triqueter (Linnaeus)

Bis zu 3 cm lang, Tentakelkrone braun, blau oder rot mit Querstreifen. Der verkalkte, flache Deckel hat 1–3 Dornen. Die 3–5 cm lange Röhre hat eine deutliche Kante, einen dreieckigen Querschnitt und ist normalerweise auf ihrer gesamten Länge festgeheftet. An Hafenmolen, auf Steinen, Schalen und Wurzeln großer Braunalgen, ab der Niedrigwasserlinie. Nordsee bis westliche Ostsee.

Australischer Kalkröhrenwurm

Ficopomatus enigmatus (Fauvel)

Die bis zu 2 cm langen Würmer bilden bis zu 10 cm lange weiße, glatte, zylindrische Kalkröhren mit kragenartigen Zuwachsringen. Die Röhren können große Klumpen auf Steinen und Klippen bilden. Die Tentakelkrone hat grüne oder braune Querbänder. Wahrscheinlich ist die Art aus Südost-Australien nach Europa eingeschleppt worden. Lebt auch in Brackwasser und in Kühlwasserausflüssen. Ab der Niedrigwasserlinie.

Kleiner Kalkröhrenwurm
Serpula vermicularis Linnaeus

Bis 6 cm lang, Tentakelkrone rot, gelegentlich mit weißen Querbändern. Die bis zu 7 cm langen, hell rötlichen oder weißen, zylindrischen Röhren mit Querringen sitzen gerne auf Schiffsrümpfen, ab der Niedrigwasserlinie. Nordsee bis Kattegat.

Filigranwurm
Filograna implexa Berkeley

Bis 5 mm lang, grau durchscheinender Körper und Tentakelkrone. Die zierlichen, weißen, zylindrischen, bis zu 4 cm langen und dünnen Röhren sind miteinander verschlungen und bilden große Klumpen auf Steinen und Algen. Ab wenigen Metern Tiefe, von Nordsee bis Kattegat und nördlicher Öresund.

Gekielter Posthörnchenwur

Gewöhnlicher Posthörnchenwurm

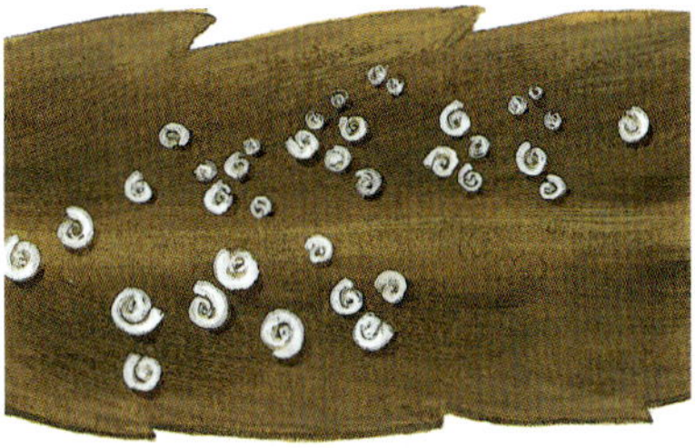

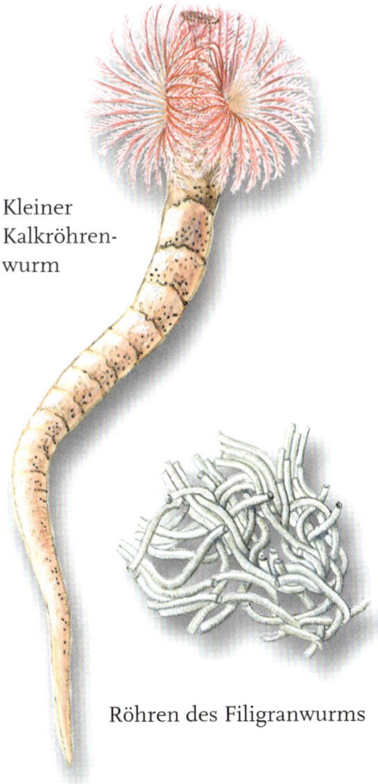

Kleiner Kalkröhrenwurm

Röhren des Filigranwurms

Gewöhnlicher Posthörnchenwurm
Spirorbis spirorbis (Linnaeus)

Körper hellgrün, Tentakelkrone farblos. Röhren glatt, flach, spiralartig mit bis zu 4 mm Durchmesser. Leben auf Blasentang, Sägetang und anderen Braunalgen, oft dicht beieinander. Die Eier werden in der Röhre abgelegt, wo auch die Larvenentwicklung stattfindet. Ab der Niedrigwasserlinie, von Nordsee bis Dänische Belte und Öresund.

Gekielter Posthörnchenwurm
Spirorbis tridentatus (Levinsen)

Körper und Tentakelkrone farblos. Ältere Röhren haben einen Durchmesser von 3 mm und drei Längskanten, jüngere Röhrchen sind glatt. Leben auf Muscheln und Schalen, insbesondere auf Wellhornschnecken und Miesmuscheln, aber auch auf großen Braun- und Rotalgen. Ab 1 m Tiefe. Skagerrak bis nördliche Dänische Belte und Öresund.

Wenigborster

Oligochaeta

Außer den landlebenden, großen Arten umfasst diese Ordnung auch marine und süßwasserlebende, kleine Arten. Die meisten leben im Boden vergraben. Im Meer leben sie fast ausschließlich im Brackwasser, in Flachwassergebieten und angespültem Tang. Die nur wenige Millimeter langen und sehr dünnen Würmer haben kurze, direkt am Körper ansetzende Borsten. Normalerweise fehlen Anhänge am Kopf. Die geschlechtsreifen Tiere haben eine Verdickung (Sattel), die mehrere Körperglieder bedeckt. Viele können sich ungeschlechtlich durch Kettenbildung fortpflanzen. Pelagische Larven fehlen.

Weißer Fadenregenwurm

Enchytraeus albidus Henle

Bis 4 cm lang, weißlich bis gelblich. Lebt sowohl entlang exponierter Strände als auch in geschützten Gebieten mit Süßwasserzuflüssen sowie in stark verunreinigten Gebieten, oft in vergammelnden Algen mit hohem organischem Anteil. Ab der Hochwasserlinie. Wird als Aquarienfischfutter verwendet.

Weißer Fadenregenwurm

Großer Fadenregenwurm

Großer Fadenregenwurm

Tubificoides benedii (Udekem)

Bis 5 cm lang, dunkelrot. Die Haut ist von unzähligen kleinen Papillen bedeckt, zwischen denen sich Sedimentpartikel ansammeln können. Im Vergleich zu verwandten Arten ist der Große Fadenwurm langsam. Er lebt in sauerstoffreichen und sauerstoffarmen, sandigen Mischböden mit hohem Schwefelgehalt. Die Großen Fadenregenwürmer leben kopfüber im Sand vergraben, mit dem Hinterende im Wasser. Sie überleben keine niedrigen Salzgehalte. Von Nordsee bis Kattegat und nördlicher Öresund.

Priapswurm

Priapswürmer *Priapulida*

Zu den Priapswürmern zählen nur wenige Gattungen. Das Vorderende mit dem Mund und den spitzen Zähnchen kann in den wurstförmigen Körper eingezogen werden. Die Afteröffnung sitzt am Hinterende des Tieres. Leben am Boden, graben im Sediment und ernähren sich räuberisch von anderen Kleintieren. Getrenntgeschlechtig mit bodenlebenden Larven.

Priapswurm
Priapulus caudatus Lamarck

Der Priapswurm ist bis 15 cm lang und weißlich. Der Vorderleib oder Rüssel ist längs gestreift und der Körper quer geringelt. Das Hinterende ist mit quastenartigen Schwanzanhängen versehen, die als Kiemen dienen. Der Priapswurm lebt im Schlammboden, ab 10 m Tiefe. Nordsee bis mittlere Ostsee.

Stachel-Wurstwurm
Halicryptus spinulosus Siebold

Der bis zu 5 cm lange, wurstförmige Wurm besteht aus einem längs gestreiften Vorderkörper oder Rüssel und einem quer geringelten, mit vielen kleinen Papillen und Stacheln besetzten Körper. Lebt in schwefelhaltigen und sauerstoffarmen Schlammböden, ab wenigen Metern Tiefe. Südliche Dänische Belte, Öresund und Ostsee bis zu den Ålandinseln.

Stachel-Wurstwurm

Spritzwürmer *Sipuncula*

Spritzwürmer sind zylindrische Würmer, die einen einziehbaren Rüssel besitzen. Die Mundöffnung ist von kurzen Tentakeln umgeben und sitzt am Ende des Rüssels. Die Afteröffnung befindet sich nahe des Rüsselansatzes. Spritzwürmer leben am Meeresgrund und ernähren sich von Kleintieren und organischer Materie. Sie sind getrenntgeschlechtig mit kleiner, pelagisch lebender Larve. Nur eine Art lebt in Muschelschalen, die anderen sind frei lebend und schwierig zu unterscheiden.

Kreisel-Spritzwurm

Frei lebender Spritzwurm

Kreisel-Spritzwurm

Phascolion strombus (Montagu)

Bis 2 cm langer, gekrümmter, wurstförmiger Körper. Der Rüssel ist doppelt so lang. Der Körper ist graubraun mit dunklen, hufeisenförmigen Papillen. Der Kreisel-Spritzwurm lebt in leeren Gehäusen von Turmschnecken, Strandschnecken, Nabelschnecken oder Kahnfüßern. Die Gehäuseöffnung wird mit Schlamm verstopft, so dass nur eine kleine Öffnung für den Rüssel bleibt. Kreisel-Spritzwürmer kommen auf Sand- und Schlamm-Mischböden vor, ab wenigen Metern Tiefe. Nordsee bis Dänische Belte und Öresund.

Frei lebender Spritzwurm

Golfingia vulgaris (de Blainville)

Der bis zu 10 cm lange, graue Körper des Frei lebenden Spritzwurms geht fließend in den Rüssel über. Am Rüsselansatz und am zugespitzten Hinterende sitzen bräunliche Papillen. Lebt frei im Schlammboden, ab wenigen Metern Wassertiefe. Nordsee bis Kattegat.

Igelwürmer *Echiura*

Igelwürmer bilden eine kleine, isolierte Tiergruppe, sind zylindrisch und getrenntgeschlechtig. Am Vorderende sitzt ein abgeschnitten wirkender oder zweigeteilter Kopflappen, mit dem Detritus eingesammelt wird oder Kleintiere gefangen werden. Die Larven leben pelagisch.

Quappwurm

Echiurus echiurus (Pallas)

Bis 20 cm lang. Der zusammenziehbare Körper ist graugelb, der zungenförmige, eingerollte Kopflappen orangegrau und kann leicht abfallen. An der Unterseite des Körpervorderendes sitzen zwei große Haken, am Hinterende goldglänzende Borsten. Die dünne Haut ist mit ringförmig angeordneten Papillen bedeckt. Der Quappwurm lebt in einer bis zu einem halben Meter langen Schleimröhre im Schlammboden, ab wenigen Metern Tiefe. Nordsee bis Dänische Belte und Öresund.

Bonellia

Quappwurm

Bonellia

Bonellia viridis Rolando

Körper des Weibchens grün, bis zu 10 cm lang mit einem zweigeteilten, ausgestreckt bis zu 1 m langen Kopflappen. Die 2 mm langen Männchen leben im Weibchen. Die Weibchen leben in Höhlen in Klippen oder hartem Lehm, ab 30 m Tiefe. Nordsee bis östliches Kattegat.

Weichtiere *Mollusca*

Weichtiere sind ungegliederte, extremitätenlose Tiere. Sie besitzen auf der Unterseite einen scheibenförmigen Fuß, mit dem sie sich fortbewegen. Am Kopf sitzen oftmals Tentakel und Augen. Eine Hautfalte, der Mantel, kann mehr oder weniger den ganzen Kopf und Fuß bedecken. Die federförmigen Kiemen sitzen in der Mantelrinne, zwischen Mantel und Fuß. Fortpflanzung nur geschlechtlich, die meisten Arten sind getrenntgeschlechtig und haben eine pelagisch lebende Larve. Zu den Weichtieren gehören Käferschnecken, Wurmmollusken, Nackt- und Gehäuseschnecken, Muscheln, Kahnfüßern und Kopffüßern.

Käferschnecken
Polyplacopora

Käferschnecken sind symmetrische, leicht gewölbte Tiere. Der Rücken ist von acht ziegelartigen Kalkplatten bedeckt, die von einem lederartigen Gürtel umgeben sind. Käferschnecken leben auf Muschelschalen, Steinen und Klippen, wo sie sich mit dem großen ovalen Fuß festsaugen, mit dem sie sich auch fortbewegen können. Die meisten Arten ernähren sich von Algen. Die federförmigen Kiemen sitzen unter der Schale auf beiden Seiten des Fußes. Käferschnecken sind getrenntgeschlechtig, die Larven leben pelagisch.

Assel-Käferschnecke
Leptochiton asellus (Gmelin)

Bis zu 1,6 cm lang, mit rechteckigen Mantelplatten und kleinen grauen, olivgrünen oder rotbraunen Fleckchen, häufig mit grauem Belag. Mantelplatten von schmalen Gürtel umgeben. Lebt auf Steinen, Muschelschalen oder Schalenkies, ab wenigen Metern Tiefe. Nordsee bis Dänische Belte und nördlicher Öresund.

Rändel-Käferschnecke
Lepidochitona cinerea (Linnaeus)

Bis 2,5 cm lang, Mantelplatten unregelmäßig, gelblich, rotbraun und grün marmoriert. Ähnelt der Assel-Käferschnecke, hat jedoch einen breiteren Gürtel und keine rechteckigen Mantelplatten. Ab der Niedrigwasserlinie, Nordsee bis westliche Ostsee.

Rändel-Käferschnecke

Assel-Käferschnecke

Marmorierte Käferschnecke

Marmorierte Käferschnecke

Tonicella marmorea (Fabricius)

Bis 3,5 cm lang, Mantelplatten rotbraun mit hellen und dunklen Zuwachsringen und unregelmäßigen Flecken. Der recht breite Gürtel ist oftmals rotbraun. Ab der Niedrigwasserlinie, Nordsee bis Dänische Belte und nördlicher Öresund.

Rote Käferschnecke

Rote Käferschnecke

Tonicella rubra (Linnaeus)

Bis 1,8 cm lang, Mantelplatten hell gelblich mit orangefarbenen oder rotbraunen Flecken und Zuwachsringen. Der breite Gürtel hat rotbraune und helle Flecken. Ab der Niedrigwasserlinie, Nordsee bis Dänische Belte und nördlicher Öresund.

Wurmmollusken

Aplacophora

Wurmmollusken sind wurmähnliche Tiere ohne Schale, haben jedoch Kalknadeln in der Haut.

Leuchtende Weichhaut

Chaetoderma nitidulum Lovén

Bis 8 cm lang, grau, mit glänzenden, nach hinten gerichteten Kalknadeln. Das Vorderende ist breiter und kürzer als der zylindrische Hinterkörper. Zwei kleine rote Kiemen können aus dem abgeschnitten wirkenden Hinterende hervorgucken. Das recht steife Tier lebt im Schlammboden vergraben, wo es sich hauptsächlich von Einzellern mit Kalkschalen (Foraminiferen) ernährt. Getrenntgeschlechtig. Lebt ab 20 m Tiefe, von Nordsee bis Kattegat und nördlicher Öresund.

Leuchtende Weichhaut

Schnecken *Gastropoda*

Schnecken umfassen Lungenschnecken, Vorder- und Hinterkiemer.

Wanderschlammschnecke

Lungenschnecken *(Pulmonata)* sind fast ausschließlich Land- oder Süßwasserbewohner. Einige wenige Arten können im Brackwasser leben. Ihr Gehäuse ist dünn und besitzt keinen Deckel. Die Mantelhöhle hat eine lungenartige Funktion. Lungenschnecken ernähren sich zumeist pflanzlich. Sie sind Zwitter und legen ihre Eier in Geleeklumpen an Steinen und Pflanzen ab und haben keine pelagische Larve.

Wanderschlammschnecke

Lymnea pereger (O.F. Müller)

Kann in Süßwasser und Brackwasser leben. Die Brackwasservariante der Wanderschlammschnecke wird bis zu 1,6 cm lang, ist kleiner, dicker, gelblicher und glänzender als die Süßwasserform. Lebt auf Steinen und Klippen, u.a. zusammen mit den lebend gebärenden Strand- und Napfschnecken. Ab der Niedrigwasserlinie. Kommt in der Nähe von Süßwassereinläufen und in der Ostsee, mit Ausnahme des westlichsten Teils, vor.

Zu den **Vorderkiemern** *(Prosobranchia)* gehören bei weitem die meisten marinen Gehäuseschnecken. Ein typischer Vorderkiemer hat eine gewundene Schneckenschale, einen Kopf mit Augen und Tentakeln sowie einen Fuß. Vorderkiemer können auch mit einer Atemröhre (Sipho) ausgestattet sein, durch die Wasser in die Mantelhöhle zu den Kiemen strömt. Die meisten haben nach hinten, auf der Oberseite des Fußes einen Deckel, der das Gehäuse verschließen kann. Das Gehäuse kann eine spiralartige Struktur oder eine Radialstruktur aufweisen. Die meisten Vorderkiemer haben eine Raspelzunge (Radula), mit der sie Algen abgrasen oder Beutetiere fressen. Es kommen sowohl pelagisch lebende Larven als auch sich direkt entwickelnde Schnecken vor.

Napfschnecken der Familien *Patellidae* und *Acmaeidae* haben mützenförmige Schalen ohne Deckel. Man findet sie zumeist ab der Hochwasserlinie bis in wenige Meter Tiefe, wo sie sich mit ihrem muskulösen Fuß festsaugen. Die *Neritidae* sind nahezu halbkugelig und ernähren sich von Algen.

Gewöhnliche Napfschnecke

Patella vulgata Linnaeus

Bis 5 cm lang, matt graue oder bräunliche Schale mit bräunlich irisierender Innenseite und graugrünem Fuß. Auf Klippen und Steinen ab der Gezeitenzone. Jede Schnecke hat ihren Stammplatz, auf den die Form des Gehäuses genau passt. Sie raspeln Algen in der näheren Umgebung ab, kehren aber immer wieder zu ihrem Stammplatz zurück. Nordsee bis Skagerrak. Man kann sie roh, gekocht oder gebraten essen, sie gelten aber nicht als Delikatesse.

Gewöhnliche Napfschnecke, von oben betrachtet

Durchsichtige Napfschnecke

Schildkröten-Napfschnecke

Durchsichtige Napfschnecke

Ansates [Helcion] pellucida (Linnaeus)

Bis 3 cm lang, Schale braun und dünn mit blauen, irisierenden Streifen, die von der Spitze aus strahlenförmig ausgehen. Lebt auf Steinen und Klippen, ab wenigen Metern Tiefe. Nordsee bis Dänische Belte und Öresund.

Schildkröten-Napfschnecke

Tectura [Acmaea] testudinalis (O.F. Müller)

Bis 3 cm lang, Schale mit unregelmäßigen braunen Streifen oder Flecken, seltener einfarbig. Sitzt auf Steinen und Klippen, zumeist nahe der Niedrigwasserlinie, wo sie Algenbeläge abgrast. Nordsee bis westliche Ostsee.

Jungfräuliche Napfschnecke

Tectura [Acmaea] virginea (O.F. Müller)

Bis 1 cm lang, rotbraun marmorierte Schale. Kleiner und relativ höher als die Schildkröten-Napfschnecke. Lebt auf Steinen und Muschelschalen, ab wenigen Metern Meerestiefe, Nordsee bis Kattegat und Öresund.

Jungfräuliche Napfschnecke, von oben und von der Seite

Gemeine Kahnschnecke

Theodoxus fluviatilis (Linnaeus)

Bis 1 cm lang und halb so hoch. Dickschalig mit großer letzter Windung. Lebt eigentlich im Süßwasser, verträgt aber auch Brackwasser. Die Brackwasserform der Gemeinen Kahnschnecke ist grafitgrau bis bräunlich, gelegentlich auch marmoriert. Lebt ab der Hochwasserlinie, zumeist auf Steinen, Klippen oder Blasentang. Gerne in der Nähe von Süßwasserausläufen. Südlicher Öresund und westliche Ostsee bis zu den Ålandinseln.

Gemeine Kahnschnecke, von oben und von der Seite

Kreiselschnecken *(Trochidae)* haben ein dickes, kegelförmiges Gehäuse, das im Gegensatz zu anderen Familien eine innere Perlmuttschicht hat. Die Unterseite mit der Öffnung ist flach. Der Fuß ist mit langen Tentakeln versehen. *Trochidae* fressen Algen.

Graue Kreiselschnecke

Gibbula cineraria (Linnaeus)

Bis 1,5 cm hoch, Schale grau mit rotbraunen Zickzacklinien. Die Umgänge gehen fließend ineinander über. Die Spitze des Gehäuses ist schwach gewölbt. Lebt auf Klippen, Steinen und Algen, ab der Niedrigwasserlinie. Nordsee bis nördliche Dänische Belte und Öresund.

Spitze Kreiselschnecke

Gibbula tumida (Montagu)

Bis 1,2 cm hoch, rotbraunes Gehäuse mit dunkleren Flecken in den Zickzacklinien. Ähnlich der Grauen Kreiselschnecke, jedoch bilden die Umgänge deutliche Treppenstufen und die Spitze ist stumpfer. Lebt auf Blasentang und Mischsubstrat, ab 10 m Tiefe. Nordsee bis nördliche Dänische Belte und Öresund.

Gefleckte Kreiselschnecke

Jujubinus [Cantharidus] clelandi (Wood)

Bis 1,5 cm hoch, gelblich rotes Gehäuse mit rotbraunen Flecken und feinen Spiralrippen. Lebt auf Steinen und Algen, ab 20 m. Nordsee bis Kattegat und Öresund.

Bunte Kreiselschnecke

Calliostoma zizyphinum (Linnaeus)

Bis 3 cm hoch, Gehäuse glatt, braun mit roten Flecken. Lebt auf Braunalgen, ab 20 m Tiefe. Nordsee bis östlicher Skagerrak und Kattegat.

Graue Kreiselschnecke

Spitze Kreiselschnecke

Gefleckte Kreiselschnecke

Bunte Kreiselschnecke

Strandschnecken *(Littorinidae)* haben dicke, raue Gehäuse ohne Nabel an der Öffnung. Sie raspeln Algenbeläge von der Oberseite von Steinen und großen Algen.

Essbare Strandschnecke

Littorina littorea (Linnaeus)

Bis 3,5 cm lang, Gehäuse graubraun mit spitzwinkeliger Spitze. Obere Mündungskante geht fließend in das Gehäuse über. Leben auf Steinen und Klippen, fallen dort bei Niedrigwasser trocken. Häufig in geschützten Flachwassergebieten. Nordsee bis westliche Ostsee.

Die Art ist Zwischenwirt für viele Parasiten (Digene Saugwürmer, *Digenea*), die in Vögeln zur Geschlechtsreife heranwachsen. Die Schalen älterer Schnecken sind häufig von Bohrwürmern durchbohrt.

Strandschnecken können gegessen werden. Nach dem Kochen werden sie aus dem Gehäuse gepult. Die Schalen sind auch an steinzeitlichen Kochplätzen entdeckt worden.

Flache Strandschnecke

Essbare Strandschnecke

Raue Strandschnecke

Kleine Strandschnecke

Raue Strandschnecke

Littorina saxatilis (Olivi)

Bei hohem Salzgehalt wird sie bis 1,8 cm groß. Gehäuse dunkelgrau bis grünlich mit rechtwinklig mündender Spitze. Die obere Mündungskante bildet einen stumpfen Winkel zur letzten Windung des Gehäuses. Die Raue Strandschnecke hat kein pelagisches Larvenstadium, sondern gebärt lebende Jungtiere, die den ausgewachsenen Tieren ähneln. Die Art ist sehr variabel und umfasst eventuell mehrere Arten. Die Brackwasservarianten sind kleiner und dünnschaliger und werden häufig als eigene Art, *Littorina tenebrosa* (Montagu), betrachtet. Von der Nordsee bis zum Kattegat findet man die Raue Strandschnecke oft auf Steinen oberhalb der Niedrigwasserlinie oder weiter oben als die Essbare Strandschnecke. Von den Dänischen Belten über den Öresund und Ostsee leben Raue Strandschnecken auf Algen, unterhalb der Niedrigwasserlinie. Nordsee bis Ostsee um Bornholm.

Flache Strandschnecke

Littorina obtusata (Linnaeus)

Bis 1,5 cm lang, Gehäuse dunkelgrau, grünlich, gelb oder orange, nahezu eiförmig, da die Spitze stark abgerundet ist. Die Flache Strandschnecke lebt überwiegend auf Blasen- und Knotentang, ab der Niedrigwasserlinie. Die Jungtiere ähneln den ausgewachsenen Individuen und kriechen aus der durchsichtigen, ca. 1 cm langen Eimasse direkt auf die Algen.
Littorina mariae Sacchi & Rastelli ist bis 1 cm lang. In Lebensweise und Verbreitung ähnelt sie der Flachen Strandschnecke. Unterscheidet sich von dieser am ehesten durch eine andere Form der Paarungsorgane.

Kleine Strandschnecke

Littorina [Melarhaphe] neritoides (Linnaeus)

Bis 8 mm lang, Gehäuse spitz, grauschwarz und ohne verdickte letzte Windung. Kleine Strandschnecken leben ausnahmslos in der Gischtzone über der Hochwasserlinie, auf Klippen und Molen, wo sie u.a. Grünalgen fressen.

Eipaket der Flachen Strandschnecke auf Sägetang

Grübchenschnecken *(Lacunidae)* sind kleine, dünn- und glattschalige Schnecken, die ein Grübchen (Nabel) an der Gehäuseöffnung aufweisen.

Gebänderte Grübchenschnecke
Lacuna vincta (Montagu)

Bis 1 cm lang, gelbliches bis hellrotes Gehäuse mit oder ohne braune Streifen. Fuß hellrot oder grün. Lebt auf und von Algen. Ab der Niedrigwasserlinie. Nordsee bis westliche Ostsee.

Gebänderte Grübchenschnecke, grüne Morphe

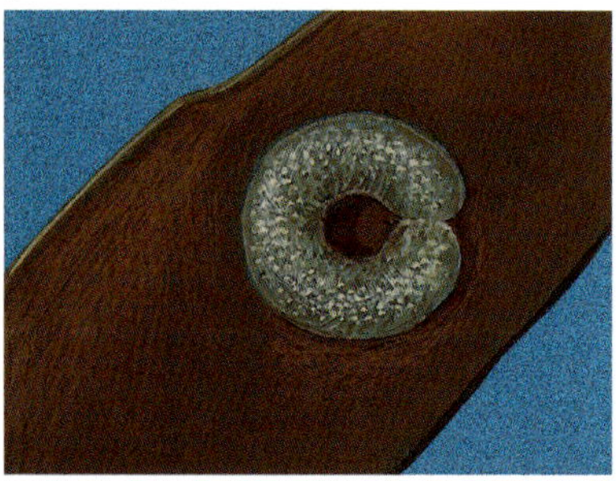

Eipaket der Gebänderten Grübchenschnecke auf Tang

Flache Grübchenschnecke
Lacuna pallidula (da Costa)

Das gelbliche Gehäuse des Weibchens ist bis 1 cm hoch. Das nur 6 mm große Männchen sitzt häufig auf dem Weibchen. Die unterste Windung des Gehäuses ist sehr groß. Die Flache Grübchenschnecke lebt oft auf Blasen- und Sägetang, wo auch die gelblich durchsichtigen Eipakete abgelegt werden. Die frisch geschlüpften Jungtiere kriechen direkt auf die Algen.

Wattschnecken *(Hydrobiidae)* haben kleine, glatte, braune, undurchsichtige Schalen. Da die Gehäuse nur schwer voneinander zu unterscheiden sind, kann man die Tiere oft nur anhand der weichen Körperteile bestimmen. Ernähren sich von Bakterien und Kieselalgen, die auf Detritus sitzen, den die Schnecken abraspeln. Sie kommen in geschützten Flachwassergebieten vor und werden häufig abgespült. Die drei hier beschriebenen Arten sind von der Nordsee bis zur Ostsee um die Ålandinseln verbreitet.

Große Wattschnecke
Hydrobia ulvae (Pennant)

Bis 6 mm lang, Schale hornfarben. Die Umgänge gehen nahezu fließend ineinander über. Lebt nahe der Hochwasserlinie, kommt aber auch in größeren Tiefen und salzigeren Gebieten vor als die anderen Arten.

Bauchige Wattschnecke
Hydrobia ventrosa (Montagu)

Bis 5 mm hoch, Gehäuse mit deutlich mehr abgerundeten Umgängen als bei der Wattschnecke. Lebt in weniger salzigen und geschützteren Gebieten als *H. ulvae*, kann aber auch mit ihr zusammen vorkommen.

Flache Grübchenschnecke

Große Wattschnecke

Bauchige Wattschnecke

Neuseeland-Zwergdeckel-schnecke

Pergamentrissoe

Violette Rissoe

Neuseeland-Zwergdeckelschnecke

Potamopyrgus antipodarum (Gray)

Gehäuse bis 6 mm lang, hellbraun und glatt. Die meisten Populationen bestehen nur aus Weibchen. Fortpflanzung ungeschlechtlich. Ist wahrscheinlich von Neuseeland eingeschleppt worden. Ab der Hochwasserlinie, in der Nähe von Süßwasserzuflüssen und in der Ostsee.

Die Rissoschnecken *(Rissoidae)* haben kleine, spitze, halb durchsichtige Gehäuse. Sie leben überwiegend auf Seegras, wo sie im Spätsommer in großen Mengen auftreten und laichen. Rissoschnecken ernähren sich von Kieselalgen, die vom Seegras abgeraspelt werden. Hier werden nur die beiden größten und am einfachsten zu bestimmenden Arten beschrieben. Beide kommen von der Nordsee bis zur westlichen Ostsee vor.

Pergamentrissoe

Rissoa membranacea (Adams)

Bis 8 mm, Gehäuse hellbraun, schlank, sehr variabel. Umfasst eventuell mehrere Arten. Die grünen Weichteile können durch die Schale gesehen werden.

Violette Rissoe

Rissoa violacea Desmarest

Bis 5 mm lang, Gehäuse braungelb. Die Schale ist recht dick mit nahezu fließend ineinander übergehenden Umgängen. Die letzte Windung zeigt oftmals ein Fleckenmuster und die Mündung eine violette Kante.

Nadelschnecke

Gemeine Turmschnecke

Weiße Wendeltreppe

Nadelschnecken *(Cerithiidae)* und Turmschnecken *(Turritellidae)* haben schlanke, konische Gehäuse mit vielen Umgängen.

Nadelschnecke

Bittium reticulatum (da Costa)

Bis zu 1,2 cm lang, Gehäuse braun mit stark knotiger Spiralstruktur und ovaler Gehäuseöffnung. Lebt überwiegend auf schlammigen Sandsubstrat zwischen Seegras. Ab der Niedrigwasserlinie. Nordsee bis westliche Ostsee.

Gemeine Turmschnecke

Turritella communis Risso

Bis 5 cm lang, Gehäuse kräftig und mit ausgeprägter Spiralstruktur und nahezu kreisförmiger Öffnung. Ist flach im Schlammboden vergraben, so dass Wasser die Kiemen, die auch der Nahrungsaufnahme dienen, erreichen kann. Unterscheidet sich von den meisten anderen Arten dadurch, dass sie Wasser filtriert. Auf lebenden Individuen sitzen häufig der Leuckartiara-Polyp und die Fransige Witwenrose. Leere Gehäuse werden oft von Einsiedlerkrebsen oder Kreisel-Spritzwürmern bewohnt. Ab 10 m Tiefe. Nordsee bis Kattegat und nördlicher Öresund.

Wendeltreppenschnecken *(Epitoniidae)* und Kaurischnecken *(Triviidae)* sind stark spezialisierte, räuberisch lebende Arten.

Weiße Wendeltreppe

Epitonium clathrus (Linnaeus)

Bis 4 cm lang, Gehäuse schlank, konisch geformt, glatt, graugelb, mit aufgesetzten, helleren Radialrippen und 2–3 braunen Querbändern und kreisrunder Gehäuseöffnung. Nordsee bis Kattegat und Öresund.

Nördliche Kaurischnecke

Trivia arctica (Pulteney)

Bis 1 cm lang, Gehäuse weißlich, ohne Spitze, Unterseite flach mit Spaltöff-

Nördliche Kaurischnecke, rechts: Schale von unten betrachtet

nung, ohne Gehäusedeckel. Sie ernährt sich von Seescheiden, u.a. Sternascidien. Sie kommt ab wenigen Metern Meerestiefe von der Nordsee bis in das Kattegat vor.

Bohrschnecken *(Naticidae)* haben glatte, kugelförmige Gehäuse mit einer breiten Endwindung und einem Nabel nahe der Öffnung. Sie leben im Sand oder Schlamm vergraben und ernähren sich von Muscheln, die mit dem großen Fuß festgehalten werden. Mit der Radula, die am Ende des hervorstülpbaren Rüssels sitzt, wird ein Loch in die Muschelschale gebohrt (daher der Name Bohrschnecke). Danach wird der gesamte Rüssel durch das Loch gesteckt und die Muschel gefressen. Die Eiklumpen ähneln einer Halskrause und haben Sandkörner eingelagert. Die Eier werden im Boden gelegt und dann auf die Oberfläche des Grunds geschoben.

Kleine Mondschnecke
Polinices [Natica] pulchellus (Risso)

Länge bis 1,5 cm, Gehäuse hell gelblich und mit braunen Flecken im Spiralmuster. Lebt ab 10 m Tiefe in gemischtem Sandsubstrat. Nordsee bis Kattegatt und nördlicher Öresund.

Halsband-Mondschnecke
Polinices [Natica] catena (da Costa)

Bis 3 cm, Haus hellgelb mit braunen Flecken an der Oberkante der Umgänge. Ab wenigen Metern Tiefe in Sandsubstrat. Nordsee bis Kattegat.

Fahle Mondschnecke
Polinices pallidus (Broderip & Sowerby)

Bis 2 cm lang, Gehäuse einfarbig, gelblich weiß. Lebt im Schlammboden, ab 20 m Tiefe. Nordsee bis Kattegat und nördlicher Öresund.

Kleine Mondschnecke

Halsband-Mondschnecke

Eikragen der Halsband-Mondschnecke

Fahle Mondschnecke

Bunte Trogmuschel, von Mondschnecke durchbohrt

Die folgenden Familien *Aporrhaidae, Capulidae, Calyptraeindae* werden in diesem Buch nur durch einige wenige Arten, dem Pelikanfuß, der Ungarischen Hutschnecke und der Pantoffelschnecke, repräsentiert.

Pelikanfuß

Aporrhais pespelecani (Linnaeus)

Länge bis 5 cm, Gehäuse gelblich weiß mit ausgezogener Mündungsaußenlippe. Die Lippe kann bei alten Exemplaren sehr dick werden. Jungen Individuen fehlt die Außenlippe, sie können daher Turmschnecken und Wellhornschnecken ähneln, haben jedoch eine mehr knotige Oberfläche. Der Pelikanfuß lebt versteckt im Boden, wo er sich von organischem Material ernährt, das aus dem Wasser gefiltert oder mit Hilfe des langen roten Vorderendes von der Oberfläche abgesammelt wird. Ab wenigen Metern Tiefe. Nordsee, Kattegat bis nördlicher Öresund.

Pelikanfuß

Ungarische Hutschnecke

Capulus ungaricus (Linnaeus)

Bis 1,5 cm hoch, Gehäuse dünn, gelblich weiß, hutförmig und mit kleiner, nach hinten gerichteter Krümmung. Gehäuseöffnung bis 3 cm breit und ohne Deckel. Die dünne, hornfarbene äußere Schicht ist am Rand stark ausgefranst. Lebt von Phytoplankton. Kommt auf Steinen und leeren Muschelschalen vor, häufig auch auf den Schalen lebender Tiere, wo sie die Wasserströmung, die diese filtrierenden Arten verursachen, ausnutzt. Ab wenigen Metern Tiefe, Nordsee bis Kattegat und nördlicher Öresund.

Pantoffelschnecke

Crepidula fornicata (Linnaeus)

Länge bis 5 cm, Gehäuse gekrümmt, hellrot bis hellbraun mit dunkleren Zuwachsstreifen. Innenseite des Mundes mit kleiner weißer Platte. Pantoffelschnecken können Geschlechtsumwandlungen vornehmen. Sie leben häufig in Gruppen, gerne stapelartig aufeinander. In diesen Stapeln sind die untersten Tiere weiblich und die oberen männlich. Pantoffelschnecken ernähren sich von mikroskopisch kleinem Phytoplankton. Ebenso wie die Austern oder Miesmuscheln, auf denen sie häufig sitzen und somit zur Konkurrenz werden können. Pantoffelschnecken stammen ursprünglich von der amerikanischen Ostküste und gelangten mit jungen Austern aus Holland in den 30er Jahren in den Limfjord. Nordsee bis Kattegat.

Pantoffelschnecke, von oben und von der Seite betrachtet

Ungarische Hutschnecke

Purpurschnecken *(Muricidae)* und Pfeilschnecken *(Turridae)* leben räuberisch.

Nordische Purpurschnecke

Nucella lapillus (Linnaeus)

Nordische Purpurschnecke

Länge bis 3 cm, Gehäuse dick mit Spiralstruktur und unterschiedlichen Farben, die von der Ernährung abhängig sind. Nordische Purpurschnecken bohren mit der Raspelzunge Löcher in die Schalen ihrer Beutetiere. Ernähren sie sich von Seepocken, nehmen sie eine weißliche Farbe an, bei Miesmuscheln färben sich die Gehäuse gelblich oder bräunlich. Leben ab der Niedrigwasserlinie an Klippen und Molen, wo auch die langen, gelblichen, gestielten Eikapseln abgelegt werden. Nordsee bis östlicher Skagerrak und Kattegat.

Eine Drüse in der Mantelhöhle sondert ein Sekret ab, das im Licht und in der Luft purpurfarben wird. Echtes Purpur stammt von einer im Mittelmeer lebenden verwandten Art.

Treppengiebelchen

Oenopota [Lora] turricula (Montagu)

Treppengiebelchen

Bis 1,2 cm lang, Gehäuse rosa, porzellanähnlich mit groben, radialen Rippen, feineren Spiralfurchen und einer deutlichen Abstufung zwischen den Umgängen. Die Radula besteht aus pfeilförmigen Zähnchen, die in die Beute, v.a. in Borstenwürmer, gebohrt werden und diese durch ein giftiges Sekret lähmen. Lebt auf sandigem Substrat, ab wenigen Metern Tiefe. Nordsee bis westliche Ostsee.

Wellhornschnecken *(Buccinidae)* besitzen einen Sipho, der aus einer Rinne an der Gehäusevorderöffnung hervorguckt. Die Radula sitzt an der Spitze des langen, einziehbaren Kopflappens. Wellhornschnecken legen große, gelbliche Eipakete, die beinahe so groß wie das Weibchen sein können. Mehrere Weibchen können zusammen noch größere Eipakete ablegen. Die frisch geschlüpften Wellhornschnecken kriechen direkt aus den Eikapseln auf den Meeresboden.

Gemeine Wellhornschnecke

Buccinum undatum Linnaeus

Bis 10 cm lang, Gehäuse graugelb mit Spiralstruktur und Radien, Einbuchtungen und einer kurzen Siphonalrinne. Ernährt sich räuberisch oder ist Aasfresser und riecht die Beute mit Hilfe des Siphos aus großer Entfernung. Der Rüssel kann die mehrfache Länge des Tieres erreichen und somit auch schwer erreichbare Beute fressen, z.B. Fische, die im Netz festhängen. Große Muscheln werden gefressen, indem die Schnecke den Rüssel zwischen die leicht geöffneten Schalen stößt, so dass die Muschel ihre Schalen nicht mehr schließen kann. Die Wellhornschnecke kann sich schnell fortbewegen und als Verteidigung, z.B. gegen angreifende Seesterne, das Gehäuse drehen. Lebt auf allen Substrattypen, ab wenigen Metern Tiefe. Auf weichem Substrat ist sie oft teilweise vergraben. Nordsee bis westliche Ostsee.

Wellhornschnecken können gegessen werden, wobei das gesamte Tier gekocht, aber häufig nur der muskulöse Fuß gegessen wird.

Spindelschnecke

Neptunea antiqua (Linnaeus)

Bis 15 cm lang, in der Nordsee sogar bis zu 20 cm, somit die größte Schneckenart des vorgestellten Gebietes. Gehäuse rotgelb mit feinen Spiralstreifen. Unterscheidet sich von der Wellhornschnecke durch die glättere, dickere Schale und eine längere Siphonalrinne. Die Eikapseln sind größer und länglicher. Diese langsamkriechende Art ist Aasfresser, frisst aber auch Bodentiere, u.a. Borstenwürmer. Die Speicheldrüse kann ein Gift absondern, das Beutetiere lähmt. Nordsee bis westliche Ostsee.

Eipaket und Jungtiere der Gemeinen Wellhornschnecke

Gemeine Wellhornschnecke

Gemeine Wellhornschnecke, von oben betrachtet

Reusenschnecken *(Nassariidae)* ernähren sich räuberisch.

Netzreusenschnecke

Hinia [Nassarius] reticulata (Linnaeus)

Bis 3 cm lang, Gehäuse graubraun mit Spiral- und Radialstruktur, die ein Netzmuster bildet. Siphonalrinne mit breitem Rand. Die Netzreusenschnecke kann auf sandigem Substrat schnell zur Beute kriechen. In der Ruhephase liegt sie im Sand vergraben mit dem Sipho zur Oberfläche. Kann wie die Wellhornschnecke in Fischernetzen hängende Fische angreifen. Wird die Netzreusenschnecke von einem Seestern berührt, dreht sie sich ruckartig auf ihrem Fuß, um dann schnell zu fliehen. Die 4 mm großen, gefäßförmigen Eikapseln sitzen auf Muschelschalen und Algen, ab der Niedrigwasserlinie. Nordsee bis westliche Ostsee.

Dicklippige Reusenschnecke

Hinia [Nassarius] incrassata (Ström)

Länge bis 1,5 cm, Gehäuse gelbbraun mit Längsrippen, schmalen Spiralbändern und verdickter, nach außen gewölbter Öffnung. Seiten der Siphonalrinne parallel zueinander. Auf steinigem Substrat, ab 10 m Tiefe. Nordsee bis Kattegat und nördlicher Öresund. **Zwerg-Reusenschnecken**, *Hinia [Nassarius] pygmaea* (Lamarck), sind bis 1,2 cm lang. Unterscheiden sich von den Dicklippigen Reusenschnecken durch das deutlichere Netzmuster, die violette Gehäuseöffnung ist nicht nach außen gewölbt und die Siphonalrinne ist zur Mündung hin am breitesten. Auf sandigem Substrat, ab wenigen Metern Tiefe. Nordsee bis Dänische Belte und nördlicher Öresund.

Netzreusenschnecke

Dicklippige Reusenschnecke

Spindelschnecke

Hinterkiemer *(Opisthobranchia)* sind ausschließlich marine Tiere. Hinterkiemer daher, weil die Kiemen hinter dem Herzen sitzen. Diese sind häufig reduziert und übernehmen Körperanhänge stattdessen eine Kiemenfunktion. Die meisten Arten sind Zwitter.

Zu den *Pyramidellopmorpha* gehören millimetergroße, gehäusetragende Hinterkiemer, die einigen Vorderkiemern sehr ähnlich sehen. Die meisten leben parasitisch u.a. auf Weichtieren, Borstenwürmern und Stachelhäutern.

Odostomia

Odostomia scalaris (MacGillivray)

Bis 4 mm lang, Gehäuse weißlich und glänzend. Saugt Körperflüssigkeit von Vorderkiemern und Muscheln. Dabei sitzt die Art am Öffnungsrand und steckt den Rüssel in die Mantelhöhle. Nordsee bis westliche Ostsee.

Odostomia unidentata (Montagu) ist bis zu 5 mm lang, hat eine weißliche oder gräuliche, nahezu kegelförmige Schale mit einer flachen Kante am letzten Umgang. *Odostomia plicata* (Montagu) ist bis 4 mm lang, glatt, weiß, mit deutlicheren Umgängen. Lebt auf Röhren bauenden Borstenwürmern, u.a. auf dem Dreikantwurm. Nordsee bis Kattegat und Öresund.

Die *Bullomorpha* und *Aplysiomorpha* haben glatte Schalen, die oftmals zu klein sind, um alle Weichteile abzudecken.

Offene Blasenschnecke, Seenadel

Philine aperta (Linnaeus)

Das nahezu quadratische, bis zu 6 cm lange Tier ist extrem dünn, hat ein napfförmiges inneres Gehäuse, das ganz von den gelblich weißen Weichteilen überdeckt ist. Ernährt sich u.a. von kleinen Muscheln, die von drei zahnförmigen Platten zerkleinert werden. Ab wenigen Metern Tiefe, von Nordsee bis westliche Ostsee.

Retusa

Retusa obtusa (Montagu)

Länge bis 8 mm, Gehäuse weißlich. Weichteile weiß. Lebt auf gemischtem Substrat, ab der Niedrigwasserlinie, ernährt sich u.a. von Wattschnecken. Nordsee bis westliche Ostsee.

Zylinderschnecke

Cychlina cylindracea (Pennant)

Bis 1,2 cm lang, weiß oder bräunlich. Gehäuse schlank, überdeckt größtenteils die Weichteile. Lebt von Einzellern (Foraminiferen). Auf schlammigem Substrat, ab 10 m Tiefe. Nordsee bis Kattegat und nördliche Ostsee.

Odostomia

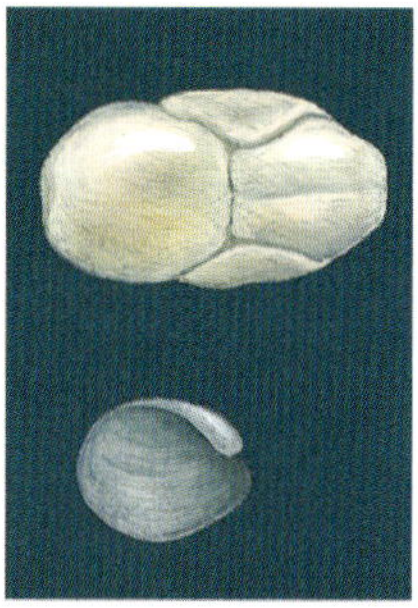

Offene Blasenschnecke mit Gehäuse

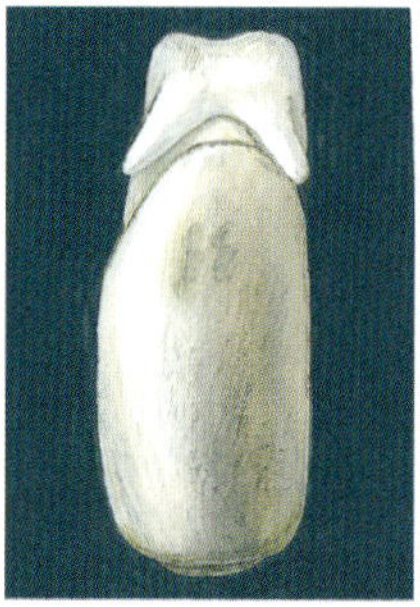

Retusa

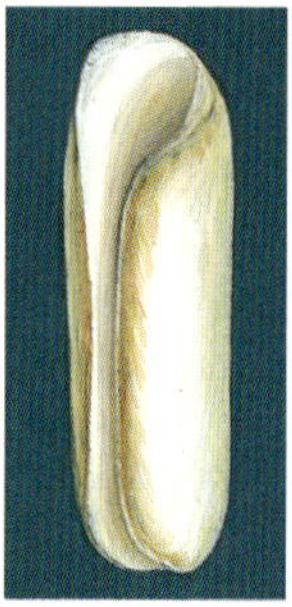

Gehäuse der Zylinderschnecke

Kugelschnecke
Akera bullata O.F. Müller

Gehäuse eiförmig, bis 1,5 cm lang, hellbraun. Die bis zu 6 cm lange Schnecke kann mit Hilfe von abgeflachten Mantelsäumen schwimmen. Ernährt sich von Algen. Ab der Niedrigwasserlinie. Nordsee bis mittlere Ostsee.

Kugelschnecke mit Gehäuse

Seehase

Seehase
Aplysia punctata Cuvier

Die bis zu 18 cm lange, abgeflachte, grünlich braune Schnecke hat ein sehr dünnes inneres Gehäuse und vier Kopftentakel. Bei Beunruhigung kann sie eine purpurrote Farbwolke ausstoßen. Ernährt sich von Meersalat und Blasentang. Ab wenigen Metern Tiefe, Nordsee bis Kattegat und nördlicher Öresund.

Grüne Samtschnecke

Alderia

Schlanke Limapontia

Die *Sacoglossa* sind Hinterkiemer ohne Schale. Sie ernähren sich von Algen.

Grüne Samtschnecke
Elysia viridis (Montagu)

Blattartig, bis 3 cm lang, oftmals dunkelgrün mit kleinen, leuchtenden Flecken. Farbgebung ist von Nahrung abhängig, die v.a. aus Zweifadenalgen besteht. Sie verdauen die Chloroplasten nicht, sondern nutzten deren Photosynthese-Endprodukte. Auf Algen und Seegras, ab der Niedrigwasserlinie. Nordsee bis mittlere Ostsee.

Alderia
Alderia modesta (Lovén)

Flach, bis 1 cm lang, mit kleinen grünen, gelben oder weißlichen Flecken. Ernährt sich von Algen. Ab der Niedrigwasserlinie. Lebt in geschützten Gebieten von Nordsee bis Ostsee.

Schlanke Limapontia
Limapontia capitata (O.F. Müller)

Bis 6 mm lang, dunkelbraun bis schwarz, ohne Anhänge. Lebt in geschützten Bereichen, ab der Niedrigwasserlinie. Nordsee und Ostsee bis um die Ålandinseln.

Nacktkiemer *(Nudibranchia)* besitzen kein Gehäuse. Sie sind auf besondere Nahrung spezialisiert, so dass jede Art nur eine oder wenige verwandte Beutetierarten fressen kann. Sie legen relativ große, gelatineartige, häufig spiralige Eimassen. Die drei folgenden Arten der *Dendronotacea* haben eine Reihe einfacher, verzweigter Auswüchse entlang der Seiten. Die Tentakel können eingezogen werden.

Große Tritonia

Tritonia hombergii Cuvier

Bis 18 cm lang, weiß, orange oder bräunlich mit dunkleren, bäumchenartig verzweigten Auswüchsen. Größte Hinterkiemerart. Ernährt sich von der Toten Mannshand (S. 56). Nordsee bis Kattegat und nördlicher Öresund.

Bäumchenschnecke

Dendronotus frondosus (Ascanius)

Bis 10 cm lang, bräunlich mit roten oder weißen Flecken und bäumchenartig verzweigten Auswüchsen. Ernährt sich von Röhrenpolypen. Nordsee bis westliche Ostsee.

Doto

Doto coronata (Gmelin)

Bis 1,5 cm lang, gelblich weiß mit purpurroten Streifen und Flecken und 5–8 Paar Auswüchsen. Ernährt sich u.a. von Glockenpolypen. Nordsee bis Kattegat und nördlicher Öresund.

Die *Doridaceae* gehören ebenfalls zu den Nacktkiemern *(Nudibranchia)*. Anstelle eines Gehäuses besitzen sie Kalknadeln und warzenartige Auswüchse auf dem Rücken. Die Tentakel können zusammengezogen, aber nicht eingezogen werden. In der Nähe der Afteröffnung sitzen oftmals federartige Auswüchse, die als Kiemen dienen.

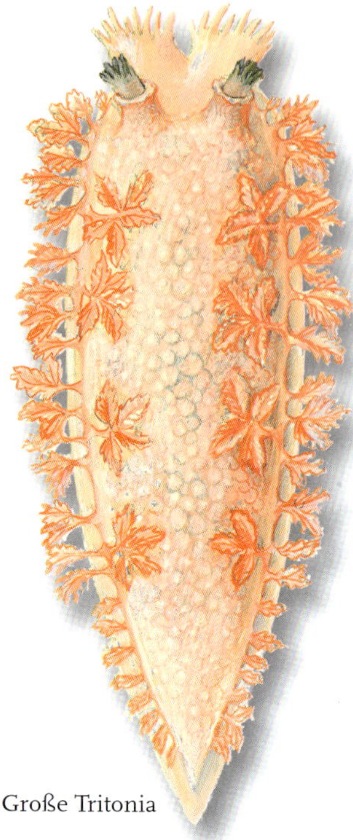

Große Tritonia

Bäumchenschnecke

Doto

Goniodoris
Goniodoris nodosa (Montagu)

Bis 2,5 cm lang, weißlich bis rosa mit kleinen weißen oder gelben Flecken, halb durchsichtig. Jungtiere fressen Moostiere, ältere Seescheiden. Ab wenigen Metern Tiefe, Nordsee bis Kattegat.

Goniodoris

Braune Doride
Onchidoris bilamellata (Linnaeus)

Bis 3 cm lang, weißbraun marmoriert. Kann ein ungenießbares Sekret ausscheiden. Ernährt sich von Seepocken. Ab wenigen Metern Tiefe, Nordsee bis Kattegat und nördlicher Öresund.

Braune Doride

Weiße Doride
Onchidoris muricata (O.F. Müller)

Bis 2 cm lang, hellgelb. Ernährt sich von Moostieren, v.a. von Seerinden. Nordsee bis westliche Ostsee.

Weiße Doride

Weichwarzige Sternschnecke
Acanthodoris pilosa (O.F. Müller)

Bis 4 cm lang, weißlich, grau oder braun. Rücken mit federartigen Auswüchsen. Ernährt sich von Moostieren. Nordsee bis westliche Ostsee.

Weichwarzige Sternschnecke

Warzige Sternschnecke
Archidoris pseudoargus (Rapp)

Bis zu 10 cm lang, Oberfläche knotig mit unregelmäßig angeordneten weißen, gelben, grünen, braunen oder roten Flecken. Kiemen fransenförmig. Ernährt sich v.a. von Brotschwämmen. Nordsee bis westliche Ostsee.

Warzige Sternschnecke

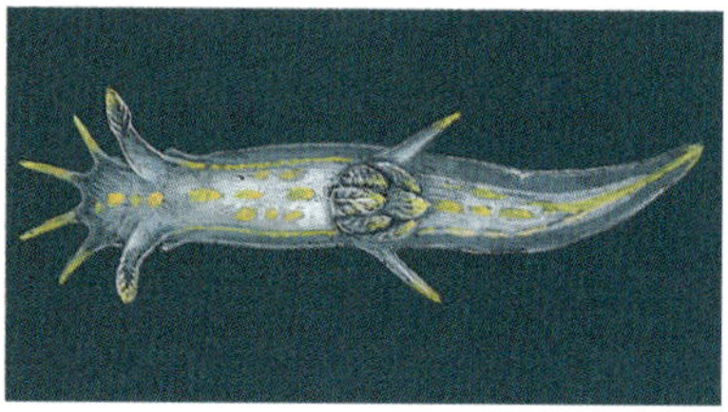

Gestreifte Nacktschnecke

Gestreifte Nacktschnecke

Polycera quadrilineata (O.F. Müller)

Bis 3,5 cm lang, weiß mit gelben oder orangefarbenen, häufig auch schwarzen Streifen. Hat ein Paar lange Kiemenanhänge sowie ein weiteres Paar am Vorderkörper. Ernährt sich von Moostieren, v.a. von Seerinden. Nordsee bis westliche Ostsee.

Die Fadenschnecken *(Aeolidacea)* gehören zu den Nacktkiemern *(Nudibranchia)*. Sie haben eine Vielzahl fingerartiger Anhänge auf dem Rücken sowie ein oder zwei Tentakelpaare. Nesselzellen von gefressenen Nesseltieren werden von den Spitzen der Körperanhänge ausgeschieden oder in ihnen für spätere Verteidigungen der Schnecken gespeichert.

Rotrückige Fadenschnecke

Coryphella verrucosa (M. Sars)

Bis 3 cm lang, Körper mit zwei Tentakelpaaren sowie ziegelroten Anhängen mit weißen Spitzen und weißem Rückenstreif. Die Rotrückige Fadenschnecke ernährt sich hauptsächlich von Röhrenpolypen. Nordsee bis Kattegat und nördlicher Öresund.

Facelina, *Faceline bostoniensis* (Couthouy), ähnelt in Lebensweise und Verbreitung der Rotrückigen Fadenschnecke. Unterscheidet sich durch das hintere, halbkreisförmige Tentakelpaar (Riechtentakel).

Eremit-Fadenschnecke

Cuthona nana (Alder & Hancock)

Länge bis 2,5 cm, Körper weißlich gelb bis hellrot mit hell bräunlich roten Anhängen. Lebt auf von Einsiedlerkrebsen bewohnten Schneckenhäusern und ernährt sich von Stachelpolypen. Nordsee bis Kattegat und nördlicher Öresund.

Brackwasser-Fadenschnecke

Tenellia adspersa (Nordmann)

Länge bis 8 mm, Körper gelblich braun mit kleineren dunklen Flecken und spatelförmigem Vorderende. Lebt in Brackwassergebieten von Nordsee bis zu den Ålandinseln und ernährt sich von Glockenpolypen.

Tergipes

Tergipes tergipes (Forskål)

Länge bis 8 mm, Tentakel farblos, besitzt weniger Körperanhänge als *Tenellia adspersa*. Frisst Glockenpolypen. Nordsee bis westliche Ostsee.

Gewöhnliche Fadenschnecke

Eubranchus exiguus (Alder & Hancock)

Bis 1,2 cm lang, beige mit kleinen braunen und grünen Flecken und weißen Tentakel mit dunklem Ring. Lebt häufig in der Nähe von *Tergipes tergipes* und ernährt sich u.a. von Glockenpolypen. Nordsee bis westliche Ostsee.

Breitwarzige Fadenschnecke

Aeolidia papillosa (Linnaeus)

Bis 12 cm lang, grau bis bräunlich mit kleinen braunen oder violetten Flecken und einer V-förmigen weißen Zeichnung am Vorderkörper. Besitzt viele Körperanhänge seitlich des kahlen Rückenstreifens. Ab der Niedrigwasserlinie, Nordsee bis westliche Ostsee.

Rotrückige Faden-schnecke

Brackwasser-Faden-schnecke

Eremit-Faden-schnecke

Gewöhnliche Fadenschnecke

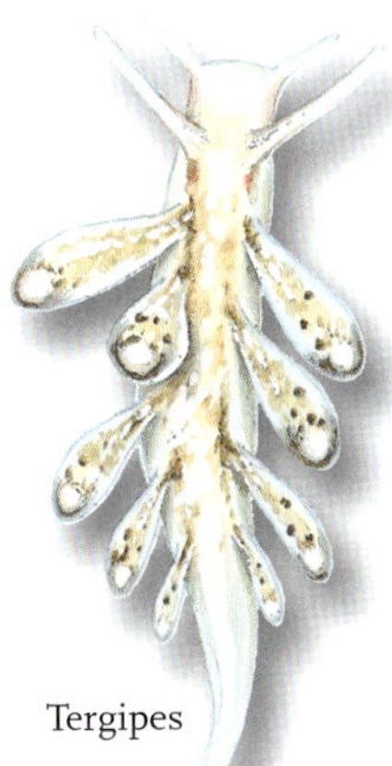

Tergipes

Breitwarzige Fadenschnecke

Muscheln *Bivalvia*

Muscheln besitzen eine zweigeteilte Kalkschale zum Schutz der weichen Körperteile des Tieres. Die beiden Schalenhälften sind durch ein elastisches Band (Ligament) an den ältesten Teilen (Wirbeln) der Schalenhälften miteinander verbunden. Die Schalen werden auch von starken Muskeln (Adduktoren) im Schaleninneren zusammengehalten. Ihre Ansatzstellen sind auf der Schaleninnenseite oft deutlich zu erkennen. Betrachtet man eine Muschel mit den Wirbeln nach oben und Ligament zwischen Betrachter und Wirbeln, so wird die rechte Hälfte als rechte Schale und die linke Hälfte als linke Schale definiert. Die Schalenhälften werden von dem Mantel der Muschel gebildet.

An der Kante befindet sich oftmals eine hornartige Schicht (Periostrakum) und darunter zwei kalkartige Schichten, von denen die eine Perlen bilden kann. Perlen werden gebildet, indem Sandkörner, Parasiten oder andere Fremdkörper in der Muschel eingeschlossen werden. Gelegentlich findet man Perlen in einheimischen Muscheln, diese werden aber nie so groß, rund und glänzend wie die Perlen aus tropischen Gewässern. Die Muschelschalen können mit Radialstrukturen oder mit konzentrischen Ringstrukturen skulpturiert sein.

Die Ein- und Ausströmkanäle (Siphonen) sind nach hinten gerichtet. Die Arten bewohnen sandiges oder schlammiges Substrat, in das sie sich mit Hilfe des nach vorne gerichteten Fußes eingraben können. Sie haben Kiemen, besitzen jedoch keine Raspelzunge. Die Kiemen werden sowohl zur Sauerstoffversorgung als auch (mit Ausnahme von Nussmuscheln und Schnabelmuscheln) zur Ernährung benutzt. Die bei weitem meisten Arten leben von mikroskopisch kleinen Algen, die von den Kiemen aus dem Wasser gefiltert werden. Im Magen befindet sich ein geleeartiger Stab, der Verdauungsenzyme enthält. Die meisten Arten leben getrenntgeschlechtig, befruchten sich im Freiwasser und haben pelagisch lebende Larven.

Venusmuschel: Innenansicht der rechten Schalenhälfte, oben der Wirbel mit den darunter ansitzenden Schlosszähnchen, die Mantellinie mit der nach rechts geöffneten Mantelbucht und zwei gleich aussehende Schließmuskelabdrücke

Nussmuscheln *(Nuculidae)* und Schnabelmuscheln *(Nuculaniade)* haben zwei gleiche Schalen, die innen mit Perlmutt ausgekleidet sind. Das Schloss besteht aus vielen kleinen Zähnchen auf beiden Seiten des Wirbels. Die beiden Markierungen des Schließmuskelansatzes sind gleich. Die kleinen, federförmigen Kiemen werden zur Sauerstoffaufnahme benutzt. Der zugespitzte Fuß kann sich biegen, so dass er als gute Verankerung und Grabwerkzeug dient. Die eingegrabenen Muscheln leben von organischen Partikeln, die mit Hilfe der Mundlappentaster aufgenommen werden.

Glänzende Nussmuschel
Nucula nitidosa Winckworth

Bis 1,2 cm lang, hellbraun bis grüngelb, glänzend, nahezu dreieckig geformt. Die Unterkante der Muschel ist gerillt. Lebt in gemischtem Sandsubstrat, ab 5 m Tiefe. Nordsee bis Kattegat und nördlicher Öresund.

Glänzende Nussmuschel

Große Nussmuschel
Nucula nucleus (Linnaeus)

Bis 1,5 cm lang, graugrün bis braungrün, Schale matt oder schwach glänzend. Innere Unterkante gerillt. In grobsandigem Substrat, ab 20 m Tiefe. Nordsee bis nördliche Dänische Belte und Öresund.

Große Nussmuschel

Dünnschalige Nussmuschel
Nuculoma tenuis (Montagu)

Bis zu 1 cm lang, grüngelb, Schalen flacher, dünner und glänzender als bei Glänzender Nussmuschel. Innere Unterkante glatt. Lebt in schlammigem Substrat, ab 10 m Tiefe. Nordsee bis nördliche Dänische Belte und Öresund.

Dünnschalige Nussmuschel

Große Schnabelmuschel
Nuculana pernula (O.F. Müller)

Länge bis 3,5 cm, grüngelbe bis graubraune glänzende Schale, mit schnabelartig verlängertem Hinterende und feinen konzentrischen Rillen. Die Muschel lebt in gemischtschlammigem Substrat, ab 20 m Tiefe. Nordsee bis westliche Ostsee.
Kleine Schnabelmuscheln, *Nuculana minuta* (O.F. Müller), sind bis 1,8 cm lang, ähnlich *N. pernula*, jedoch kürzer und dicker, matter und stärker gerillt. Ab 20 m Tiefe, Nordsee bis Kattegat und nördlicher Öresund.

Große Schnabelmuschel

Die Miesmuscheln *(Mytilidae)* haben nach vorne hin zugespitzte Schalen. Sowohl Schloss als auch vorderer Schließmuschel und die Atemröhre fehlen. Fadenförmige Kiemen, schlanker Fuß. Die meisten Arten können sich mit Hilfe von Byssusfäden, einem klebrigen Sekret, das zu hornartigen Fäden erstarrt, am Substrat festhalten.

Gemeine Miesmuschel

Mytilus edulis Linnaeus

Länge bis 10 cm, Schale blauschwarz, glatt und mit Zuwachslinien, Wirbel an dem zugespitzten Vorderende. Hinterende gerundet. Schale glänzt auf der Innenseite perlmuttartig. Braunvioletter, zungenförmiger Fuß, mit gut entwickelter Byssusdrüse. Mit Hilfe des Fußes kann sich die Gemeine Miesmuschel langsam fortbewegen. Sie sitzt gerne in großen Gruppen zusammen auf Pfählen oder Steinen. Miesmuscheln vertragen größere Schwankungen des Salzgehaltes und der Temperatur und können große Miesmuschelbänke bilden. An Klippenküsten kann so eine blauschwarze Zone unterhalb des Seepockengürtels entstehen. Miesmuscheln sind gute Speisemuscheln. Die Muscheln können als Filtrierer kleine Sinkstoffe, Algen, Bakterien und Viren aufnehmen. Daher sind Muscheln, die in der Nähe von Abwassereinleitungen oder Massenvorkommen giftiger Algen leben, häufig mit Giftstoffen belastet sein und sind daher nicht zum Essen geeignet. In der Ostsee werden sie nur ein paar Zentimeter lang und sind dünnschaliger. Dort leben sie ab einer Tiefe von 5 m bis hinab zu 50 m. In Gebieten mit höherem Salzgehalt kommt die Miesmuschel ab der Gezeitenzone bis in 10 m Tiefe vor. Nordsee bis zu den Ålandinseln.

Gemeine Miesmuschel

PARASIT:

Parasitischer Miesmuschelkrebs

Mytilicola intestinalis Steuer

Bis 1 cm langes, schlankes rötliches Krebstierchen, das im Darmtrakt der Miesmuschel lebt. Der Befall mit Miesmuschelkrebschen kann ein verringertes Wachstum, Schwächung und eventuell den Tod der Muschel mit sich führen. Der Parasit stammt ursprünglich aus dem Mittelmeer und hat sich in den 60er Jahren über England nach Westeuropa ausgebreitet. Die Art ist für den Menschen ungefährlich.

Parasitischer Miesmuschelkrebs

Pferdemuschel

Dicke Miesmuschel

Grüne Bohnenmuschel

Pferdemuschel, Große Miesmuschel

Modiolus modiolus (Linnaeus)

Bis zu 20 cm lang, dunkelbraun bis schwarz. Abgenutzte Schalenstücke können violett sein. Im Gegensatz zur Miesmuschel sitzt der Wirbel nicht an der Spitze, sondern kurz davor. Lebt auf steinigem oder schlammigem Substrat, wo sie große Kolonien bilden kann. Ab wenigen Metern Tiefe, Nordsee bis nördliche Dänische Belte und Öresund.

Dicke Miesmuschel

Modiolarca tumida (Hanley)

Bis 1,8 cm lang, stark rundlich, grünlich mit roten zickzackförmigen Flecken und perlmuttglänzender Schaleninnenseite. Lebt in Seegrasgebieten. Kann an Pflanzen oder Kalkschalen festgeheftet sein, wird aber auch in den Körpern von Seescheiden gefunden. Ab der Niedrigwasserlinie, von Nordsee bis westliche Ostsee.

Gewölbte Feilenmuschel

Grüne Bohnenmuschel

Musculus discors (Linnaeus)

Länge bis 2 cm, Schale oval, grünlich, mit Wirbel nahe des Vorderendes. Das radial geriffelte Hinterende ist durch eine Kante von der glatten Mittelpartie getrennt. Betreibt eine Art Brutpflege, indem sie die Eier in ein Nest aus Byssusfäden legt. Lebt auf Steinen und Algen, ab der Niedrigwasserlinie. Nordsee bis westliche Ostsee.

Schwarze Bohnenmuscheln, *Musculus niger* (Gray), sind bis 5 cm lang, braungrün bis dunkelbraun oder schwarz, Innenseite leuchtend purpurfarben. Verbreitungsgebiet und Lebensweise wie bei der Grünen Bohnenmuschel, besitzen jedoch keine o.g. Kante. Leben auf gemischtschlammigem Substrat, ab 15 m Tiefe.

Die Feilenmuscheln *(Limidae)* haben dünne Schalen mit flachen Auswüchsen am Wirbel, den Schalenohren. Oberseite stark geriffelt, Schloss ohne Zähne. Feilenmuscheln besitzen keine Atemröhre. Wenn die Schale leicht geöffnet ist, gucken am Rand eine Vielzahl Tentakel hervor.

Gewölbte Feilenmuschel

Limaria loscombi Sowerby

Länge bis 2 cm, Schalen stark gewölbt, eiförmig, weiß, sehr dünn, nahezu durchsichtig mit schiefem Schlossrand und Radialstreifen. Kann kammmuschelähnlich schwimmen, indem sie die Schalenhälften schnell öffnet und schließt. Kann ein übel schmeckendes schleimiges Sekret aussondern. Nordsee bis Kattegat und nördlicher Öresund, ab 15 m Tiefe.

Austern *(Ostreidae)* besitzen dicke, blattartige, konzentrisch geschichtete Schalen ohne Schloss. Die obere Schalenhälfte ist glatt, die untere gewölbt. Austern haben kein Atemrohr, keinen Fuß und nur einen Schließmuskel. Sie sind Zwitter, zuerst männlich und in Abhängigkeit von Temperatur und Nahrungszugang können sie sich später in Weibchen umwandeln. Nach dem pelagischen Stadium setzen sich die Larven an Steinen und Muschelschalen fest.

Europäische Auster

Europäische Auster

Ostrea edulis Linnaeus

Die graubraunen, unregelmäßigen, nahezu kreisförmigen Schalen sind bis 15 cm breit und haben einen gelblichen Schließmuskelansatz. Die erste Larvenentwicklung findet zwischen den Kiemen der Weibchen statt. Die entwickelten Larven setzen sich an Pfählen, Steinen oder Muschelschalen fest. Da Austern in unseren Gewässern normalerweise nicht geschlechtsreif werden, werden Larven importiert und ausgesetzt. Sie können bei der Miesmuschelfischerei als Beifang dienen. Es gibt aber auch kleinere, natürliche Populationen. Ab der Niedrigwasserlinie, von Nordsee bis Skagerrak.

Austern sind früher häufiger gewesen, und man kann noch heute Schalen von ausgestorbenen Populationen finden. Die Schalen können als kalkreiche Beigabe für Hühnerfutter genutzt werden. Bei Ausgrabungen steinzeitlicher Kochstellen hat man festgestellt, dass Austern eine verbreitete Nahrungsquelle waren.

Pazifische Auster

Crassostrea gigas (Thunberg)

Schale bis zu 20 cm lang, oval bis länglich, stark skulpturiert, bräunlich, mit violetter Schließmuskelmarkierung. Die Art stammt aus Japan und ist in Europa eingebürgert, wo sie erfolg-

Pazifische Auster

reich überlebt. Sie kann sich jedoch nicht ohne Hilfe fortpflanzen, wird aber in Netzkäfigen an verschiedenen Orten mit wechselndem Erfolg gezüchtet. Entwichene Exemplare werden regelmäßig an unseren Küsten gefunden.

PARASITEN:
Parasitische Austernkrebse, *Mytilicola orientalis* Mori und *Mytilicola ostreae* Hoshina & Siguira, sind bis 1,5 cm lang. Die beiden schlanken, orangeroten Krebstierarten leben in Pazifischen Austern. Im Aussehen ähneln sie dem Miesmuschelparasiten *Mytilicola intestinalis. M. orientalis* lebt im Darm der Auster und kann größere Schäden anrichten. *M. ostreae* lebt auf den Kiemen oder in der Mantelhöhle. Beide Parasiten sind an die französische Atlantikküste eingeschleppt worden und werden in aus Frankreich importierten Pazifischen Austern gefunden. Sie können auch in Europäischen Austern leben, aber nicht in unseren Breiten. Für Menschen unschädlich.

Kleine Sattelmuschel

Zwiebel- oder Sattelmuscheln *(Anomiidae)* sind festsitzende Muscheln mit nahezu kreisförmigen Schalen, die der häufig steinigen Unterlage angepasst sind. Die obere Schalenhälfte ist gewölbt, die untere glatt, dünn und durchscheinend, mit einem Loch, durch das die Muschel von den verdickten Byssusfäden festgehalten wird. Zwiebelmuscheln besitzen einen kleinen Fuß, eine Atemröhre fehlt.

Kleine Sattelmuschel
Heteranomia squamula (Linnaeus)

Durchmesser bis 1,2 cm, gräulich, teilweise durchsichtig, obere Schalenhälfte mit feinen konzentrischen Ringen. Der Wirbel sitzt außen an der Schalenkante. Die untere Kante hat ein kleines ovales Loch für die Byssusfäden. Ab der Niedrigwasserlinie, Nordsee bis Dänische Belte und nördlicher Öresund.
Große Sattelmuschel, *Podedesmus patelliformes* (Linnaeus), ähnelt der Kleinen Sattelmuschel. Durchmesser jedoch bis zu 3,4 cm, obere Schalenhälfte weißlich bis gelblich braun, mit radialer und konzentrischer Struktur. Der Wirbel sitzt nicht am Rand der Schale. Die untere Schale hat ein kleines, dreieckiges Loch für die Byssusfäden. Nordsee bis Kattegat und nördlicher Öresund, ab wenigen Metern Tiefe.

Große Kammmuschel

Kleine Pilgermuschel

Kammmuscheln *(Pectinidae)* haben relativ flache, fast kreisrunde Schalen mit flachen Auswüchsen, den Schalenohren, auf beiden Seiten des Wirbels, sowie Radialrippen. Die Schalen sind rötlich, bräunlich oder gelblich, oftmals gefleckt. Am Muschelrand sitzen eine Reihe silbrig glänzender Augen zwischen den vielen Tentakeln. Kammmuscheln besitzen keine Atemröhre und nur einen kleinen Fuß. Zumeist liegen sie auf dem Meeresboden, einige Arten sitzen auch mit Byssusfäden festgekettet. Wenn Kammmuscheln von einem Seestern oder einer Wellhornschnecke berührt werden, können sie wegschwimmen. Beim Schwimmen ähneln sie klappernden Gebissen, in die beim Öffnen Wasser gesogen wird, was dann beim Schließen wieder ausgestoßen wird. Kammmuscheln schwimmen mit dem Schloss nach hinten. Die großen Arten werden zum Essen gefangen. Man kann sowohl den Schließmuskel als auch die orangefarbenen Geschlechtsorgane essen.

Kleine Pilgermuschel, Reisemantel

Aequipecten opercularis (Linnaeus)

Durchmesser bis 8 cm, Schale rau, mit ca. 20 deutlichen Radialrippen und gleichen Schalenohren. Lebt auf gemischtschlammigem Substrat, ab 15 m Tiefe. Nordsee bis Kattegat und nördlicher Öresund.

Große Kammmuschel
Pecten maximus (Linnaeus)

Durchmesser 16 cm, Schale mit ca. 16 Falten, die aus je 6–8 feinen, abgerundeten Rippchen bestehen. Sie besitzt zwei gleiche Schalenohren. Die untere Schalenhälfte ist leicht gewölbt, die obere ist platt, befindet sich zumeist auf gleicher Höhe wie der Boden und ist leicht mit Substrat bedeckt. Ab 20 m Tiefe, Nordsee, Skagerrak und nördliches Kattegat.

Die rötliche, napfähnliche rechte Schalenhälfte der **Jakobs-Pilgermuschel** oder **Jakobsmuschel,** *Pecten jacobaeus* Linnaeus, ist bis zu 12 cm breit, hat etwa 16 breite Radialfalten, die aus je vier feinen, kantigen Rippen bestehen. Jakobs-Pilgermuscheln leben im Mittelmeergebiet. Seit dem Mittelalter gilt die Jakobs-Pilgermuschel als Zeichen der Pilger und wurde auf ihren Kleidern getragen, wenn sie zum Grabe des Apostels Jakob nach Santiago de Compostela in Spanien pilgerten.

Rippen-Kammmuschel

Bunte Kammmuschel

Rippen-Kammmuschel
Pseudamussium [Chlamys] septemradiatum (O.F. Müller)

Durchmesser bis 5 cm, Schale recht dünn, mit leicht verschieden geformten Schalenohren und sieben breiten Radialfalten. Rippen-Kammmuschel leben auf schlammigem Substrat, ab 20 m Tiefe. Nordsee bis Kattegat und nördlicher Öresund.

Bunte Kammmuschel
Chlamys varia (Linnaeus)

Durchmesser bis 7 cm, grauviolett oder rot-weiß gefleckt, Schalenhälften nahezu gleich geformt, Schalenohren verschieden. Bis zu 40 Radialrippen mit breiten Schuppen und Dornen. Ab der Niedrigwasserlinie, Nordsee bis Kattegat.

Astartemuscheln *(Astartidae)* besitzen dicke Schalen mit deutlichem Periostrakum. Sie haben kräftige Zähnchen und ein gut entwickeltes Ligament. Die Mantelbucht fehlt.

Nördliche Astarte

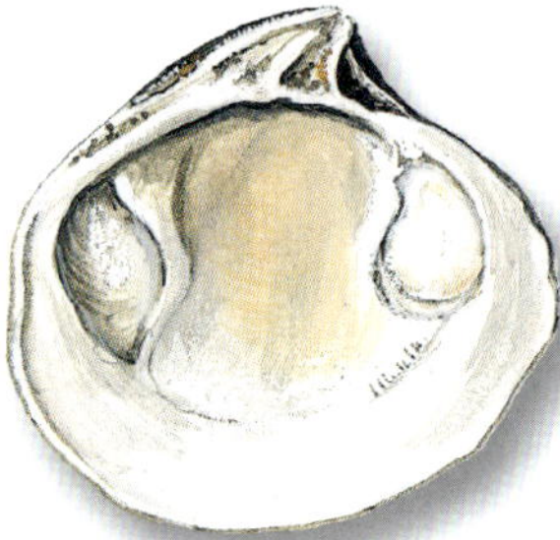

Nördliche Astarte

Tridonta [Astarte] borealis Schumacher

Schalen bis 4,5 cm lang, nahezu oval mit dunkelbraunem Periostrakum, feiner konzentrischer Schalenskulptur und einem deutlichen äußeren Ligament. Lebt in schlammigen Weichböden, ab 10 m Tiefe. Umfasst eventuell mehrere verschiedene Arten. Lebt in der nördlichen Nordsee, außerdem ab den Dänischen Belten und Öresund bis in die Ostsee um Bornholm.

Elliptische Astarte

Elliptische Astarte

Tridonta [Astarte] elliptica (Brown)

Bis zu 3 cm, Schalen länglich mit braunem Periostrakum und grober konzentrischer Skulptur, dünnen Kanten und glattem inneren Rand. Wirbel etwas vor der Mitte. Lebt in gemischten Schlamm-, Sand- und Kiesböden, ab 10 m Tiefe. Verbreitung wie Nordische Astarte.

Montagu-Astarte

Montagu-Astarte

Tridonta [Astarte] montagui (Dillwyn)

Schalen abgerundet dreieckig, bis zu 1,8 cm lang mit feinen, dicklichen, konzentrischen Ringen und schwarzbraunem bis rostfarbenem Periostrakum und deutlicher Auswölbung vor dem Wirbel. Lebt in gemischten Schlamm-, Sand- und Kiesböden, ab wenigen Metern Tiefe. Nordsee bis westliche Ostsee.

Die Mondmuscheln *(Lucinidae)* besitzen keine Mantelbucht und haben nahezu kreisrunde Schalen. Der vordere Schließmuskelabdruck ist schmal und deutlich länglich.

Nordische Mondmuschel

Lucinoma borealis (Linnaeus)

Länge bis 4 cm, Schale grau, dick, rundlich mit ringartiger Struktur. Sind leicht an dem langen Schließmuskelabdruck zu erkennen. Leben tief eingegraben in sandigem oder kiesigem Substrat, ab wenigen Metern Tiefe. Nordsee bis südliches Kattegat.

Nordische Mondmuschel

Zu den Islandmuscheln *(Arcticidae)* gehört nur eine Art, die Islandmuschel.

Islandmuschel

Arctica [Cyprina] islandica (Linnaeus)

Schalen bis 12 cm breit, dick, nahezu rund mit feiner konzentrischer Skulptur und kräftigem äußeren Ligament. Keine Mantelbucht. Junge Individuen sind hellbraun, ältere dunkelbraun mit schwarzem Periostrakum. Die weißlich graue Muschel hat kurze Siphonen und einen ausgeprägten Fuß. Lebt in schlammigem Substrat, ab 10 m Tiefe. Nordsee bis Ostsee um Bornholm. Kann gegessen werden, wird in Europa jedoch nicht kommerziell gefischt. Ein Schnurwurm, der „Muschelegel" ist häufig an den Kiemen der Tiere zu beobachten.

Gewöhnliche Faltenmuschel

Faltenmuscheln *(Thyasiridae)* haben dünne Schalen, die vom Wirbel aus nach hinten zwei Falten aufweisen, wodurch die Schale gewölbt erscheint. Sie haben keine Schlosszähnchen und keine Mantelbucht und ernähren sich von Bakterien.

Gewöhnliche Faltenmuschel

Thyasira flexuosa (Montagu)

Schale bis 1,2 cm breit, weißlich, dünn und halb durchsichtig. Lebt oft tief im gemischtschlammigen Substrat vergraben, ab 10 m Tiefe. Nordsee bis Kattegatt und nördlicher Öresund.
Sars-Faltenmuscheln, *Thyasira sarsii* (Philippi), sind bis 2 cm lang, fast kreisförmig und stärker milchweiß als *T. flexuosa*. Leben in gemischtschlammigem Substrat, ab 20 m Tiefe. Nördliche Nordsee, Skagerrak, nördliches und östliches Kattegat und nördlicher Öresund.

Islandmuschel

Herzmuscheln *(Cardiidae)* haben gleiche Schalen mit Radialstruktur und einem elastischen Ligament. Von der Seite betrachtet sind sie herzförmig. Die Schalen haben keine Mantelbucht, die kurzen Siphonen sind teilweise zusammengewachsen. Herzmuscheln können längere Strecken mit Hilfe des Grabfußes zurücklegen.

Gemeine oder **Essbare Herzmuschel**

Cerastoderma edule (Linnaeus)

Schale bis 5 cm lang, weißlich bis gelblich, oval und gewölbt mit ausgeprägten, flachen Radialrippen. Das äußere Ligament ist viermal so lang wie breit. Herzmuscheln leben im sandigen Boden vergraben und können bei Niedrigwasser trockenfallen. Die Öffnungen der beiden Siphonen liegen dicht beieinander an der Oberfläche des Bodens. Die Einströmöffnungen haben lichtempfindliche Augenflecken, so dass bei Erscheinen eines Schattens die Siphonen sofort eingezogen werden können. Die Muschel kann durch Sprünge fliehen und sich schnell eingraben. Braucht einen hohen Salzgehalt und kommt von der Nordsee bis zur westlichen Ostsee vor.

Herzmuscheln werden in England und Frankreich gegessen. Bei Ausgrabungen alter Kochstellen hat man Herzmuschelschalen gefunden. Sie werden heute kommerziell Hühnerfutter beigesetzt.

Lagunen-Herzmuschel

Cerastoderma lamarckii (Reeve)
(Es steht nicht fest, ob *C. glaucum* (Poiret) ein Synonym für diese Art oder eine eigene Art ist.)

Länge bis 5 cm. Im Sandboden vergrabene Individuen haben weißliche Schalen. Kleine Individuen haben braune Schalen und klettern mit Hilfe von Byssusfäden und ihren Füßen in den Algen. Sehr ähnlich der Gemeinen Herzmuschel, aber Schalenhälften schiefer und mehr gewölbt, äußeres Ligament doppelt so lang wie breit. Lebt im Brackwasser, verträgt jedoch auch höhere Salzgehalte und kann zusammen mit der Gemeinen Herzmuschel angetroffen werden. Nordsee bis Ostsee bei den Ålandinseln.

Gemeine Herzmuschel

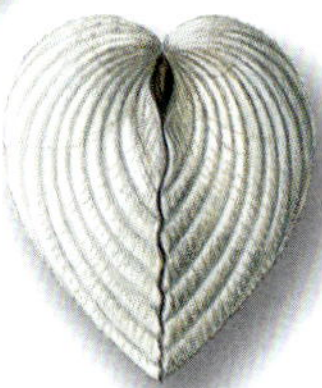

Lagunen-Herzmuschel

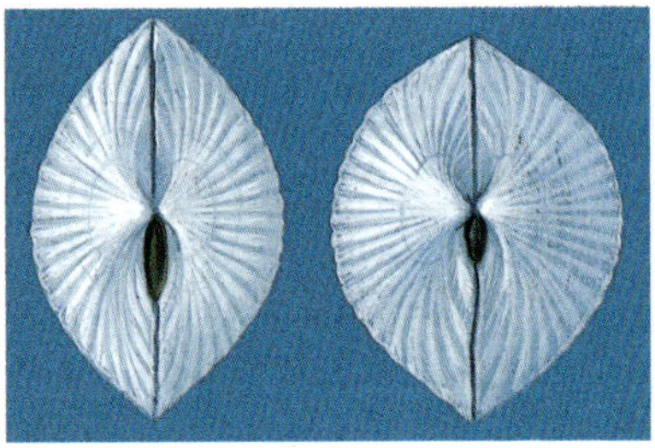

Gemeine Herzmuschel (l.) und Lagunenherzmuschel (r.), vom Wirbel aus betrachtet

Dünnschalige Herzmuschel

Norwegische Herzmuschel

Kleine Herzmuschel

Norwegische Herzmuschel

Laevicardium crassum (Gmelin)

Länge bis 7 cm, Schale gelbbraun bis rötlich gelb, dreieckig-oval, dick, nahezu glatt mit feinen Radialstreifen. Der Innenrand der Schale hat kleine Knötchen. Lebt in grobem Sand oder Schalenkies, ab 10 m Tiefe. Nordsee bis nördliches Kattegat.

Dreieckige Herzmuschel

Stachelige Herzmuschel

Dünnschalige Herzmuschel

Parvicardium hauniense (Petersen & Russel)

Länge bis 8 mm, Schale dünn, halb durchscheinend, fast ganz glatt mit glatten Radialrippen. Klettert mit Hilfe des Fußes und Byssus, z.B. auf Seegras und Blasentang. Lebt im Brackwasser und verträgt keine höheren Salzgehaltschwankungen. Ab der Niedrigwasserlinie, südliche Dänische Belte und Öresund bis zu den Ålandinseln.

Kleine Herzmuschel

Parvicardium ovale (Sowerby)

Bis 1,5 cm lang, Schale bräunlich weiß mit bis zu 25 breiten, flachen, nahezu zusammengehenden Rippen. Äußere Rippen mit kleinen Dornen. Kleine Herzmuscheln leben in gemischtsandigem Boden, ab wenigen Metern Tiefe. Nordsee bis westliche Ostsee.

Dreieckige Herzmuschel

Parvicardium exiguum (Gmelin)

Schale bis 2 cm lang, schief, dreieckig mit 22 rotbraunen Rippen und kleinen Knötchen. Lebt in sandigem Mischboden, gerne in der Nähe von Süßwasserausläufen, ab wenigen Metern Tiefe. Nordsee bis Kattegat.

Stachelige Herzmuschel

Acanthocardia echinata (Linnaeus)

Länge bis 7 cm. Schale stark gewölbt, braunweiß gestreift, mit breiten Zwischenräumen zwischen den gekielten, stacheligen Rippen. Lebt in schlammigem Substrat vergraben. Wird von Seesternen und Wellhornschnecken gefressen. Kann sich durch Sprünge, die sie mit dem etwa 10 cm langen, roten, gewinkelten Fuß ausführt, vor diesen retten. Ab 15 m Tiefe, von Nordsee bis Kattegat und nördlicher Öresund.

Venusmuscheln *(Veneridae)* besitzen gleiche Schalen mit einem deutlichen Schloss, einem äußeren Ligament und einer Mantelbucht. Venusmuscheln haben einen ausgeprägten Fuß und ansatzweise zusammengewachsene Siphonen. Besonders im Mittelmeerraum werden viele Venusmuschelarten gegessen.

Gebänderte Venusmuschel

Clausinella [Venus] fasciata (da Costa)

Bis 2,5 cm lang, weißlich mit rotgelben Streifen. Schalenhälften dick, flach mit kräftigen, breiten konzentrischen Falten. Lebt in Schalenkies, ab wenigen Metern Tiefe. Nordsee bis Kattegat.

Ovale Venusmuschel

Timoclea [Venus] ovata (Pennant)

Schale bis 2 cm lang, schmutzig-weiß, recht dünn mit feinen radialen und konzentrischen Rippen. Kann einer Herzmuschel ähneln, ist aber durch die konzentrische Skulptur zu unterscheiden. Lebt in sandigem und kiesigem Mischsubstrat, ab 10 m Tiefe. Nordsee bis Kattegat.

Venusmuschel

Chamelea [Venus] striatula (da Costa)

Schale bis 3 cm lang, gräulich weiß mit rotbraunen radialen Zickzackstreifen, dick, rundlich bis dreieckig mit charakteristischer Einbuchtung vor dem Wirbel und vielen konzentrischen Furchen. Unterscheidet sich von den *Astarte*-Arten durch die Mantelbucht. Langsam wachsende Art, die häufig mit Trogmuscheln in sandigem Substrat vergesellschaftet ist. Ab wenigen Metern Tiefe, von Nordsee bis Kattegat und Öresund.

Teppichmuschel

Venerupis pullastra (Montagu)

Bis 6 cm, länglich oval, gelblich bis hellbraun mit rotbraunem radialen Zickzackmuster und sowohl konzentrischen als auch radialen Rippen, die ein feines Gittermuster bilden. Drei kräftige Schlosszähne am Wirbel und eine tiefe Mantelbucht. Lebt tief im Sand-Mischboden vergraben. Ab wenigen Metern Meerestiefe, Nordsee bis Kattegat.

Goldene Teppichmuschel

Venerupis aurea (Gmelin)

Bis 4 cm, oval, gelblich, oft mit rotbraunem Zickzackmuster oder Flecken. Feine konzentrische Skulptur und drei kräftige Schlosszähne am Wirbel. Lebt in Kies oder schlammigem Mischsubstrat vergraben, ab wenigen Metern Tiefe. Nordsee und Skagerrak.

Kreuzmuster-Teppichmuschel

Tapes [Venerupis] decussatus (Linnaeus)

Bis 7 cm, grauweiß oder bräunlich, häufig mit dunklerem rötlichen Muster. Die längliche Schale hat eine Gitterstruktur, die von konzentrischen Furchen und bogenförmigen radialen Rillen gebildet wird. Drei kräftige Schlosszähne am Wirbel. Lebt in sandigem oder lehmigem Substrat, ab wenigen Metern Tiefe. Nordsee und Skagerrak.

Die Art ist früher während der Stein- und Bronzezeit weiter verbreitet gewesen als heute.

Ovale Venusmuschel

Gebänderte Venusmuschel

Venusmuschel, Schaleninnenseite ist auf S. 116 abgebildet

Teppichmuschel

Goldene Teppichmuschel

Kreuzmuster-Teppichmuschel

Artemismuschel

Artemismuschel, Schlichte Artemis

Dosinia exoleta (Linnaeus)

Bis 5,5 cm, Schale weißlich mit braunem Radialmuster, dick, mit feiner konzentrischer Skulptur und langer, spitzer Mantelbucht. Lebt in Schalenkies vergraben, ab 10 m Tiefe. Skagerrak und nördliches Kattegat.
Die **Glatte Artemis,** *Dosinia lincta* (Pulteney), ist bis 4 cm lang, hellgrau und ähnelt der o.g. Art, ihre Schale ist jedoch dünner, mehr gewölbt, weniger kreisförmig, seidig glänzend und mit feinen konzentrischen Streifen überzogen. Lebt in schlammigem Mischsubstrat, ab 10 m Tiefe. Nordsee bis Kattegat und nördlicher Öresund.

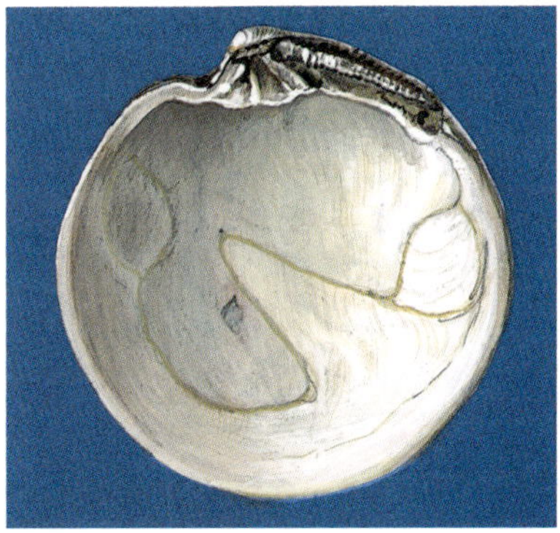

Mysia
Mysia undata (Pennant)

Bis 3,5 cm lang, Schale kreisförmig, dünn, weißlich mit unregelmäßiger konzentrischer Skulptur, zwei oder drei deutlichen Schlosszähnen, geschwungenem Mantelrand und tiefer, abgerundeter Mantelbucht. Die Siphonen sind nahezu ganz getrennt. Die Muschel lebt in Schlammböden, ab 10 m Tiefe. Nordsee bis Kattegat und nördlicher Öresund.

Trogmuscheln *(Mactridae)* sind gekennzeichnet durch gleiche Schalen mit großer Mantelbucht, ausgeprägten Schlosszähnen und einer dreieckigen Vertiefung unter dem Wirbel für das innere Ligament. Trogmuscheln haben einen großen gewinkelten Fuß und zusammengewachsene Siphonen.

Gedrungene Trogmuschel
Spisula subtruncata (da Costa)

Länge bis 3 cm, Schale weißlich, dünn, gewölbt, nahezu dreieckig mit dünnem bräunlichen Periostrakum. Wirbel etwas vorderseits der Mitte. Die Gedrungene Trogmuschel lebt in gemischtsandigem Substrat vergraben. Schnell wachsende Art, die gerne von Plattfischen gefressen wird. Gedrungene Trogmuscheln leben ab wenigen Metern Tiefe, gerne in Gesellschaft von Venusmuscheln. Nordsee bis Dänische Belte und nördlicher Öresund.

Feste Trogmuschel
Spisula solida (Linnaeus)

Bis 6 cm lang, Schale dick, weißlich gelb mit hellgrauem bis hellbraunem Periostrakum und Wirbel an der Schalenmitte. Lebt in sandigem Substrat, ab der Niedrigwasserlinie.

In der südlichen Nordsee wird diese Art kommerziell gefischt.

Mysia

Gedrungene Trogmuschel

Feste Trogmuschel

Elliptische Trogmuschel

Elliptische Trogmuschel
Spisula elliptica (Brown)

Bis 4 cm lang, weißlich mit braunem oder grünbraunem Periostrakum. Ähnelt der Festen Trogmuschel, Schale jedoch dünner und länglicher. Ab wenigen Metern Tiefe. Nordsee bis Kattegat und Öresund.

Bunte Trogmuschel

Bunte Trogmuschel

Mactra stultorum (Linnaeus)

Bis 6 cm lang, Schale dünn, dreieckig-oval, glatt mit rotgelben oder weißgelben Radialstreifen. Lebt in sandigem Substrat, ab wenigen Metern Tiefe. Nordsee bis nördlicher Kattegat.

Ottermuschel

Lutraria lutraria (Linnaeus)

Länge bis 12 cm, Schale länglich, oval, recht dick, weißgelb mit olivbraunem Periostrakum. Ähnlich Sandklaffmuschel, hat aber dreieckige Vertiefung unter dem Wirbel, eine Ligamentscheibe fehlt. Lebt in gemischtsandigem Substrat, ab wenigen Metern Tiefe. Nordsee, Skagerrak und nördliches Kattegat.

Ottermuschel

Die Stumpf- oder Dreiecksmuscheln *(Donacidae)* haben dreieckige Schalen mit einer Mantelbucht. Mit Hilfe des großen Fußes können sich die Tiere springend fortbewegen.

Gebänderte Dreiecksmuschel

Donax vittatus (da Costa)

Bis 3 cm, länglich bis dreieckig, glänzend, gelbbraun bis purpurfarben mit helleren radialen Streifen. Die Innenseite der Schale ist teilweise violett, die Kante leicht gezähnt. Lebt an offenen, sandigen Brandungsküsten, wo sie sich schnell im Substrat vergraben kann. Nordsee und Skagerrak.

Gebänderte Dreiecksmuschel

Tell- oder Plattmuscheln *(Tellinidae)* besitzen flache Schalen mit einer tiefen Mantelbucht und deutlichem äußeren Ligament. Sie haben einen großen Fuß und leben überwiegend im Sand vergraben. Unter ungünstigen Bedingungen können sie zur Oberfläche kommen. Einer der beiden langen Siphonen saugt Detritus aus dem Meerwasser und vom Substrat. Bei Massenvorkommen von Phytoplankton kann der Sipho bis weit ins Wasser gestreckt werden, um Planktonorganismen aufzusaugen. Die Ausscheidung von Exkrementen geschieht durch den anderen Sipho.

Rote Bohne, Baltische Tellmuschel

Macoma balthica (Linnaeus)

Schale bis 3 cm lang, dreieckig bis oval, glatt, relativ dick, gelblich weiß oder hellrot. Tiefe Mantelbucht, deren untere Grenze mit der Mantellinie auf gleicher Höhe liegt. Lebt schief in gemischtem Sandsubstrat vergraben. Mit Hilfe des Fußes kann sie sich wieder eingraben und langsam kriechen. Lebt ab der Niedrigwasserlinie und ist häufig mit Sandklaffmuscheln und Herzmuscheln vergesellschaftet. Nordsee und Ostsee bis um die Ålandinseln.

Baltische Tellmuschel

Kalk-Plattmuschel

Kalk-Plattmuschel

Macoma calcarea (Gmelin)

Schale bis 5 cm lang, eiförmig bis dreieckig mit graubraunem Periostrakum. Die untere Begrenzung der tiefen Mantelbucht kann mit der Mantellinie teilweise zusammenfallen. Lebt in gemischtsandigem Substrat, ab 10 m Tiefe. Verbreitet von Nordsee bis Ostsee um Bornholm.

Im Sand vergrabene Muscheln: Herzmuschel, Sandklaffmuschel, Rote Bohne (v. l. n. r.)

Platte Tellmuschel

Gerippte Tellmuschel

Platte Tellmuschel

Angulus [Tellina] tenuis (da Costa)

Bis 2,5 cm lang, dünn, glänzend, hell rötlich oder gelblich, abgerundet dreieckig, mit deutlicher Kante, die vom Wirbel nach hinten reicht. Ab der Niedrigwasserlinie in sandigem Substrat. Nordsee bis Dänische Belte und nördlicher Öresund.

Gerippte Tellmuschel

Fabulina [Tellina] fabula (Gmelin)

Schale bis 2 cm lang, dünn, glänzend weiß, leicht irisierend, länglich mit zugespitztem Hinterende. Die rechte Schalenhälfte hat feine diagonale Streifen. Lebt ab wenigen Metern Tiefe in gemischtsandigem Substrat. Nordsee bis nördliche Dänische Belte und nördlicher Öresund.

Eine Art aus der Familie der Sandmuscheln *(Psammobiidae)* wird hier vorgestellt. Wie die Plattmuschen hat auch sie ein äußeres Ligament und ein kräftiges Schloss.

Sandmuschel

Gari fervensis (Gmelin)

Schale bis 5 cm lang, flach, dünn, mit deutlichen konzentrischen Rippen und einer Kante, die sich vom Wirbel diagonal nach hinten erstreckt. Farbe weißlich und rotbraun mit dunklerem bräunlichen Periostrakum. Die Sandmuschel hat lange, getrennte Siphonen und einen großen, flachen Fuß, mit dem sie springen kann. Lebt in grobsandigem Substrat, ab 15 m Tiefe. Nordsee bis Kattegat und nördlicher Öresund.

Sandmuschel

Pfeffermuscheln *(Scrobiculariidae)* haben kreisförmige oder ovale, flache Schalen mit einer tiefen Mantelbucht. Sie leben im Boden vergraben und ernähren sich von Sediment. Sie besitzen einen großen Fuß und zwei getrennte Siphonen.

Große oder **Flache Pfeffermuschel**

Scrobicularia plana (da Costa)

Schale bis 5 cm lang, grauweiß, dünn, eiförmig mit konzentrischen Streifen. Unterscheidet sich von *Macoma calcarea* durch die stärker abgerundete Schale. Verträgt Brackwasser und lebt gerne in schlammigem Substrat, häufig in der Nähe von Flussmündungen und Schlickflächen. Ab der Niedrigwasserlinie. Nordsee bis westliche Ostsee.

Große Pfeffermuschel

Weiße Pfeffermuschel

Abra alba (Wood)

Schale bis 2 cm lang, milchweiß, oval, dünn, matt bis schwach glänzend. Lebt in sandig-schlammigem Substrat in geschützten Gebieten, ab wenigen Metern Tiefe. Nordsee bis westliche Ostsee.

Weiße Pfeffermuschel

Glänzende Pfeffermuschel

Abra nitida (O.F. Müller)

Schale bis 1,5 cm lang, dünn, länglich-oval, weißlich irisierend, halb durchscheinend mit zugespitztem Hinterende und feinen konzentrischen Streifen. Lebt in Schlammböden, ab 10 m Tiefe. Nordsee bis Kattegat und Öresund.

Glänzende Pfeffermuschel

Klaffmuscheln *(Myidae)* besitzen keine eigentlichen Schlosszähne. Die Mantelbucht ist tief. Das innere Ligament sitzt an der Innenseite der linken Schalenhälfte an. Die zusammengewachsenen Siphonen sind von dem braunen, faltigen Periostrakum umgeben und können nicht eingezogen werden. Große Individuen sind bis zu 30 cm tief im Boden vergraben und können sich nicht mehr fortbewegen.

Abgestutzte Klaffmuschel

Mya trunctata Linnaeus

Bis 7 cm lang, ähnlich der Sandklaffmuschel, das eine Schalenende wirkt jedoch wie abgeschnitten. Ab wenigen Metern Tiefe. Nordsee bis westliche Ostsee.

Abgestutzte Klaffmuschel

Sandklaffmuschel

Mya arenaria Linnaeus

Schale bis 14 cm lang, weißlich mit konzentrischen Streifen und graubraunem Periostrakum. Nach vorne hin abgerundet, nach hinten hin rundlich, jedoch leicht zugespitzt. Lebt in sandigem Mischsubstrat und hat wie die Herzmuschel lichtempfindliche Siphonen. Oft vergesellschaftet mit Plattmuscheln und Gemeinen Herzmuscheln. Versandungen oder längere Eisperioden können eine Gefahr für die Tiere darstellen, da sie ihren Standort nicht wechseln können. Sandklaffmuscheln stammen ursprünglich von der nordamerikanischen Ostküste und sind seit dem 14. Jahrhundert auch in Europa heimisch. Sie sind heutzutage ab der Niedrigwasserlinie von der Nordsee bis in die Ostsee um die Ålandinseln verbreitet.

In Amerika wird diese Art kommerziell gefischt und gegessen.

Sandklaffmuschel

Scheidenmuscheln *(Solenidae)* haben messerförmige Schalen, die eine leicht geöffnete Röhre bilden. Das Schloss mit den Zähnen befindet sich am Vorderende der Muschel, wo auch das äußere Ligament ansitzt. Scheidenmuscheln können sich schnell mit dem kräftigen Fuß senkrecht in den Boden eingraben. Die kurzen Siphonen am Hinterende stehen ein Stück aus dem Substrat hervor. Scheidenmuscheln werden in vielen Ländern gegessen.

Gebogene Scheidenmuschel
Ensis arcuatus (Jeffreys)

Länge bis 16 cm, mit grünlich-bräunlich marmoriertem Periostrakum. Die Hinterkante ist fast gerade, die Vorderkante ist leicht geschwungen. Lebt in grobem Sand oder Schalenkies, ab 10 m Tiefe. Nordsee bis südliches Kattegat.

Schotenmuschel, Messermuschel
Ensis siliqua (Linnaeus)

Länge bis 25 cm. Die Schalen sind breit und fast gerade. Verbreitung ähnlich wie bei *E. arcuatus*.

Schwertförmige Scheidenmuschel, Große Schwertmuschel
Ensis ensis (Linnaeus)

Länge bis 13 cm. Lang gestreckte, schwach gewölbte, dünne, weißliche Schale mit dunklem grünlichen oder bräunlichen Periostrakum und länglichem Schließmuskelansatz am Vorderende. Lebt in gemischtsandigem Substrat, ab wenigen Metern Tiefe. Nordsee bis Kattegat und Öresund.

Amerikanische Scheidenmuschel
Ensis americanus (Gould)

Bis 16 cm lang, Schale lang gestreckt und schwach gewölbt. Unterscheidet sich von anderen Scheidenmuscheln durch den dreieckigen, länglichen Schließmuskelansatz am Vorderende. Stammt ursprünglich aus Nordamerika und ist wahrscheinlich in den 70er Jahren als Larve nach Europa eingeschleppt worden. Seitdem hat sie sich schnell verbreitet und lebt in vielen Sandböden, ab der Niedrigwasserlinie. Nach Stürmen werden ihre Schalen häufig angespült. Nordsee bis Dänische Belte und Öresund.

Sie gilt als Delikatesse und wird in der südlichen Nordsee kommerziell genutzt.

Durchscheinende Scheidenmuschel
Phaxas [Cultellus] pelludicus (Pennant)

Schalen bis 4 cm lang, schwach gewölbt, dünn, glatt, gelbgrün und durchscheinend. Lebt in gemischtschlammigem Substrat, ab 10 m Tiefe. Nordsee bis westliche Ostsee.

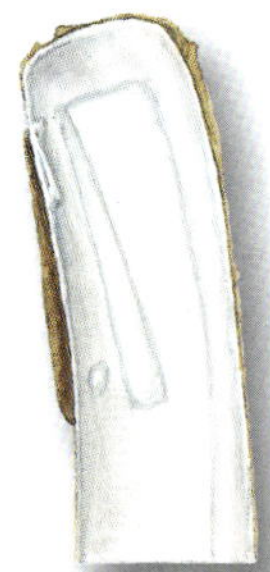

Amerikanische Scheidenmuschel: Schaleninnenseite mit Schließmuskelabdruck

Durchscheinende Scheidenmuschel

Gebogene
Scheidenmuschel

Schwertförmige
Scheidenmuschel

Schotenmuschel

Amerikanische
Scheidenmuschel

Steinbohrer *(Hiatellidae)* umfassen Muscheln mit äußerem Ligament, schwach ausgeprägtem Schloss und unregelmäßig geformten Schalen.

Nordischer Steinbohrer

Hiatella arctica (Linnaeus)

Schale bis 3,5 cm lang, weißlich mit gelbbraunem Periostrakum und grober konzentrischer Skulptur. Wirbel nahe dem Vorderende. Die rechteckig geformten Schalen können ihre Form dem Lebensraum anpassen. Dazu gehören u.a. Felslöcher und Braunalgenwurzeln, wo die Muscheln sich mit Byssusfäden festheften können. Ab der Niedrigwasserlinie, von Nordsee bis westliche Ostsee.

Nordischer Steinbohrer mit ausgestreckten Siphonen

Körbchenmuschel

Korbmuscheln *(Corbulidae)* bilden eine Gattung mit verschiedenen Schalengrößen.

Körbchenmuschel, Korbmuschel

Corbula gibba (Olivi)

Schalen bis 1,2 cm lang, dick, oval dreieckig und zur Spitze hin abgerundet. Die kleine linke Schalenhälfte ist teilweise von der größeren gewellten rechten Schalenhälfte umschlossen. Lebt flach in gemischtschlammigem Substrat vergraben. Kommt recht häufig in sauerstoffarmen und schwefelreichen Gebieten vor. Ab wenigen Metern Tiefe, Nordsee bis westliche Ostsee.

Amerikanische Bohrmuscheln oder Engelsflügel *(Petricolidae)* sind nahe Verwandte der Venusmuscheln *(Veneridae)*, werden aus praktischen Gründen aber bei den anderen Bohrmuscheln eingeordnet.

Amerikanische Bohrmuschel

Petricola pholadiformis Lamarck

Bis 6 cm lang, weißlich mit dünnem bräunlichen Periostrakum, länglich, dünn, mit ausgeprägten Zähnen an jeder Schalenhälfte, langem äußerem Ligament und tiefer Mantelbucht. Der Wirbel sitzt in der Nähe des abgerundeten, stark skulpturierten Vorderendes. Bohrt sich mit Hilfe der Schalen in Lehm und Kalk. Die Art stammt ursprünglich von Amerikas Ostküste. Nordsee bis Kattegat.

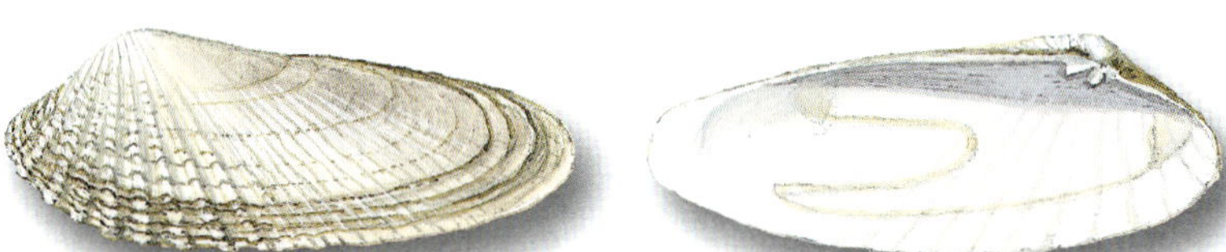

Amerikanische Bohrmuschel

Bohrmuscheln *(Pholadidae)* haben lange, zusammengewachsene Siphonen und bohren sich in Kreide, harten Lehm oder Holz. Da sie kein Schloss besitzen, können die Muscheln sich durch Verschieben der Schalen zueinander mit dem knotig besetzten Voderende zuerst in das Substrat bohren. Unter dem Wirbel sitzt ein kurzer, kräftiger Kalkfortsatz, an dem der saugnapfartige Fußmuskel ansetzt. Beim Bohren steht der Fuß etwas zwischen den Schalen hervor, wodurch ein bestimmter Bohrwinkel entsteht, und daraus resultiert wiederum ein gebogener Bohrgang. Die gebohrten Löcher dienen als Schutz vor Fressfeinden. Bohrmuscheln ernähren sich von Phytoplankton.

Weiße Bohrmuschel
Barnea candida (Linnaeus)

Schale bis 6 cm lang, weißlich, länglich, recht dünn, mit hellbraunem Periostrakum, großer Mantelbucht und vielen dornenbesetzten, kräftigen Radialrippen. Bohrt sich in Kreide, Torf und harten Lehm, ab wenigen Metern Tiefe. Nordsee bis westliche Ostsee.

Dattelmuschel
Zirfaea crispata (Linnaeus)

Schale bis 10 cm lang, gelblich weiß, dick mit einer Einschnürung in der Mitte. Vorderende zugespitzt mit kräftigen, dornenbesetzten Radialrippen. Verbreitung wie Weiße Bohrmuschel.

Weiße Bohrmuschel

Dattelmuschel

Holz-Bohrmuschel

Xylophaga dorsalis (Turton)

Schalen mit 1,2 cm Durchmesser, weißlich mit braunem Periostrakum, dünn, zweigeteilt, nach hinten hin abgerundet, nach vorne hin eingeschnürt. Im Gegensatz zu den Bohrwürmern sind die Gänge nicht mit Kalk ausgekleidet. Da die Gänge nur wenige Zentimeter lang sind, richten die Arten nur geringen Schaden an. Sie bohren sich in am Grund liegende Holzstücke. Da sie das Material aber nicht fressen, können sie auch in anderen Materialien bohren, z.B. in Isolierungen von Kabeln. Ab 20 m Tiefe, von Nordsee bis Kattegat.

Querschnitt durch ein von Pfahlwürmern zerfressenes Holzstück: oben der Hinterleib mit den Siphonen und unten der Vorderleib eines anderen Pfahlwurms

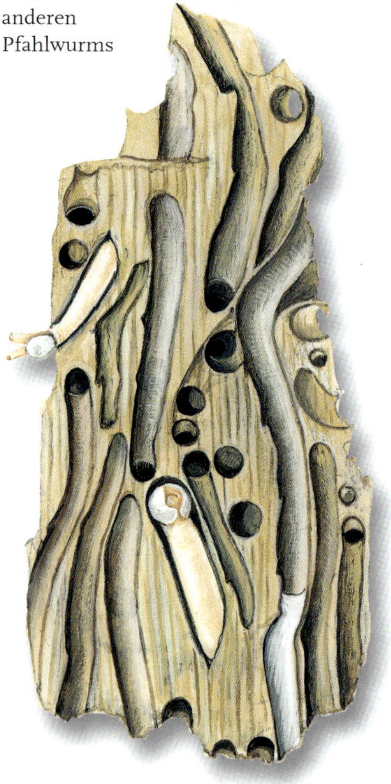

Die Wurm- oder Pfahlmuscheln oder Schiffsbohrer *(Teredinidae)* haben kurze, dreigeteilte, weißliche Schalen (Platten) mit braunem Periostrakum. Die Schalen bedecken nur einen geringen Teil der Muschel und sind zu einer einfallsreichen Bohrmaschine umgewandelt. Diese kann auf zwei entgegengesetzt liegenden Punkten, dem Schloss und einem Knötchen an der Bauchkante, balancieren. Die Vorderenden der Schalen sind mit Raspelflächen versehen. Mit Hilfe des Fußes und einer Ausbuchtung am Schloss klemmt sich das Tier in der Röhre fest und drückt gleichzeitig die Schalen nach vorne, die das Holz abraspeln. Die frei schwimmenden Larven setzen sich mit einem Byssusfaden z.B. an einem Pfahl fest. Zuerst bohrt sich das Tier mit Hilfe der Schalen rechtwinklig in das Holz. Weiter im Inneren des Holzes verläuft der Gang parallel zur Holzaußenseite, ohne andere Gänge zu kreuzen. Später wächst der Hinterleib der Muschel wurmartig in die Länge und sondert Kalk ab, mit dem die Gänge ausgekleidet werden. Da die Muschel die Außenöffnungen der Gänge mit kleinen Kalkplatten, den Paletten, verschließen kann, kann sie längere Trockenperioden überleben. Die abgeraspelten Holzspäne werden, wahrscheinlich mit Hilfe von Bakterien, verdaut. Die Muschel ernährt sich aber auch von Phytoplankton, das über die aus den Gängen hervorstehenden Siphonen eingesogen werden kann. Die Holzstücke können innerlich ganz zerfressen sein, ohne dass es von außen erkennbar ist. Bohrwürmer können an ungeschützten Hafenmolen, Pfählen und Schiffen gravierende Schäden anrichten.

Pfahlwurm

Teredo navalis Linnaeus

Schale bis 8 mm breit, kugelig, dünn, zur Hinterseite hin ohrenförmig, in der Mitte zugespitzt mit einem Wirbel. Die Paletten sind bis 8 mm lang. Der Pfahlwurm erreicht eine Länge von 30 cm. Die Gänge werden bis zu 60 cm lang und haben einen Durchmesser von bis zu 1 cm. Die Muschel lebt überwiegend in feststehenden Holzbauten. Von der Nordsee bis in die westliche Ostsee.

Schiffsbohrwurm

Psiloteredo megotara (Forbes & Hanley)

Schalendurchmesser 1,2 cm, ähnlich Pfahlwurm, jedoch mit größeren, nach oben gebogenen hinteren Platten. Die Paletten werden bis 1,2 cm lang. Bohrt bis zu 50 cm lange Bohrgänge in Treibholz. Der Schiffsbohrwurm ist seltener geworden, seitdem hölzerne Fischereigeräte durch Kunststoff ersetzt worden sind. In Treibholz von Nordsee bis westliche Ostsee.

Norwegischer Bohrwurm

Nototeredo norvegica (Spengler)

Schalen kräftig mit einem Durchmesser von 1,8 cm, Paletten bis 1,8 cm lang. Die Bohrgänge können bis zu 1 m lang werden. Lebt sowohl in Treibholz als auch in festgewachsenen Bäumen, die bei Niedrigwasser trockenfallen. Die Muschel wurde in Treibholz von der Nordsee bis zum Skagerrak nachgewiesen.

Pfahlwurm: Außen- und Innenansicht der Schale sowie eine Palette

Schiffsbohrwurm

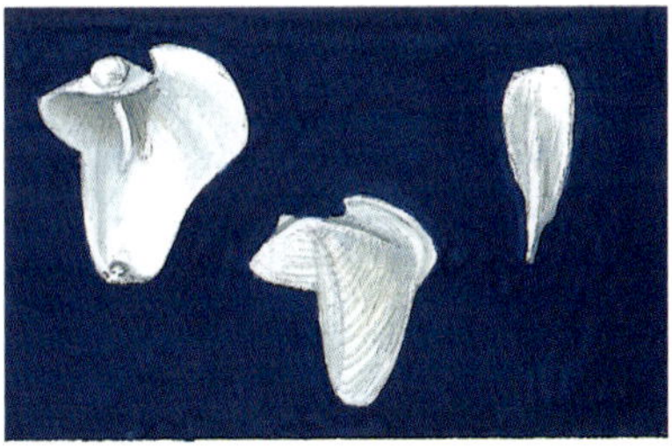

Norwegischer Bohrwurm

Holzbohrmuschel: Außen- und Innenansicht der Schale

Kahnfüßer *Scaphopoda*

Kahn- oder Grabfüßer haben ein kegelförmiges, leicht gekrümmtes, weißes Gehäuse, das an beiden Seiten offen ist. Am breiteren Ende sitzt der Kriech- und Grabfuß. Am dicksten Ende des Tieres befindet sich der Mund, der von vielen keulenförmigen, klebrigen Fangfäden umgeben ist, mit denen Kleintiere gefangen werden. Kahnfüßer sind getrenntgeschlechtig mit pelagischen Larven.

Elefantenzahn-Gehäuse

Elefantenzahn

Antalis [Dentalium] entalis (Linnaeus)

Gehäuse bis 4 cm lang, elfenbeinweiß, glatt, kegelförmig und leicht gebogen. Die Kante des dickeren Vorderendes ist häufig leicht gezackt, das Hinterende ist schwach ockerfarben. Elefantenzähne leben in sandigem oder gemischtschlammigem Substrat. Sie sind mit dem breiten Ende nach unten eingegraben, so dass das dünne Ende hervorguckt. Leere Gehäuse sind oftmals vom Kreisel-Spritzwurm bewohnt. Ab wenigen Metern Meerestiefe, von Nordsee bis Kattegat und nördlicher Öresund.

„Donnerkeil“: Diese bis zu 10 cm langen, versteinerten Hinterteile der Schulpe großer, zur Kreidezeit lebender Tintenfische (Belemniten) kann man zwischen Steinen am Strand finden.

Kopffüßer *Cephalopoda*

Kopffüßer sind leicht an den acht oder zehn, mit Saugnäpfen versehenen Fangarmen zu erkennen. Sie können ihre Farbe ändern und bei Beunruhigung eine farbige Flüssigkeit, die „Tinte“ verspritzen. Früher wurde diese Tinte als Farbstoff, „Sepia“, benutzt. Die Tiere ernähren sich zumeist von Fischen und Krebsen, die mit Gift gelähmt werden. Der hornartige Mund sitzt zwischen den Armansätzen und ähnelt einem Papageienschnabel. Bei den meisten Arten bildet sich an einem oder mehreren Armen eine Verdickung aus, die als Paarungsorgan dient. Die großen Eier, die von einer Kapsel umgeben sind, werden an Steinen oder Pflanzen, einzeln oder in Gruppen, angeheftet. Die frisch geschlüpften Jungen ähneln den ausgewachsenen Tieren. Viele Arten unternehmen saisonale Wanderungen.

Achtarmige Tintenfische *(Octopodia)* besitzen acht identische Arme, abgesehen von einem Arm, der beim Männchen zum Paarungsorgan umgewandelt ist. Sie haben kurze, runde Körper, denen oftmals Flossen fehlen. Sie leben in Bodennähe.

Kleiner Octopus, Zirrenkrake

Eledone cirrhosa (Lamarck)

Länge bis 50 cm. Der eiförmige Körper hat auf der Oberseite gelbbraune bis rötlich braune Flecken und ist auf der Unterseite gelblich. Die Saugnäpfe sitzen in einer Reihe an den Armen. Der Kleine Octopus lebt ab wenigen Metern Tiefe auf verschiedenen Substraten, wo er sich von Krebsen und Garnelen ernährt. Nordsee bis nördliche Dänische Belte. Diese Art ist für die Fischerei unbedeutend.

Kleiner Octopus

Zu den **sepiaähnlichen, zehnarmigen Tintenfischen** *(Sepiolida)* gehören Tintenfische, die zwei lange und acht kurze Arme haben sowie einen breiten Körper mit Seitenflossen und eine oftmals reduzierte innere Schale (Schulp). Sie sind ausgezeichnete Schwimmer, die am Boden leben.

Sepia, Gemeiner Tintenfisch

Sepia officinalis Linnaeus

Körper breit, bis 60 cm lang, mit je nach Umgebung variierendem braunen, gelblichen, rosafarbenen und violetten Streifenmuster. Die ca. 1 cm langen, schwarzen, elliptischen Eier werden einzeln an Klippen und Algen abgelegt. Gelegentlicher Gast in Nordsee, Skagerrak und nördlichem Kattegat. Der ovale, bis zu 15 cm lange, luftgefüllte Schulp ist häufig am Spülsaum zu finden. Die Schulpe werden als Kalkzusatz für Käfigvögel verkauft. In den Mittelmeerländern wird die Art kommerziell gefischt.

Sepia, schwimmend mit eingezogenen Armen

Sepietta

Sepietta oweniana (Orbigny)

Länge bis 8 cm, opalweiß, auf dem Rücken mit violetten, orangefarbenen und rotbraunen Flecken. Die Art besitzt einen kurzen beutelförmigen Hinterleib mit zwei großen, runden Seitenflossen und einer kleinen, nicht verkalkten inneren Schale. Ab 20 m, Nordsee bis Dänische Belte und nördlicher Öresund.

Sepietta

Sepiaschulp

Zu den **torpedoförmigen, zehnarmigen Tintenfischen** *(Teuthida)* gehören Tintenfische mit zwei langen und acht kurzen Fangarmen und torpedoförmigen Körpern, mit dreieckigen Flossen am Hinterende. Die innere Schale ist zu einer dünnen, hornartigen, lang gestreckten Platte reduziert. Sie sind ausgezeichnete Schwimmer, die in Schwärmen leben.

Nordischer Kalmar

Loligo forbesi Steenstrup

Körper bis 80 cm lang, rotbraun, irisierend, mit dreieckigen Flossen, die sich über die hinteren 2/3 des Körpers erstrecken. Wird in großen Tiefen in der nördlichen Nordsee sowie gelegentlich im Skagerrak und östlichen Kattegat gefangen. Die dünne, bis zu 15 cm lange Schale sowie der hornartige Schnabel können am Spülsaum der Nordsee angespült werden. Nordsee bis westliche Ostsee.

Kleiner Kalmar

Alloteuthis subulata (Lamarck)

Bis 15 cm lang, weißlich mit rotbraunen Flecken. Schlanker als der Nordische Kalmar, mit herzförmigen Flossen. Das Männchen hat einen längeren und mehr zugespitzten Hinterleib. Die Eihülsen sind durchsichtig, keulenförmig, wenige Zentimeter lang und können an Steinen von Nordsee bis Skagerrak und Kattegat gefunden werden. Ausgewachsene Tiere leben ab wenigen Metern Tiefe auch in den Dänischen Belten und der westlichen Ostsee. Im Frühjahr wandern die Tiere aus dem Nordatlantik in die europäischen Gebiete, um ihre Eier abzulegen.

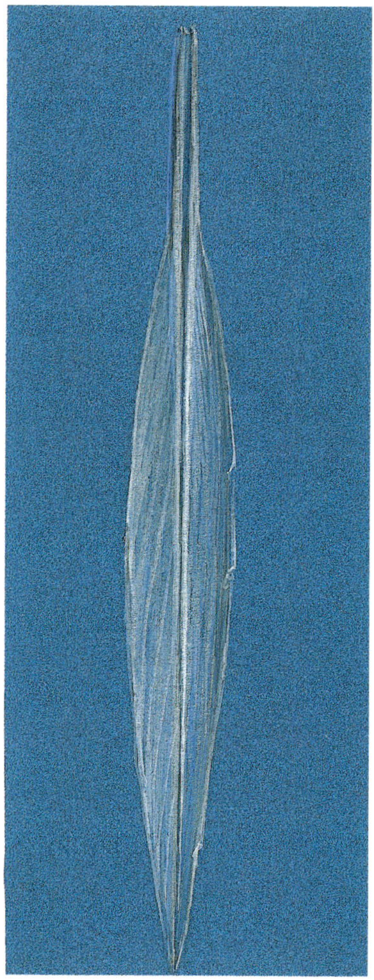

Nordischer Kalmar, „Schnabel“ (l.) und Schale (r.)

Kleiner Kalmar

Nordischer
Kalmar

Krebstiere *Crustacea*

Gekochter Hummer

Zu den Krebstieren gehört eine Reihe sehr unterschiedlicher Tiergruppen, angefangen bei kleinen mikroskopischen Tierchen bis hin zu den Seepocken, Garnelen, Hummern und Krebsen. Körper und Beine dieser Tiere sind segmentiert und von einem äußeren Schalenskelett umgeben. Diese Schale kann durch Kalkeinlagerungen panzerartig verhärtet sein. In regelmäßigen Abständen wird dieser Panzer gewechselt, da das Tier aus ihm herauswächst. Krebstiere haben ein Antennenpaar, das zum Tasten benutzt wird. Die kleineren Arten atmen durch die Haut, die größeren Arten besitzen Kiemen. Die meisten Arten sind getrenntgeschlechtig, wobei Männchen und Weibchen verschieden groß sind. Alle Arten legen Eier, die zumeist in einer Eitasche aufbewahrt werden oder an den Hinterbeinen des Weibchens befestigt werden. Die frei schwimmenden Larvenstadien unterscheiden sich von Art zu Art und ähneln den ausgewachsenen Tieren nicht. Die meisten Arten leben im Meer, einige aber auch im Süßwasser.

Ruderfüßer *Copepoda*

Die häufig nur wenige Millimeter großen Ruderfüßer leben in riesigen Mengen als Plankton und dienen vielen Plankton fressenden Tierarten als Nahrung. Die Meer-Hüpferlinge der Gattung *Calanus* werden sogar bis zu 1 cm lang. Kriechende Arten, z.B. *Tisbe furcata,* sind nur 1 mm groß und leben auf Pflanzen oder am Boden. Parasitische Ruderfüßer-Arten sind morphologisch meist stark verändert und erinnern, mit Ausnahme ihrer Larvenstadien, nur wenig an Krebstiere. Einige Parasiten werden in Zusammenhang mit ihren Wirten beschrieben (z.B. Miesmuschel, Auster). Die Fischparasiten werden in einem eigenen Kapitel behandelt.

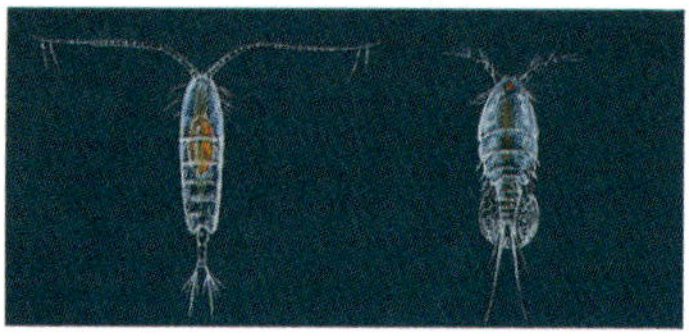

Ruderfüßer *Calanus* und *Tisbe*

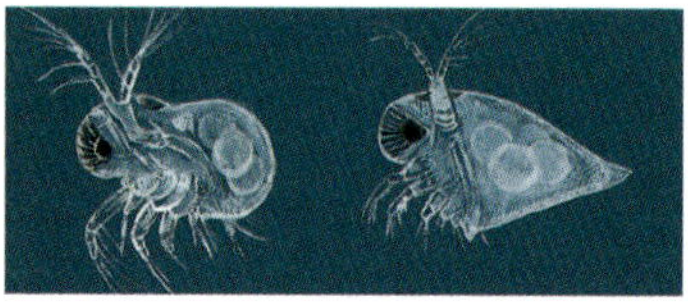

Wasserflöhe *Podon* und *Evadne*

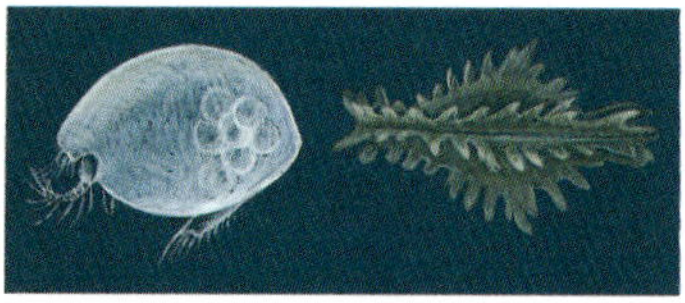

Muschelkrebse: *Philomedes* in Seitenansicht und *Cythereis* in Aufsicht

Wasserflöhe *Cladocera*

Wasserflöhe sind kleine, frei schwimmende Krebstiere mit großem Auge. Ihr großer, zusammengeklappter Panzer umgibt Körper und Füßchen. Wasserflöhe sind hauptsächlich aus dem Süßwasser und als Aquarienfutter bekannt. In den hier behandelten Meeresgebieten kommen u.a. die beiden etwa 1 mm langen Gattungen Podon (Hochsee-Wasserflöhe) und Evadne (Küsten-Wasserflöhe) vor.

Muschelkrebse *Ostracoda*

Muschelkrebse sind oft kleiner als 1 mm und leben zwischen Algen in Bodennähe. Sie ähneln oberflächlich kleinen Muscheln, da sie von einer zweigeteilten Schale umgeben sind. Durch die Beine, die unter der Schale hervorgucken, lassen sie sich aber den Muschelkrebsen zuordnen. Röhren-Muschelkrebse, *Philomedes*, sind etwa 1 mm groß, kugelrund und leben am Boden. Gezähnte Muschelkrebse, *Cythereis*, haben lange Anhänge.

Rankenfüßer *Cirripedia*

Zu den Rankenfüßern gehören u.a. die festsitzenden Entenmuscheln und die Seepocken. Die Schale ist in einen Mantel umgewandelt, der mehr oder weniger von Kalkplatten bedeckt sein kann. Der Mantel schützt die borstenbesetzten Füßchen (Cirren), die zum Fangen von Plankton benutzt werden. Entenmuscheln und Seepocken sind Zwitter. Zur Befruchtung dient ein langes Paarungsorgan, mit dem jedes Tier ausgestattet ist.

Zu den Rankenfüßern gehören außerdem auch stark umgewandelte, parasitisch lebende Arten. Einige werden bei den Einsiedlerkrebsen und Krabben beschrieben.

Entenmuscheln und Seepocken können sich zusammen mit Röhren bewohnenden Borstenwürmern, Moostierchen und Algen auf Schiffsrümpfen festsetzen. Dieser Bewuchs kann die Fahrtgeschwindigkeit der Schiffe drosseln und den Energieverbrauch erhöhen. Um einen solchen Bewuchs zu vermeiden, werden Schiffsrümpfe heutzutage mit giftigen Chemikalien imprägniert, die sich allerdings auch auf andere Lebewesen am Meeresboden schädlich auswirken. Daher sollten umweltfreundlichere Methoden anwendet werden, z.B. das mechanische Abkratzen des Bewuchses oder das Abdecken der Schiffsrümpfe kleinerer Boote, die im Hafen liegen.

Die Entenmuscheln aus den Familien *Scalpellidae* und *Lepadidae* sind gestielte, festsitzende Arten.

Samtige Entenmuschel
Scalpellum scalpellum (Linnaeus)

Länge bis 5 cm, Körper stark abgeflacht, länger als Stiel und teilweise von kleinen Kalkplättchen bedeckt. Sitzt häufig auf Hydroiden oder Moostierchen, ab 20 m Tiefe. Skagerrak bis Kattegat und nördlicher Öresund.

Samtige Entenmuschel

Entenmuscheln auf einem von Bohrwürmern zerfressenen Holzstück

Entenmuschel

Lepas anatifera Linnaeus

Körper bis 5 cm, Stiel 5–50 cm lang. Der schwarzbraune Körper ist von fünf weißlichen Kalkplatten nahezu vollständig bedeckt. Entenmuscheln leben auf Treibholz von Nordsee bis Kattegat und können am Spülsaum der Nordsee und des Skagerraks gefunden werden.

Furchen-Entenmuscheln, *Dosima fascicularis* (Ellis & Solander), haben einen kürzeren Stiel und einen kleineren, bis 3 cm langen Körper, der von fünf weißblauen, dünnen, ungleichen Kalkplatten bedeckt ist. Die Kalkplatten, die dem purpurbraunen Stiel am dichtesten sind, bilden eine Art Kragen. Furchen-Entenmuscheln können auf einem schwimmenden Algenstück sitzen oder selbst mit Hilfe eines schaumigen Sekrets, das vom Stiel gebildet wird, schwimmen. Gelangen mit Strömungen aus dem Atlantik bis in die Nordsee und in die Dänischen Belte.

Seepocken *(Verrucidae* und *Balanidae)* sind mit einer flachen Basalplatte an die Unterlage geheftet. Die sechs Kalkplatten bilden ein kegelförmiges Gehäuse. Wenn viele Individuen dicht nebeneinander sitzen, können die Gehäuse wesentlich höher als breit sein.

Meerwarze

Verruca stroemia (O.F. Müller)

Gehäuse flach und asymmetrisch, bis 1 cm breit, mit nur vier weißen bis bräunlichen, stark gerillten Kalkplatten. Lebt auf Steinen, Schalen, großen Algen und Seegras, ab der Niedrigwasserlinie. Nordsee bis Kattegat und nördlicher Öresund.

Gemeine Seepocke

Semibalanus balanoides (Linnaeus)

Gehäuse bis 2 cm im Durchmesser, 1–6 cm hoch mit Radialfalten und einem hautartigen Boden. Häufige Art auf Steinen und Pfählen nahe der Wassergrenze, bei Hochwasser oft mit Wasser bedeckt. Sie überlebt längere Trockenperioden sowie Einfrieren. Können einen weißen Gürtel an der Küste bilden. Nordsee bis Dänische Belte und Öresund.

Meerwarze

Gemeine Seepocke

Große Seepocke

Balanus balanus (Linnaeus)

Gehäuse bis 5 cm hoch und breit mit dickeren Radialfalten und verkalkter Basalplatte. Zwei der unteren Platten enden in einer schnabelartigen, krummen, violetten Spitze. Nordsee bis westliche Ostsee.

Große Seepocke

Gekerbte Seepocke

Balanus crenatus Bruguière

Durchmesser bis 2 cm, Höhe 1–6 cm. Die verkalkte Basalplatte hat im Gegensatz zur Brackwasser-Seepocke kein sternförmiges Muster. Ab der Niedrigwasserlinie, von Nordsee bis westliche Ostsee.

Australische Seepocke

Elminius modestus Darwin

Das flache, kegelförmige Gehäuse ist bis 1 cm breit und besteht aus vier grauweißen Platten. Verträgt im Gegensatz zur Brackwasser- und Gemeinen Seepocke weder Tieffrieren noch niedrige Salzgehalte. Ist durch Schiffe in den 40er Jahren aus Australien nach Europa eingeschleppt worden. Südliche Nordsee.

Brackwasser-Seepocke

Balanus improvisus Darwin

Gehäuse bis 1,5 cm im Durchmesser, normalerweise halb so hoch, kann aber bis zu 6 cm lang werden und oberflächlich einem Pferdezahn mit Wurzel ähneln. Gehäuse mit glattem Kalkplatten und ovalem Grundriss. Die verkalkten Basalplatten bilden ein Sternmuster. Die Tiere sitzen auf Steinen, Pfählen, Algen, unter Schiffen und auf Seegras in Gebieten mit Salzgehaltsschwankungen. Dicht unter der Wassergrenze können sie weiße Gürtel bilden. Nordsee und Ostsee bis zu den Ålandinseln.

Brackwasser-Seepocken auf Rinde

Australische Seepocke

Brackwasser-Seepocke („Pferdezahn“)

Gekerbte Seepocken auf Miesmuschel

Höhere Krebse
Malacostrata

Zu den Höheren Krebsen *(Malacostrata)* gehören u.a. Garnelen, Krebse und Krabben, aber auch Arten, die nicht größer als wenige Millimeter sind. Höhere Krebstiere besitzen normalerweise einen Panzer, der weder die Beine noch den Hinterkörper bedeckt, und außerdem zwei Antennenpaare. Am Vorderkörper sitzen acht Beinpaare, am Hinterkörper sechs.

Die **Schlammtrichterkrebse** *(Cumacea)* besitzen einen runden Körper mit langem dünnen Hinterteil. Der Panzer bedeckt den Kopf und das vorderste Körpersegment. Die nur etwa 1 cm langen Tiere leben im schlammigen oder sandigen Substrat. Sie ernähren sich von Kieselalgen.

Rathkes Schlammtrichterkrebs
Diastylis rathkei (Krøyer)

Bis 1,5 cm lang, gräulich bis hellrot. Lebt in sandigem Substrat, ab wenigen Metern Tiefe. Nordsee bis Ålandinseln.

Rathkes Schlammtrichterkrebs, Weibchen

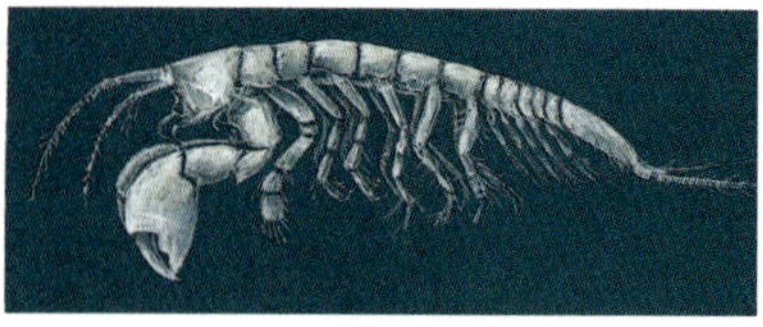

Schwebgarnelen *(Mysidacea)* ähneln kleinen Garnelen und leben in Schwärmen im Flachwasser. Die Eier und Jungen werden in einem Brutbeutel aufbewahrt. Arten, die im Freiwasser leben, sind normalerweise durchsichtig. Arten, die zwischen Seegras leben, können grünlich oder bräunlich sein. Sie können aber auch, je nach Umgebung, ihre Farbe wechseln. Schwebgarnelen ernähren sich von kleinen pelagischen Tieren und filtrieren Schwebstoffe aus dem Wasser.

Gebogene Schwebgarnele
Praunus flexuosus (O.F. Müller)

Bis 2,5 cm lang, braun bis grünlich. Lebt zwischen Seegras und Algen, ab der Niedrigwasserlinie. Nordsee bis zu den Ålandinseln.

Gebogene Schwebgarnele, Weibchen

Die **Scherenasseln** *(Tanaidacea)* haben eine kleine Schale, die nur den vordersten Teil des Tieres bedeckt. Die Scheren sind besonders bei den Männchen sehr ausgeprägt. Scherenasseln sind nur wenige Millimeter lang, bauen Röhren oder graben im Substrat.

Dornige Scherenassel
Apseudes spinosus (M. Sars)

Bis 1,3 cm lang, grauweiß. Lebt auf Schlammsubstrat ab 20 m Tiefe. Nordsee bis Kattegat und nördlicher Öresund.

Dornige Scherenassel, Männchen

Asseln *(Isopoda)* sind flache Krebstierchen mit sieben Beinpaaren, aber ohne Schale. Ihr Hinterkörper besteht aus wenigen kurzen Segmenten und einem flachen Endsegment. Die Eier werden in einem Brutbeutel zwischen den Beinen aufbewahrt. Zu dieser Gruppe gehören auch die landlebenden Rollasseln. Die Arten, die ihre Lebensweise ans Flachwasser angepasst haben, können ihre Körperfarbe je nach Substrat ändern. Einige Arten leben parasitisch auf Fischen und Krebstieren.

Baltische Klippenassel
Idotea balthica (Pallas)

Oval mit flachem Körper, bis 3 cm lang, Farbe variiert von grünlich bis braun oder rötlich, mit oder ohne Längsstreifen. Das Hintersegment hat drei deutliche Spitzen. Tagsüber sitzen Klippenasseln gerne auf Seegras oder Algen und fressen Pflanzen. Nachts schwimmen sie aktiv umher. Ab der Niedrigwasserlinie, Nordsee und Ostsee bis zu den Ålandinseln.

Krallenfüßige Meerassel
Idotea [viridis] chelipes (Pallas)

Bis 2 cm lang, einfarbig grünlich braun, mit schlankerem Körper als Baltische Klippenassel. Das Endsegment hat nahezu parallele Seitenkanten und eine kurze Mittelspitze. Ernährt sich vorwiegend von Pflanzen. Lebt in ruhigen, häufig brackigen Gebieten, ab der Niedrigwasserlinie. Nordsee und Ostsee bis zu den Ålandinseln.

Körnige Meerassel
Idotea granulosa Rathke

Länge bis 2 cm, Körper oval, flach, häufig einfarbig braun, rot oder grün. Farbgebung vom Untergrund abhängig. Lebt zumeist vegetarisch. Oberseite mit körnig rauer Oberfläche. Hinterleibsegment nach hinten zugespitzt. In exponierteren Gebieten als die Krallenfüßige Meerassel, ab der Niedrigwasserlinie. Nordsee bis Ålandinseln.

Baltische Klippenassel

Krallenfüßige Meerassel

Körnige Meerassel

Ostsee-Riesenassel
Saduria [Mesidotea] entomon (Linnaeus)

Bis 7 cm lang, flach und grau, zugespitztes, dreieckiges Hintersegment. Lebt auf schlammigem Substrat, wo sie sich von Kleintieren und Aas ernährt. Ostsee-Riesenasseln dienen als wichtige Nahrungsgrundlage in der artenarmen mittleren Ostsee. Ab wenigen Metern Tiefe. Lebt im südlichen Öresund, außerdem in der Ostsee bis zu den Ålandinseln. Wurde nach der letzten Eiszeit in die Ostsee verschlagen und gilt dort heute noch als Relikt.

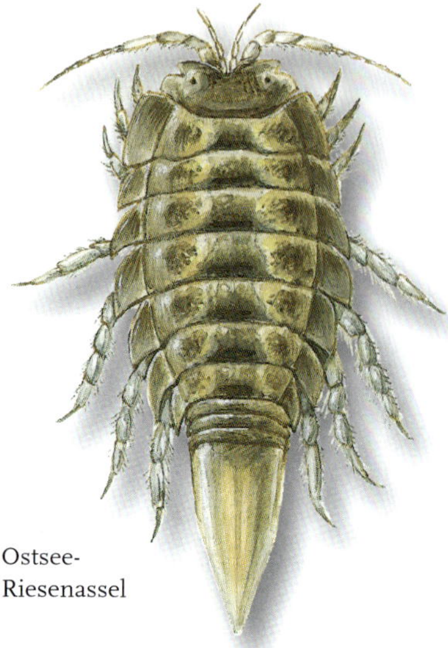
Ostsee-Riesenassel

Schöne Eurydice

Schöne Eurydice
Eurydice pulchra Leach

Körper bis 7 mm, kurz, oval, braun und gefleckt. Tagsüber im sandigen Substrat vergraben, nachts im Wasser schwimmend. Ernährt sich u.a. von Kleinfischen. Ab der Niedrigwasserlinie. Verbreitet von der südlichen Nordsee über das Kattegat bis in die Ostsee um Bornholm.

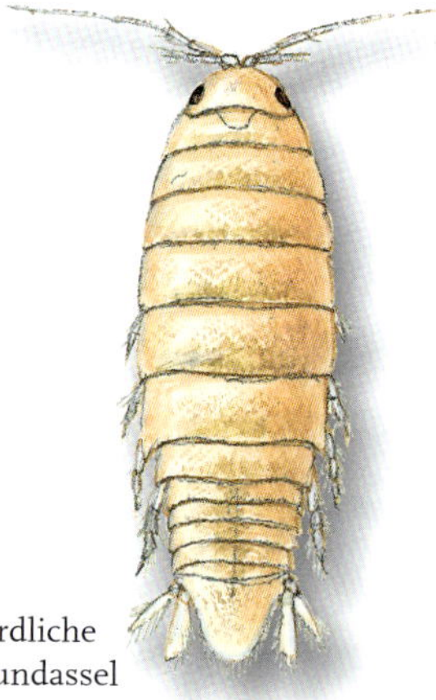
Nördliche Grundassel

Nördliche Grundassel
Cirolana borealis Lilljeborg

Körper bis 3 cm lang, oval, hellrot bis hellbraun mit dunkleren bräunlichen Flecken. Ernährt sich von Aas, kann aber auch lebende Fische, die in Netzen festsitzen, angreifen und anfressen. Ab 20 m Tiefe. Südliche Nordsee bis Kattegat.

Aega, *Aega psora* (Linnaeus), ist bis 1,5 cm lang, oval, rotbraun und flach. Die großen Augen treffen auf Höhe der Mittellinie fast zusammen. Lebt parasitisch auf Haien, Rochen, Dorsch und Seewolf, kann aber auch frei schwimmend angetroffen werden. Ab 60 m Tiefe. Verbreitet von der nördlichen Nordsee bis Skagerrak und Kattegat.

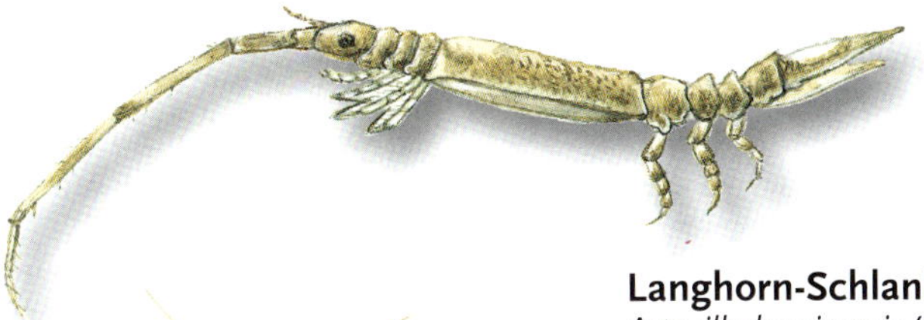

Langhorn-Schlankassel, Weibchen

Jaera

Brackwasser-Schlankassel

Brackwasser-Schlankassel

Cyathura carinata (Krøyer)

Bis 2,5 cm lang, weißlich mit rotbraunen Flecken. Körper nahezu zylindrisch mit parallelen Seiten. Lebt u.a. in verrottendem Tang in geschützten Gebieten, ab der Niedrigwasserlinie. Nordsee bis südliches Kattegat und westliche Ostsee.

Langhorn-Schlankassel

Astacilla longicornis (Sowerby)

Bis 3 cm lang, hellbraun mit dunkleren Flecken. Das mittlere Körpersegment ist mehr als doppelt so lang wie die übrigen Körpersegmente zusammen. Die Langhorn-Schlankassel sitzt gerne auf Hydroiden und Algen und ernährt sich von Kleintieren. Lebt ab 10 m Tiefe, von der Nordsee bis zu den Dänischen Belten und Öresund.

Jaera

Jaera albifrons Leach

Körper flach, oval, bis 5 mm lang, bräunlich mit dunkleren Flecken. Lebt auf sandigem Substrat unter Steinen und zwischen Algen und Seegras. Ernährt sich dort von Detritus und Pflanzenmaterial. Ab der Niedrigwasserlinie, Nordsee, Öresund und Ostsee bis zu den Ålandinseln.

Meeres-Klippenassel

Ligia oceanica (Linnaeus)

Bis 3,2 cm lang, hellgrau, marmoriert. Lebt vor allem an Molen und Klippen, wo sie sich in Felsspalten, unter Steinen, und anderem angespültem Material (Tang, Seegras, Plastik) versteckt. Kann sich über kürzere Strecken auch schwimmend im Freiwasser fortbewegen. Lebt vegetarisch. Verbreitet von Nordsee bis Ostsee um Bornholm.

Meeres-Klippenassel

Kugelassel
Sphaeroma rugicauda Leach

Bis 1 cm lang, bräunlich oder gräulich mit hellen und dunklen Flecken. Kann sich kugelartig zusammenrollen. Lebt unter Steinen, schwimmt aber auch frei im Wasser. In geschützten Brackwassergebieten, ab der Niedrigwasserlinie. Kattegat bis mittlere Ostsee.

Bohrassel
Limnoria lignorum (Rathke)

Die bis 5 mm lange, hellgraue bis hellbraune, madenartige Bohrassel zerfrisst zusammen mit Pfahlwürmern Holzbauten und im Wasser liegende Bäume. Auch dicke Pfähle können innerhalb weniger Jahre zerfressen sein. Die bis zu 2 mm breiten Gänge sind im Gegensatz zu den Gängen des Pfahlwurms nicht mit Kalk ausgekleidet und verlaufen parallel zu den Zuwachsringen. Nur die äußerste Holzschicht wird angegriffen. Sie wird dann porös und löst sich ab, woraufhin die darunter liegende Schicht zerfressen wird. Diese kann von geschlechtsreifen Weibchen oder Jugendstadien angegriffen werden. Das Weibchen gräbt die Gänge, das Männchen folgt dem Weibchen. Die Eier werden in den Gängen abgelegt, woraufhin die geschlüpften Jungtiere rechtwinkelig den nächsten Jahresring anfressen und dort ein neues Gangsystem aufbauen, bis das ganze Holzstück zerfressen ist. Die Bohrassel ernährt sich u.a. von Pilzhyphen im Holz. Es gibt bisher kein wirksames Mittel, das Zerfressen zu bekämpfen. Eisenbeschläge und giftige Imprägnierungen stellen nur einen kurzzeitigen Schutz dar. Ab der Niedrigwasserlinie, von Nord- bis Ostsee.

Kugelassel

Bohrassel, Weibchen

Holzstück, von Bohrasseln zerfressen

Flohkrebse *(Amphipoda)* sind seitlich abgeflacht und ähneln daher Flöhen. Sie besitzen keinen Schild, haben aber sieben Beinpaare. Die Jungen entwickeln sich in einem Brutsack zwischen den Beinen. Flohkrebse sind eine sehr artenreiche Ordnung und leben überwiegend marin.

Die meisten Flohkrebse gehören zu den *Gammaridea*. Sie haben deutlich ausgeprägte Beine und kleine Augen, die nicht den ganzen Kopf ausfüllen.

Flohkrebs

Gammarus locusta (Linnaeus)

Bis 2,5 cm lang, dunkelgrün bis braun, schwarze, nierenförmige Augen. Flohkrebse werden häufig zu zweit aufeinander schwimmend angetroffen. Oberseits sitzt das etwas größere Männchen, das darauf wartet, dass das Weibchen seine Schale häutet. Die Paarung kann nämlich nur direkt nach der Häutung des Weibchens stattfinden. Sie ernähren sich von Pflanzenmaterial und Kleintieren, sie fressen aber auch Fische an, die in Netzen festsitzen. Flohkrebse dienen als Nahrungsgrundlage für viele Fische. Man trifft sie häufig zwischen Algen und Seegras an, ab der Niedrigwasserlinie. Nordsee und Ostsee bis um die Ålandinseln.

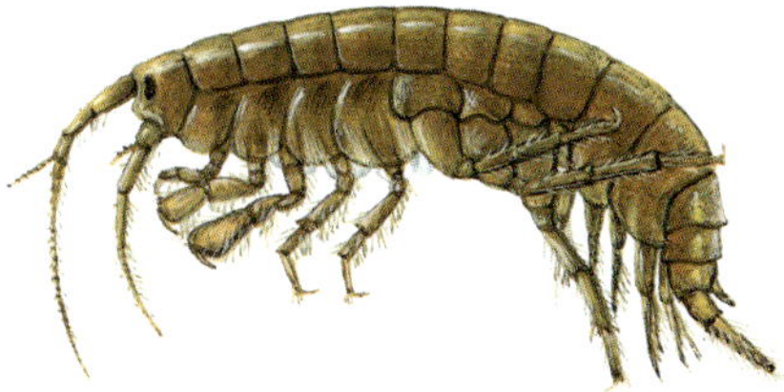

Flohkrebs, Männchen

Hummer-Flohkrebs

Gammarus homari (Fabricius)

Bis 3,5 cm, gelblich bis olivgrün mit braunen Flecken und großen schwarzen Augen. Auf dem Rücken sitzt ein ausgeprägter Zackenkamm. Eine schnell schwimmende Art, die zwischen Algen und Steinen lebt. Ab wenigen Metern Tiefe, Nordsee bis Ostsee um Bornholm.

Lovéns Schlank-Flohkrebs

Maera loveni (Bruzelius)

Bis 3 cm langer, schlanker, magerer und hellrosafarbener Körper. Lebt im Schlammboden vergraben, ab 20 m Tiefe. Nördliche Nordsee und nördlicher Öresund.

Hummer-Flohkrebs, Weibchen

Lovéns Schlank-Flohkrebs, Männchen

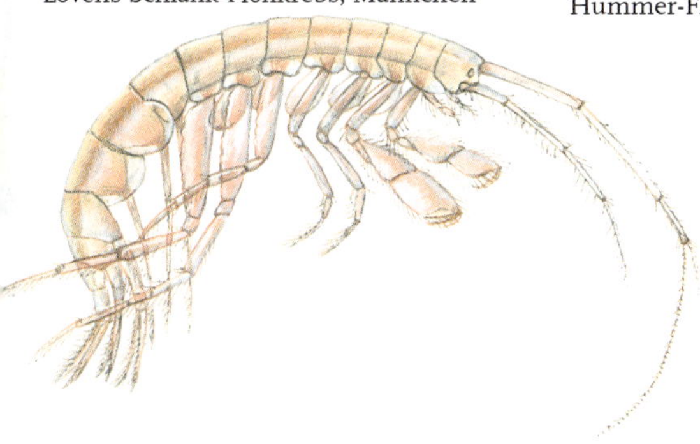

Baltische Reliktassel

Pontoporeia [Monoporeia] affinis Lindström

Länge bis 1 cm, Körper gelblich bis schwach orange, gelegentlich mit blaugrünem Glanz, Augen dunkel. Lebt in skandinavischen Seen. Im Meer ist sie tagsüber im Substrat vergraben. Ernährt sich von Algen und Detritus und kommt in Gewässern mit niedrigem Salzgehalt vor, gerne in der Nähe von Flussmündungen, ab wenigen Metern Tiefe. Außerdem in der Ostsee bis zu den Ålandinseln.

Meeres-Reliktasseln, *Pontoporeia femorata* Krøyer, sind bis 1 cm lang, gelblich und haben leuchtend rote Augen. Unterscheiden sich von der Baltischen Reliktassel durch einen zweigeteilten Dorn auf dem Rücken. Leben auf schlammigem Substrat, ab wenigen Metern Tiefe. In der Ostsee jedoch erst ab 10 m Tiefe. Kattegat und Ostsee bis zu den Ålandinseln. In der Ostsee wird die Art, genau wie *P. affinis*, als Eiszeitrelikt eingestuft.

Sandbank-Flohkrebs

Bathyporeia sarsi Watkin

Bis 8 mm lang, weißlich bis hellrot, rote Augen, erstes Antennenpaar mit Gelenk. Beim Weibchen sind die hellblauen Eier zwischen den Beinen oder im Körper sichtbar. Lebt in sandigem Substrat vergraben, wo er Kieselalgen von Sandkörnern abnagt. Ab der Niedrigwasserlinie, Nordsee und Ostsee bis um die Ålandinseln.

Baltische Reliktassel

Sandbank-Flohkrebs

Schiefaugen-Flohkrebs

Tmetonyx cicada (Fabricius)

Länge bis 2,2 cm, hell gelblich rosa mit rotem Rücken, roten L-förmigen Augen und dunkelvioletten Eiern, kurze Antennen. Lebt von toten oder sterbenden Fischen, u.a. von Netzfänglingen. Kann massenhaft in Kadavern auftreten, ab der Niedrigwasserlinie bis in große Tiefen. Nordsee, Skagerrak bis nördlicher Öresund.

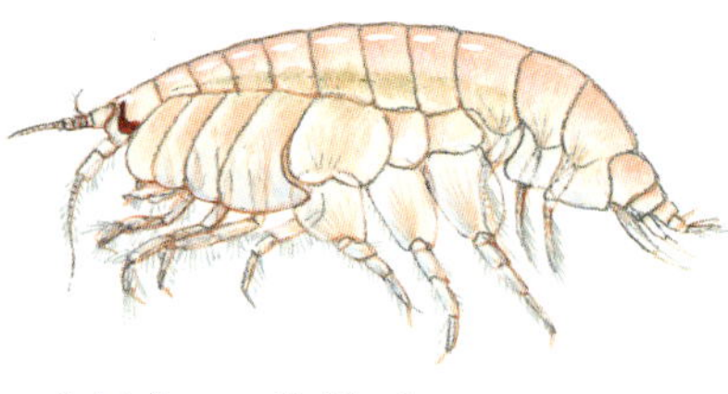

Schiefaugen-Flohkrebs

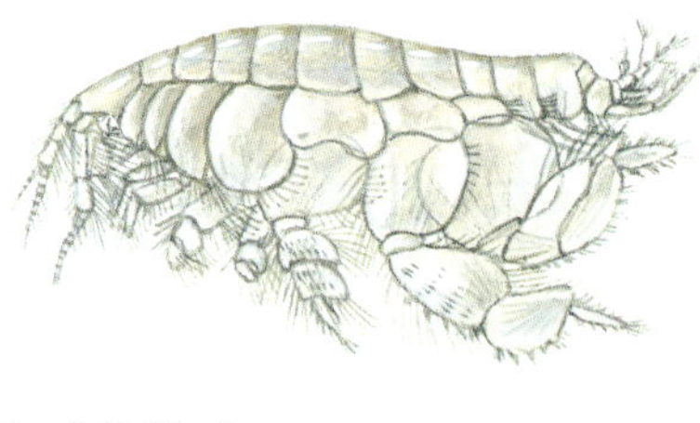

Sand-Flohkrebs

Nördlicher Punktaugen-Flohkrebs

Ampelisca macrocephala Lilljeborg

Bis 2 cm lang, durchscheinend mit rötlichen Flecken und kleinen hellroten Augen. Zweites Antennenpaar länger als das erste. Lebt auf schlammigem Substrat, ab 20 m. Nordsee bis Dänische Belte und Öresund.

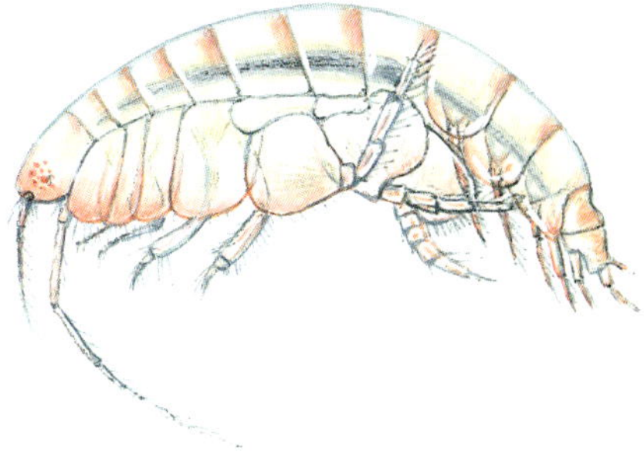

Nördlicher Punktaugen-Flohkrebs

Kammfühler-Röhrenflohkrebs

Haploops tubicola Lilljeborg

Bis 1,2 cm lang, halb durchsichtig, weißlich mit roten Augen und violetten Eiern. Baut eine flache, bis 6 cm lange und 1 cm breite, lederartige Schlammröhre, die etwa 1 cm aus dem Boden hervorguckt. Lebt von Detritus, der mit den vier gleichartigen, langen Antennen eingesammelt wird. Die Antennen gucken durch einen Schlitz aus der zugespitzten Röhre hervor. Die Röhren sind in Reihen quer zur vorherrschenden Wasserströmung angeordnet und können in manchen Gebieten dicht an dicht nebeneinander stehen. Ab 20 m Tiefe, von Skagerrak bis nördliche Dänische Belte und Öresund.
Zierliche Röhrenflohkrebse, *Haploops tenuis* Kanneworff, sind bis 8 mm lang, dünner und schwach bräunlich und haben einen Schlitz am oberen Ende der abgeschnitten wirkenden Röhre, ansonsten wie Kammfühler-Röhrenflohkrebs. Die beiden Arten haben das gleiche Verbreitungsgebiet.

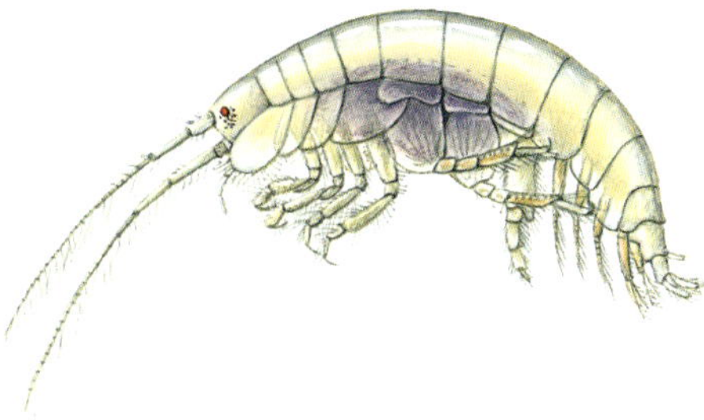

Kammfühler-Röhrenflohkrebs, Weibchen

Sand-Flohkrebs

Haustorius arenarius (Slabber)

Bis 1,2 cm lang, weiß mit kleinen farblosen Augen. Unterscheidet sich von anderen Flohkrebsen durch kräftigere, borstenbesetzte Grabbeine. Schwimmt und gräbt schnell. Lebt auf exponiertem, sandigem Substrat, ab der Niedrigwasserlinie. Nordsee bis Dänische Belte und Öresund.

Glatter Tangflohkrebs

Calliopius laeviusculus (Krøyer)

Bis 1,4 cm lang, oftmals hellolivgrün bis bräunlich mit helleren Flecken auf dem Rücken und großen dunkelbraunen Augen. Schnelle Schwimmer, können insbesondere in Algengebieten in großer Zahl auftreten. Ab der Niedrigwasserlinie, Nordsee und Ostsee bis um die Ålandinseln.

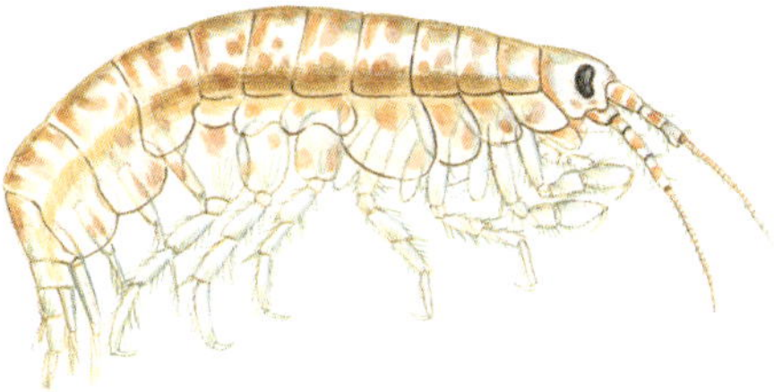

Glatter Tangflohkrebs

Gewöhnlicher Röhren-Flohkrebs, Männchen

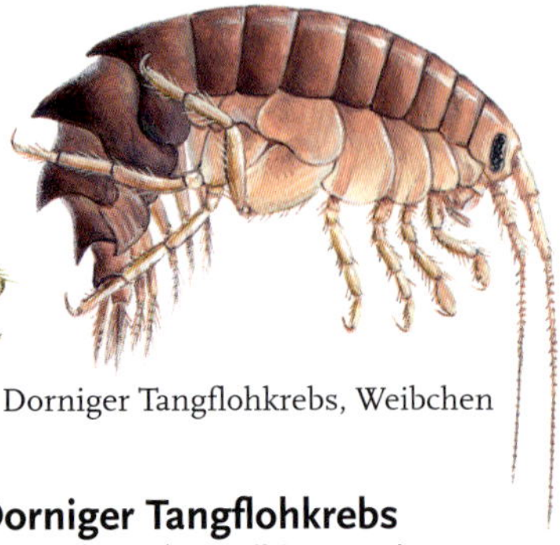

Dorniger Tangflohkrebs, Weibchen

Gewöhnlicher Röhrenflohkrebs
Amphitoë rubricata (Montagu)

Bis 2 cm lang. Die Färbung ist vom Lebensraum abhängig, entweder grün mit braunen Flecken oder rotbraun. Kleine rote Augen. Häufig zwischen Algen oder unter Steinen. Ab der Niedrigwasserlinie, Nordsee und Ostsee bis um Bornholm.

Sichel-Strandfloh
Jassa falcata (Montagu)

Bis 1 cm lang, Farbgebung vom Lebensraum abhängig, oftmals gräulich gelb mit kräftigen braunen, roten oder schwarzen Flecken. Augen klein und dunkel. Das äußerste Segment des zweiten Beinpaares ist stark vergrößert. Baut Röhren zwischen Algen und Hydroiden, ab der Niedrigwasserlinie. Nordsee bis Kattegat.

Dorniger Tangflohkrebs
Dexamine spinosa (Montagu)

Bis 1,2 cm lang, kräftig, rundrückig mit gezähntem Hinterkörper, oftmals rotbraun, hellrot oder gelb gefleckt, Augen dunkel. Lebt zwischen Algen, ab der Niedrigwasserlinie. Nordsee bis westliche Ostsee.

Scherenschwanz
Chelura terebrans Philippi

Länge bis 6 mm, hellbraun, Körper flach mit recht kurzen Antennen, ähnelt daher einer Assel. Der lange Dorn am Hinterkörper ist besonders beim Männchen stark ausgeprägt. Der Scherenschwanz frisst Gänge in Holz, z.B. Hafenmolen. Verbreitet von der Nordsee bis zum Skagerrak, kann durch Treibholz aber auch in andere Gebiete gelangen.

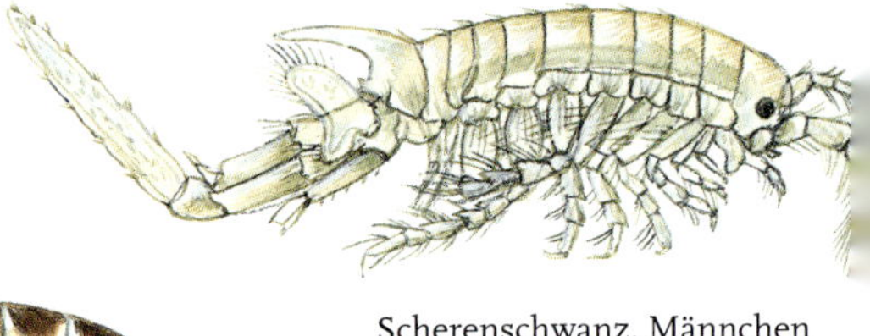

Scherenschwanz, Männchen

Sichel-Strandfloh, Männchen

Schlamm-Strandfloh
Corophium volutator (Pallas)

Bis 7 mm lang, hellgrau bis weißlich mit bräunlichem Muster. Das zweite Antennenpaar ist besonders stark ausgeprägt und kann beim Männchen Körperlänge erreichen. Häufige Art in geschützten, sandigen oder schlammigen Flachwassergebieten. Häufigste Krebstierart des Wattenmeeres. Wenn die Röhren bei Niedrigwasser trockenfallen, zieht sich der Strandfloh etwa 10 cm weit in die U-förmige Röhre zurück. Bei Hochwasser kann die Art frei umherschwimmen, sitzt jedoch zumeist an einer Öffnung der Röhre und sammelt mit Hilfe der langen Antennen Kieselalgen, Detritus und auf den Boden gefallene Partikel. Schlamm-Strandflöhe dienen vielen Watvögeln und Fischarten als Nahrung. Insbesondere junge Schollen, Flundern und andere Jungfische, die in den geschützten Wattenmeergebieten leben, ernähren sich von Schlamm-Strandflöhen. Nordsee und Ostsee bis um die Ålandinseln.
Röhren-Strandflöhe, *Corophium insidiosum* Crawford, sind bis 5 mm lang, ähneln den Schlamm-Strandflöhen, sind jedoch dunkler. Bauen dünne Schleimröhren u.a. auf Hydroiden, Muschelschalen, Algen und Seegras. Ab der Niedrigwasserlinie, Nordsee bis westliche Ostsee.

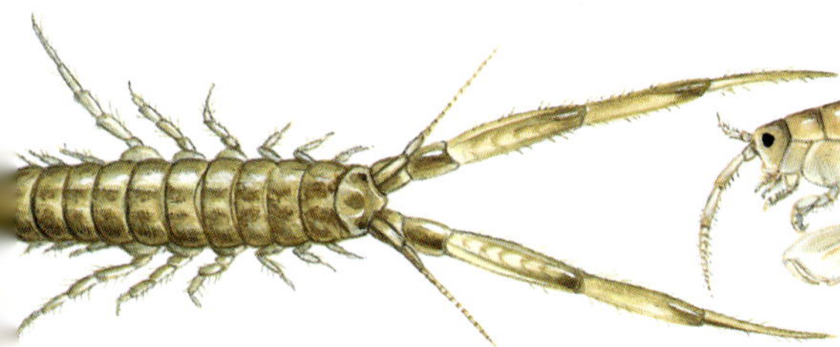

Schlamm-Strandfloh, Männchen

Sandhüpfer
Orchestia gammarellus (Pallas)

Bis 1,7 cm lang, Körper grau- bis rotbraun, glatt mit gekrümmtem Rücken und runden, dunklen Augen. Erstes Antennenpaar ist wesentlich kürzer als das zweite Paar. Zweites Brustbeinpaar des Männchens endet in einer scherenartigen Klaue. Kann mit Hilfe der kräftigen Sprungbeine etwa das Hundertfache der eigenen Körperlänge hüpfend zurücklegen. Nachtaktiv. Nordsee bis mittlere Ostsee.

Strandfloh
Talitrus saltator (Montagu)

Bis 1,8 cm lang, Körper hell sandfarben mit dunklen Augen. Körper ähnlich einem Sandhüpfer, jedoch ohne dessen Scherenklaue. Verhalten und Lebensraum wie Sandhüpfer. Nordsee bis Ostsee um Bornholm.
Haken-Strandflöhe, *Talorchestia deshayesii* (Audouin), sind bis 1 cm lang. Sie haben graugrün bis hell bräunliche Körper mit dunkleren Flecken. Augen sind dunkel. Die Männchen besitzen einen ausgeprägten Haken am zweiten Beinpaar, ansonsten wie Strandfloh. Nordsee bis mittlere Ostsee.

Sandhüpfer, Männchen

Strandfloh

Die kleine, abweichende Flohkrebsgruppe *Hyperiidea* umfasst Arten, bei denen die Augen nahezu die gesamte Größe des Kopfes ausmachen.

Quallenflohkrebs

Hyperia galba (Montagu)

Bis 2 cm lang, Körper kräftig, rundlich, hellrot bis gelbbraun und mit großen grünlichen Augen. Lebt parasitisch auf den Geschlechtsorganen von Ohrenquallen und Gelben Haarquallen. Kann auf der Suche nach einem neuen Wirt auch frei schwimmen. Gleiches Verbreitungsgebiet wie die Wirtstiere.

Die frei lebenden Arten der Flohkrebsgruppe *Caprellidea* unterscheiden sich durch ihren langen und extrem dünnen Körperbau stark von den anderen Flohkrebsen. Sie treten häufig in großen Mengen auf Algen und Hydroiden auf, an denen sie sich mit ihrem hintersten Beinpaar festhalten.

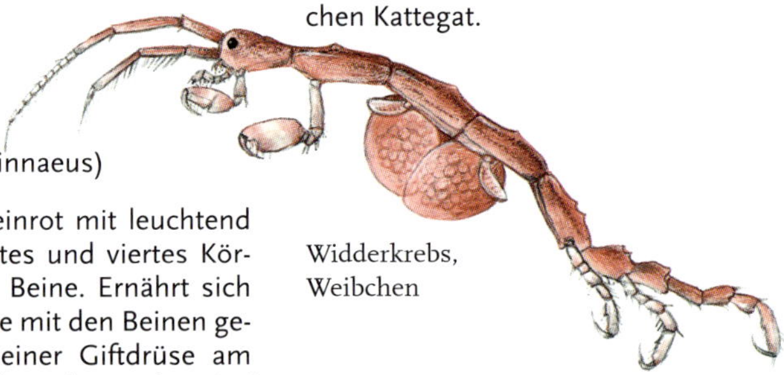

Widderkrebs, Weibchen

Widderkrebs

Caprella linearis (Linnaeus)

Bis 3 cm lang, weinrot mit leuchtend roten Augen. Drittes und viertes Körpersegment ohne Beine. Ernährt sich von Kleintieren, die mit den Beinen gefangen und mit einer Giftdrüse am zweiten Beinpaar betäubt werden. Auf Algen, ab wenigen Metern Tiefe. Nordsee bis westliche Ostsee.

Gespenstkrebse, *Phtisica marina* Slabber, sind bis 2 cm lang, Körper und Augen sind meistens dunkelrot. Sie haben sieben ausgeprägte Beinpaare. Leben gerne zwischen Algen und schwimmen viel, ab der Niedrigwasserlinie. Nordsee bis Dänische Belte und nördlicher Öresund.

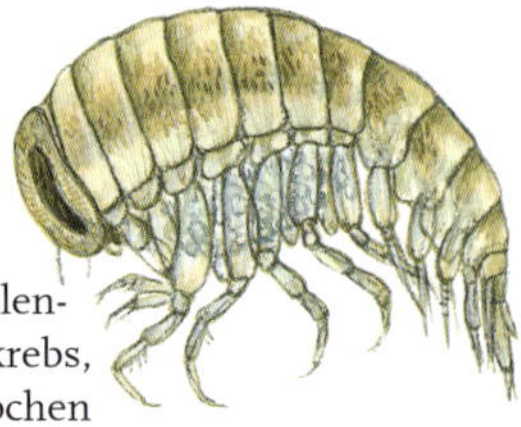

Quallenflohkrebs, Weibchen

Leuchtkrebse *(Euphausiacea)* sind wenige Zentimeter lange, durchsichtige Tiere, die Garnelen ähneln. Sie besitzen ein Kopfbrustschild, acht Paar Schwimmbeine sowie Leuchtorgane an den Seiten. Leuchtkrebse leben pelagisch in großen Schwärmen in Gewässern mit hohem Salzgehalt und ernähren sich von Phytoplankton und Zooplankton. Sie dienen Bartenwalen und vielen Fischarten als Nahrung.

Arktischer Krill

Meganyctiphanes norvegica (M. Sars)

Bis 4 cm lang, farblos mit Leuchtorganen am Ansatz des ersten Schwimmbeinpaares, Augen dunkel. Nordsee, Skagerrak und tiefe Gebiete des nördlichen Kattegat.

Arktischer Krill

Die **Zehnfüßigen Krebse** *(Decapoda)* besitzen zwei Paar Antennen und ein ausgeprägtes Kopfbrustschild. Die Kiemen sitzen zwischen Schild und Körper. Fünf Beinpaare, die mit Scheren oder Klauen ausgerüstet sein können. Außerdem gibt es fünf Hinterleibsbeinpaare.

Garnelen schwimmen mit Hilfe der Hinterleibsbeinpaare. Sie können sich aber auch fluchtartig rückwärts durch Schwanzbewegungen fortbewegen. Die Eier werden unter dem Hinterleib aufbewahrt. Garnelen besitzen ein zartes Außenskelett, ein Antennenpaar ist deutlich länger als das andere.

Nordseegarnele, Sandgarnele

Crangon crangon (Linnaeus)

Bis 8 cm lang, Farbe vom Untergrund abhängig, entweder gräulich braun, hell oder dunkel. Nordseegarnelen ernähren sich von Pflanzenmaterial und Kleintieren, aber auch von Kleinfischen. Sie sind Zwitter. Werden an der Nordseeküste fälschlicherweise als „Nordsee*krabben*" bezeichnet. Ab der Niedrigwasserlinie, von Nordsee bis Kattegat und nördlicher Öresund.
Schlamm-Nordseegarnelen, *Crangon allmanni* Kinaham, sind bis 7 cm lang. Ähneln Sandgarnelen, sind aber etwas schlanker und haben zwei Längsfurchen auf der Oberseite des Hinterleibs. Nordsee bis Kattegat und nördlicher Öresund.

Nordsee-garnele

Ostseegarnele

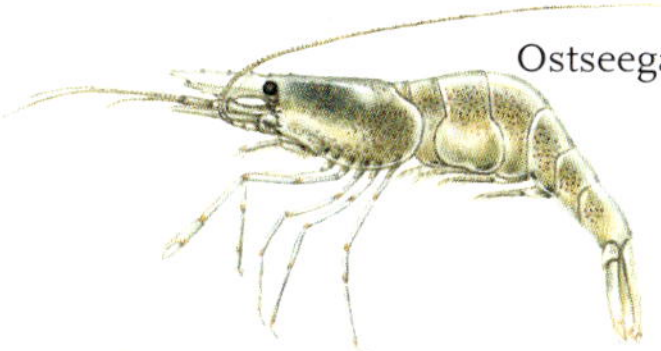

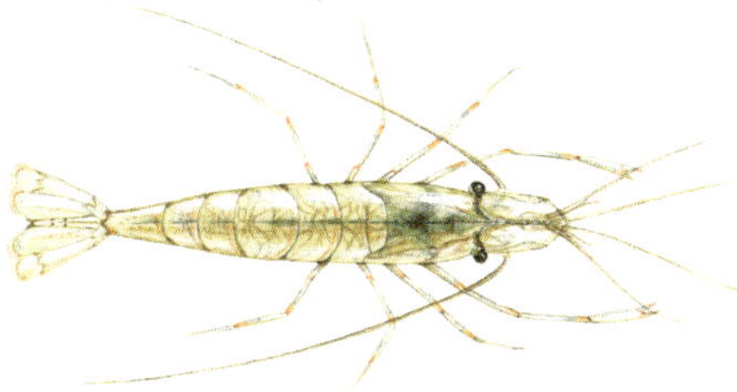

Hübsche Felsgarnele

Ostseegarnele

Palaemon adspersus Rathke

Bis 8 cm lang. Farbgebung vom Untergrund abhängig, oftmals durchscheinend graugrün mit bräunlichen Flecken. Rostrum lang und gezähnt. Lebt zwischen Seegras in geschützten Buchten und Fjorden. Ernährt sich von Kleintieren und Pflanzenmaterial. Ab der Niedrigwasserlinie, Nordsee bis Ostsee um die Ålandinseln.

Hübsche Felsgarnele, Steingarnele

Palaemon elegans Rathke

Bis 6 cm lang, Farbgebung variierend. Unterscheidet sich von der Ostseegarnele durch dunkelbraune Querstreifen und ihre bevorzugte Lebensweise zwischen Blasentang. Ab der Niedrigwasserlinie, Nordsee bis westliche Ostsee.
Brackwasser-Felsgarnelen, *Palaemonetes varians* (Leach), sind bis 6 cm lang, durchsichtig und haben orangefarbene Flecken. Kommen ausschließlich im Brack- oder Süßwasser vor. In salzigeren Gebieten werden sie von verwandten Arten durch Konkurrenz ausgeschlossen. Ab 20 m Tiefe. Nordsee bis westliche Ostsee.

Chamäleon-Garnele

Hippolyte varians Leach

Bis 3 cm lang, Rücken mit deutlichem Buckel, Rostrum etwas kürzer als Kopfbrustschild und setzt sich nicht kielartig auf den Schild fort. Die Farbe ist abhängig von den Algen, zwischen denen die Garnele lebt, sie kann einfarbig oder gestreift, grün, braun oder rot sein. Bei Sonnenuntergang färbt sich die Garnele dunkelblau bis dunkelgrün. Nordsee bis Kattegat und nördlicher Öresund.

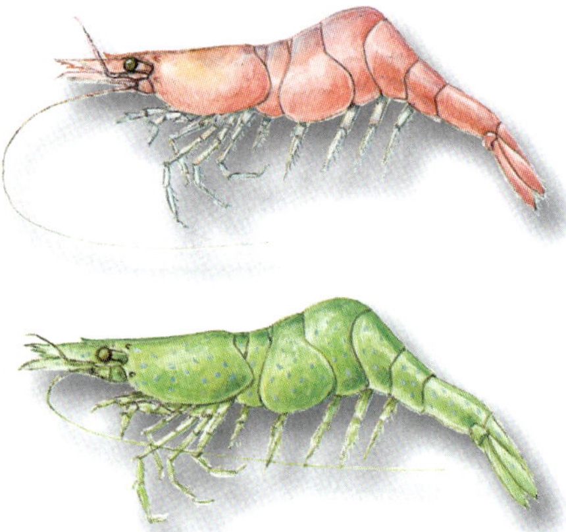

Chamäleongarnele, verschiedene Farbvarianten

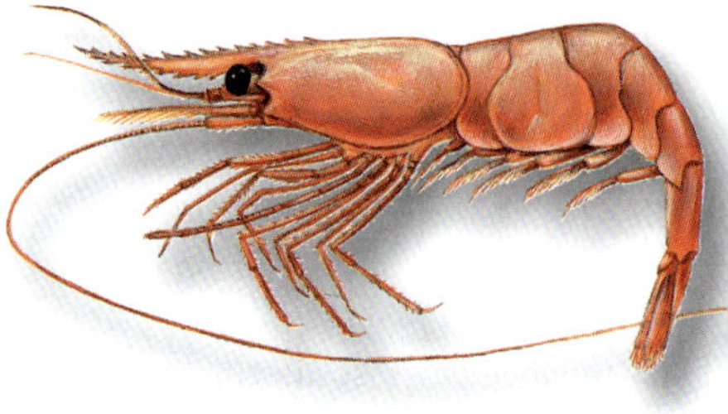

Tiefseegarnele

Tiefseegarnele, Grönlandgarnele

Pandalus borealis Krøyer

Bis 16 cm lang, rot mit runden schwarzen Augen und langem, gezähntem Rostrum. Das lange zweite Antennenpaar kann die mehrfache Körperlänge erreichen und ist rotweiß geringelt. Jungtiere sind meistens männlich, wechseln nach ein paar Jahren das Geschlecht und werden zu Weibchen. Ihre Nahrung besteht hauptsächlich aus kleinen Bodentieren. Sie dienen auch vielen Fischen als Nahrung. Tiefseegarnelen benötigen kalte Gewässer mit hohem Salzgehalt. Sie leben in Bodennähe, schwimmen nachts aber bis in Oberflächennähe. Tiefseegarnelen werden kommerziell im Skagerrak gefischt. Nördliche Nordsee bis östliches Kattegat, ab 20 m Tiefe.

Auf der Schwanzunterseite findet man gelegentlich die parasitische Assel *Hemiarthrus abdominalis* (Krøyer).

Äsopgarnele, Rote Garnele

Pandalus montagui Leach

Bis 12 cm lang, halb durchsichtig, gräulich mit roten Streifen und langem, nach oben gebogenem Rostrum. Lebt zwischen Algen, ab 10 m Tiefe. Südliche Nordsee, Skagerrak bis westliche Ostsee.

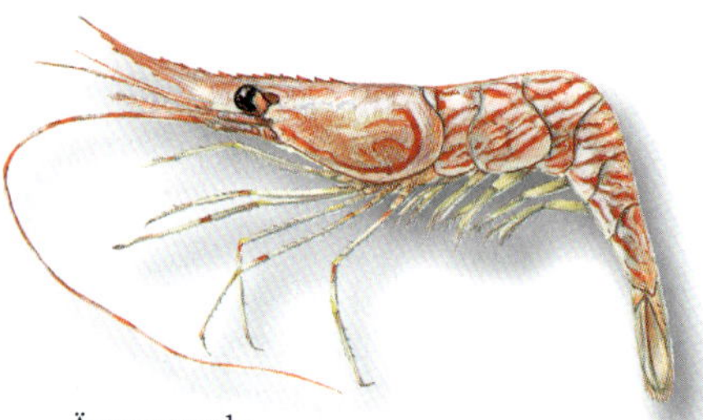

Äsopgarnele

Zu den Zehnfüssigen Krebsen gehören u.a. die Hummer. Sie besitzen zwei kräftige Scheren, vier Schreitbeinpaare und einen kräftigen Schwanz. Außerdem werden hier die Einsiedlerkrebse und verwandte Arten eingeordnet. Ihre letzten Beinpaare sind reduziert. Krabben haben ein Scheren- und vier Schreitbeinpaare sowie einen flachen, zurückgebildeten Schwanz, der unter die Körperunterseite eingeklappt wird.

Kaiserhummer, Norwegischer Hummer

Nephrops norvegicus (Linnaeus)

Bis 24 cm lang, mit rötlich gelben, dornenbesetzten, schmalen Scheren. Lebt in komplizierten Gangsystemen im Schlammboden. Verlässt die Gänge nur nachts um zu fressen. Die Nahrung besteht aus anderen Tieren, u.a. aus Schlangensternen. Wird mit Schleppnetzen gefangen. Nördliche Nordsee bis Kattegat, ab 25 m Tiefe.

Kaiserhummer

Europäischer Hummer

Europäischer Hummer

Homarus gammarus (Linnaeus)

Bis 70 cm lang, blauschwarz mit glatter Oberfläche und ungleich großen glatten Scheren. Im Alter wachsen die Scheren verhältnismäßig schneller als der Körper. Die größere Schere dient dem Zerknacken großer Muscheln, die kleinere dem Festhalten der Beute. Sucht nachts aktiv nach Nahrung, z.B. nach lebenden und toten Tieren. Jungtiere häuten sich häufig, ältere nur jedes zweite Jahr. Diese frisch gehäuteten Tiere sind eine leichte Beute für andere Arten, aber auch für andere Hummer. Die Eier sind zu Anfang blauschwarz, danach rötlich gelb und werden etwa ein Jahr lang zwischen den Beinen umhergetragen. Hummer leben an felsigen oder steinigen Küsten und Riffen. Sie werden in Reusen gefangen, die mit toten Fischen beködert sind. Leben zwischen 4 und 30 m Tiefe, von südlicher Nordsee bis Kattegat und nördlichem Öresund.

Spitzkopf-Tunnelkrebs

Calocaris macandreae Bell

Bis 5 cm lang, hell rötlich mit kleinen farblosen Augen und dünnem, nahezu durchsichtigem Panzer. Ernährt sich von Detritus. Lebt in Gangsystemen in schlammigem Substrat, ab 20 m Tiefe. Skagerrak und Kattegat.

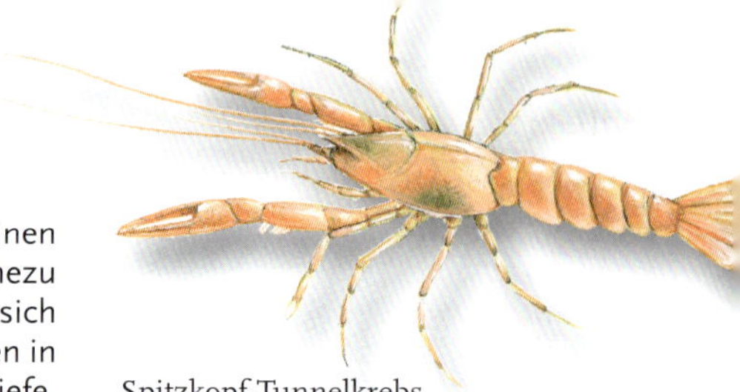

Spitzkopf-Tunnelkrebs

Schwarzer Porzellankrebs

Pisidia longicornis (Linnaeus)

Glatt, graurot oder bräunlich, Panzer bis 1 cm breit, mit großen, glatten Scheren. Lebt auf steinigem Substrat und ernährt sich von kleinen Partikeln, die er mit Hilfe der Mundwerkzeuge aus dem Wasser filtert. Ab wenigen Metern Tiefe, Nordsee bis Kattegat.

Schwarzer Porzellankrebs

Große Seespinne

Lithodes maja (Linnaeus)

Panzer bis 14 cm breit, rotbraun, krabbenähnlich, mit langen, geteiltem Rostrum. Panzer, Scheren und Schreitbeine sind stark dornenbesetzt. Das fünfte Beinpaar ist verkümmert und unter dem Panzer versteckt. Lebt auf verschiedenen Bodentypen und ernährt sich insbesondere von See- und Schlangensternen. Ab 15 m Tiefe, Nordsee bis nördlicher und östliches Kattegat.

Große Seespinne

Mittelkrebs

Galathea intermedia Liljeborg

Bis 2 cm lang, Panzerdurchmesser bis 1 cm, länglich, gefurcht mit kräftigem Rostrum, langen dornenbesetzten Scheren und drei dornenbesetzten Beinpaaren. Das hinterste Beinpaar ist reduziert. Lebt auf steinigem Substrat, ab 10 m Tiefe. Nordsee bis Kattegat und nördlicher Öresund.

Mittelkrebs

Bunter Furchenkrebs

Galathea strigosa (Linnaeus)

Körper bis 8 cm lang, Panzer stark behaart, bis 4 cm lang, unregelmäßig rotbraun gefärbt mit blauen Flecken und Querstreifen. Vor allem die Scheren sind stark dornenbesetzt. Rostrum mit drei Seitenzähnchen. Lebt in Höhlen und unter Steinen und Klippen, ab 10 m Tiefe. Nordsee bis Kattegat.

Kann mit dem **Schuppigen Furchenkrebs**, *Galathea squamifera* Leach, und dem **Rauen Furchenkrebs**, *Galathea nexa* Embleton, verwechselt werden. Diese haben jedoch vier Seitenzähnchen am Rostrum. Der Schuppige Furchenkrebs ist bis 6 cm lang, dunkelgrün bis dunkelbraun gefärbt, mit kleinen Knötchen auf den nahezu unbehaarten Scheren. Der Raue Furchenkrebs ist bis 4 cm lang, rötlich grün und hat keine Knötchen auf den Scheren. Ab 10 m Tiefe. Nordsee bis Kattegat.

Bunter Furchenkrebs

Runzliger Furchenkrebs

Munida rugosa (Fabricius)

Körper bis 7 cm lang, rötlich, längere und dünnere Scheren als andere Furchenkrebse und langes und spitzes Rostrum. Lebt auf schlammigem Substrat, ab 30 m Tiefe. Nordsee bis Kattegat.

Runzliger Furchenkrebs mit ausgeklapptem Hinterleib

Einsiedlerkrebs

Pagurus bernhardus (Linnaeus)

Bis 10 cm lang, Schild bis 3 cm lang, Hinterkörper weich, schief und sackartig. Einsiedlerkrebse bewohnen leere Schneckenhäuser. Die harten Scheren haben keine Kante. Die beiden reduzierten Beinpaare werden u.a. zum Festhalten des Gehäuses sowie der Eier benutzt. Unter den Schneckenhäusern sind nur die Gehäuse der Wellhornschnecke und der Spindelschnecke groß genug, um ausgewachsene Einsiedlerkrebse zu beherbergen. Kleine Einsiedlerkrebse haben eine größere Gehäuseauswahl. Die Art kann sich ohne Gehäuse nicht gegen Fressfeinde verteidigen. Beim Heranwachsen muss das Schneckenhaus mehrfach gewechselt werden, was immer eine Gefahr für den Krebs bedeutet. Normalerweise zieht sich der Krebs bei Gefahr ins Gehäuse zurück und verschließt die Öffnung mit der großen Schere. Einsiedlerkrebse ernähren sich von Kleintieren und Aas, können aber auch kleine Partikel aus dem Wasser oder Sand herausfiltern. Ab der Niedrigwasserlinie. Nordsee bis Dänische Belte und Öresund.

Raue Einsiedlerkrebse, *Pagurus cuanensis* Bell, haben ein bis 1,6 cm langes, gelbliches Schild mit rotbraunen Flecken. Beine rau bis plüschartig, linke Schere ohne Kante. Leben auf sandigem, schlammigem und kiesigem Substrat, ab wenigen Metern Tiefe. Nordsee bis Kattegat.

Haarige Einsiedlerkrebse, *Pagurus pubescens* Krøyer, haben ein bis zu 2 cm langes, unregelmäßig dunkelrot gezeichneter Schild. Alle Beine mit kurzer Behaarung, nur Schere nahezu haarlos. Linke Schere mit Längskante. Der Haarige Einsiedlerkrebs lebt auf verschiedenen Substraten, ab 10 m Tiefe. Verbreitet von der nördlichen Nordsee bis zum nördlichen Kattegat.

Einsiedlerkrebs, Weibchen

PARASITEN:
Einsiedlerkrebse und andere Zehnfüßige Krebse können von Parasiten befallen sein, die zu den Rankenfüßern gehören. Man sieht nur die weiblichen Parasiten an den Krebsen, da die Männchen in einem kleinen Sack im Weibchen aufbewahrt werden. *Peltogaster paguri* Rathke ist bis 1,5 cm lang und aprikosenrot. *Clistosaccus paguri* Lilljeborg ist bis 2,5 cm lang und gräulich weiß. Beide Arten sitzen wie kleine Würstchen am Hinterkörper des Haarigen Einsiedlerkrebses. Auch andere Einsiedlerkrebsarten können mit diesen oder weiteren Parasiten befallen sein. Es können mehrere Parasiten auf einem Wirt schmarotzen. Durch die Parasiten wird der Wirt kastriert.

Einsiedlerkrebs in einem mit Stachelpolypen bewachsenen Wellhornschneckengehäuse

Nordische Seespinne

Gewöhnliche Gespensterkrabbe

Nordische Seespinne

Hyas araneus (Linnaeus)

Panzer birnenförmig, graubraun und bis 10 cm lang. Da Seespinnen sich nur langsam fortbewegen können und keine großen Scheren besitzen, haben sie keine effektive Verteidigung gegen Fressfeinde. Als Schutz versuchen sie sich daher zu tarnen. Sie reißen mit den Scheren kleine Algen-, Schwamm- und Hydroidenstückchen ab, die mit Hilfe des Speichels auf den Körper geklebt werden. Suchen auch Schutz bei anderen Arten, z.B. bei Seeanemonen. Nordische Seespinnen ernähren sich vor allem von Seesternen. Leben auf Algen bewachsenem, gemischtsandigem oder steinigem Substrat, ab 10 m Tiefe. Nordsee bis westliche Ostsee.

Geigenkasten-Seespinnen, *Hyas coarctatus* Leach, haben einen graubraunen, bis 5 cm langen Panzer, der die Form eines kleinen Geigenkastens hat. Ähneln Nordischen Seespinnen, bevorzugen jedoch gemischtschlammiges Substrat und größere Meerestiefen. Nordsee bis Dänische Belte und nördlicher Öresund.

Gewöhnliche Gespensterkrabbe

Macropodia rostrata (Linnaeus)

Der bis 2 cm lange, graubraune, nach vorne hin zugespitzte Panzer und die langen Beine sind von kleinen Algen bewachsen. Bewegt sich sehr langsam. Lebt zwischen Seegras und Algen. Ernährt sich von kleinen Krebstieren. Nordsee bis westliche Ostsee.

Dornige Gespensterkrabbe

Inachus dorsettensis (Pennant)

Panzer bis 3 cm lang, gräulich braun und mit einer Querreihe von vier Dornen am vorderen Ende. Weiteste Beinspanne ca. 18 cm. Lebt auf Kiesboden, ab 10 m Tiefe. Nordsee bis Kattegat und nördlicher Öresund.

Glatte Kieselkrabbe

Ebalia tumefacta (Montagu)

Panzer rötlich grau, bis 1,2 cm lang, fast quadratisch, jedoch etwas breiter als lang. Augen und Rostrum klein. Ab 10 m Tiefe. Nordsee bis Kattegat.

Erdbeerkrabbe

Erynome aspera (Pennant)

Panzer bis zu 1,8 cm lang und mit Dornen und Knötchen besetzt, rotbraun mit gräulichen Flecken und tief eingeschnittenem Rostrum. Scheren lang und knotig. Erdbeerkrabben leben auf gemischtem Substrat oder Schalenkies, ab 15 m Tiefe. Nordsee bis Kattegat.

Glatte Kieselkrabbe

Erdbeerkrabbe, Männchen

Dornige Gespensterkrabbe

Taschenkrebs

Taschenkrebs

Cancer pagurus Linnaeus

Panzer glatt, rotbraun, bis 15 cm lang und 20 cm breit. Der Krebs kann mit den kräftigen Scheren große Muscheln zerknacken. Im Sommer lebt er auf steinigem und sandigem Substrat, ab wenigen Metern Tiefe, im Winter in tieferen Gewässern. Taschenkrebse werden in Reusen gefangen und können komplett gegessen werden, häufig werden aber nur die großen Scheren abgebrochen und der Krebs zurückgesetzt. Die Scheren wachsen jedoch nicht nach, so dass das Tier einen qualvollen Tod erleidet. Nordsee bis Kattegat und nördlicher Öresund.

Antennenkrebs, Männchen

Antennenkrebs

Corystes cassivelaunus (Pennant)

Panzer bis 4 cm lang, rötlich gelb und länger als breit. Bei den Männchen sind die Scheren besonders schlank und dunkler rot gefärbt als bei den Weibchen. Das Muster auf dem Panzer kann wie ein Gesicht aussehen. Antennenkrebse leben im Sandboden vergraben. Lebt ab 10 m Tiefe, Nordsee bis nördliches Kattegat.

Strandkrabbe

Carcinus maenas (Linnaeus)

Panzer bis 7 cm breit, glatt, braungrau bis grünlich. Jüngere Individuen oftmals gefleckt. Das letzte Schreitbeinpaar ist zugespitzt. Die orangefarbenen Eier werden unter dem breiten, eingeklappten Hinterleib des Weibchens aufbewahrt. Der Hinterleib des Männchens ist schmaler. Strandkrabben sind Allesfresser und wie viele andere größere Krebstiere nachtaktiv. Geschlechtsreife Tiefe häuten sich einmal jährlich, Jungtiere häufiger. Die abgestoßenen Panzer behalten die Krabbenform und werden häufig am Spülsaum angespült. Sie werden selbst u.a. von Dorschen und Aalen gefressen. Häufige Art zwischen Steinen, Algen und Seegras, ab der Niedrigwasserlinie. Nordsee bis Ostsee westlich von Bornholm.

Strandkrabbe

Ruderkrabbe

Ruderkrabbe

Liocarcinus [Macropipus] depurator (Linnaeus)

Panzer bis 5 cm breit, bräunlich marmoriert und mit haarigen Warzen bedeckt. Ruderkrabben sind schnelle Schwimmer, leben räuberisch und können auch schwimmende Fische fangen. Zum Schwimmen wird das hintere Beinpaar benutzt, dessen letzte Segmente ruderähnlich verbreitert sind. Die Schwimmbeine werden wie ein Propeller über dem Panzer geschwungen. Lebt überwiegend auf gemischtschlammigem Substrat, ab wenigen Metern Tiefe. Nordsee bis Kattegat und nördlicher Öresund.

Glatte Ruderkrabben, *Liocarcinus [Macropipus] holsatus* (Fabricius), ähneln Ruderkrabben, sind aber gräulicher mit glatterem, beinahe kreisrundem Panzer, der einen Durchmesser von bis zu 4 cm hat. Nordsee bis nördliches Kattegat, ab 10 m Tiefe.

PARASITEN:
Strand- und Ruderkrabben können von einem parasitisch lebenden Wurzelkrebs (Rankenfüßer) befallen werden.

Parasitischer Wurzelkrebs

Sacculina carcini Thompson

Der Wurzelkrebs ist gekennzeichnet durch einen etwa 2,5 cm breiten, gelblich braunen Klumpen, der mit einem Stiel an die Unterseite des Hinterleibs festgeheftet ist. Der Parasit verzweigt sich im Inneren der Krabbe, macht sie steril und beeinträchtigt den Hormonhaushalt des Wirtstieres so, dass der Hinterleib mehr in die Breite wächst. Die Krabbe verhält sich dann wie ein Weibchen mit Eiern und verbreitet den Parasiten wie ihren eigenen Nachwuchs. Nordsee bis westliche Ostsee.

Wollhandkrabbe

Eriocheir sinensis Milne-Edwards

Kann von anderen Krabben durch die behaarten Scheren unterschieden werden, die insbesondere beim Männchen sehr rau sind. Der Panzer ist bis zu 8 cm breit, rund und graugrün bis braun gefärbt. Wollhandkrabben stammen ursprünglich aus China, wurden jedoch zu Anfang des 20. Jahrhunderts durch Schiffe nach Deutschland eingeschleppt. In den 20er und 30er Jahren hat sich die Art entlang der Küsten nach Dänemark, Schweden und Finnland ausgebreitet. Die Krabben leben in Flüssen und wandern im Herbst und Winter zur Eiablage in Brack- und Salzwassergebiete. Die Jungtiere suchen dann wiederum Flüsse auf, wo sie bis zur Geschlechtsreife leben. Sie graben Gänge in Deiche und fressen Fische an, die in Netzen und Reusen festhängen. Wollhandkrabben leben in Küstennähe von Nordsee, Kattegat, Dänische Belte und Ostsee.

Erbsenkrabbe

Pinnotheres pisum (Linnaeus)

Panzer rund, glatt, graugelb mit symmetrischen, dunkleren Flecken. Das Weibchen hat einen weichen Panzer, der bis 1,2 cm breit ist. Der Panzer des Männchens ist hart und nur halb so groß. Erbsenkrabben leben in Muscheln, u.a. in Pferdemuscheln, Austern und Trogmuscheln. In jeder Muschel sitzt höchstens ein Weibchen. Erbsenkrabben ernähren sich von der Nahrung der Muschel. Nordsee bis Kattegat.

Wollhandkrabbe, Männchen

Strandkrabbe, vom Parasitischen Wurzelkrebs befallen

Erbsenkrabbe, Weibchen

Spinnenartige *Chelicerata*

Die Spinnenartigen sind in einen Vorder- und Hinterkörper gegliedert, besitzen jedoch keinen Kopf und keine Antennen. Das vorderste Mundwerkzeugpaar ist oftmals mit Scheren ausgestattet. Am Vorderkörper sitzen vier Beinpaare an. Zu den Spinnenartigen gehören die Spinnentiere (Skorpione, Spinnen, Milben) sowie die Asselspinnen.

Asselspinnen *Pycnogonida*

Asselspinnen sind meist dünne Spinnentiere mit vier langen, dünnen Schreitbeinpaaren. Der Körper ist schmal und der Hinterkörper reduziert. Das Männchen trägt die Eier an einem zusätzlichen Schreitbeinpaar (Eiträger). Die meisten Arten leben auf Hydroiden und Seeanemonen, die sie aussaugen.

Zierliche Asselspinne
Nymphon brevirostre Hodge

Körper bis 6 cm lang, rötlich, schlank und mit sehr langen, dünnen Beinen. Das Männchen trägt eine oder mehrere Eipakete auf den Eiträgern. Lebt in Algengürteln, auf Molen und auf Steinen und schmarotzt an Hydroiden. Ab der Niedrigwasserlinie, Nordsee bis westliche Ostsee.

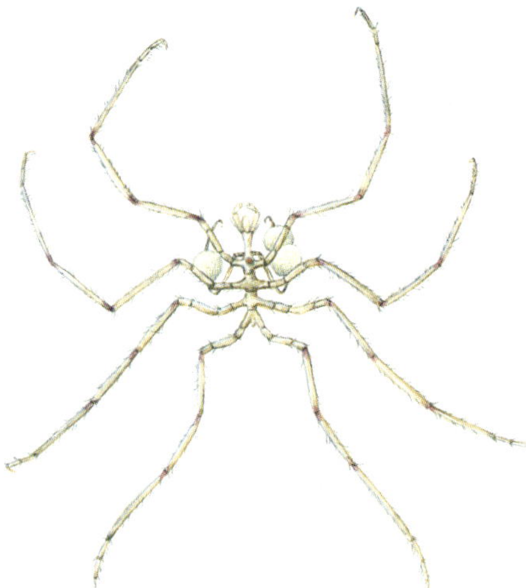

Zierliche Asselspinne

Knotige Asselspinne

Knotige Asselspinne
Pycnogonum littorale (Strøm)

Dicker, platter, weißlich gelber bis brauner Körper, bis 1,5 cm lang und mit kurzen, dicken Beinen. Die Beinspanne beträgt bis zu 3 cm. Das Männchen trägt einen großen platten Eiklumpen auf der Unterseite. Knotige Asselspinnen sitzen häufig an der Stielbasis von Seeanemonen, oftmals mehrere Tiere beieinander, und saugen Körperflüssigkeit. Sie kommen ab der Niedrigwasserlinie vor, von Nordsee bis westliche Ostsee.

Insekten *Insecta, Hexapoda*

Der Insektenkörper ist in Kopf, Brust und Hinterleib untergliedert. Der Kopf ist mit einem Fühler- oder Antennenpaar ausgestattet. Das Brustsegment besitzt drei Beinpaare, der Hinterkörper ist beinlos. Zu den Insekten gehören u.a. die Springschwänze, Borstenschwänze und die geflügelten Insekten.

Springschwänze
Collembola

Springschwänze sind nur wenige Millimeter lang. Die Tiere können mit Hilfe eines gegabelten Körperanhangs, der auf der Unterseite des Hinterkörpers sitzt, große Sprünge machen. Die meisten leben in den obersten Erdschichten an Land. Einfache Arten sind auch ans Wasser gebunden. Die Haut der Springschwänze ist wasserabweisend, so dass die meisten Tiere auf der Oberfläche schwimmen können.

Felskriecher
Anurida maritima (Guerin-Meneville)

Bis 3 mm lang, blauschwarz, plump. Schwimmt häufig auf dem Oberflächenhäuten von Tümpelwasser, auch auf Klippen und angespülter Vegetation. Nordsee bis Ostsee.
Tang-Felskriecher, *Hypogastrura viatica* (Tullberg), sind bis 2 mm lang, dunkelblau bis dunkelviolett und ähneln *A. maritima*. Sie leben zwischen vergammelnden Algen und in Tümpeln. Nordsee bis Ostsee.

Felskriecher

Borstenschwänze
Thysanura

Haben lange Antennen und lange Schwanzfortsätze und leben in Felsspalten nahe dem Wasser.

Borstenschwanz, Felsenspringer
Petrobius brevistylis Carpenter

Körper bis 1 cm lang, graubraun bis grünlich marmoriert, mit großen Augen und drei langen Schwanzfortsätzen. Ernährt sich von organischem Material und Grünalgen. Nordsee bis mittlere Ostsee.

Borstenschwanz

Moostierchen *Bryozoa, Ectoprocta*

Moostierchen bilden Kolonien, die aus einer Vielzahl etwa 1,5 mm großer, gefäßförmiger Einzelindividuen bestehen. Sie können flache Beläge auf Steinen und Pflanzen bilden, aber auch frei in verzweigten Büscheln oder Klumpen wachsen. Jedes Einzelindividuum besitzt einen Tentakelkranz, der dazu benutzt wird, Kleinpartikel, z.B. Algen, aus dem Wasser zu filtrieren. Bei den meisten Arten unterscheiden sich die Individuen nicht, ein paar Arten sind jedoch polymorph. Das bedeutet, dass die Kolonie die Arbeit unter den unterschiedlichen Individuen aufgeteilt hat. Einige sind für die Nahrungsaufnahme verantwortlich, andere für die Fortpflanzung oder für die Verteidigung. Moostierchen sind überwiegend Zwitter und haben außer einer ungeschlechtlichen Knospung auch ein geschlechtliches Stadium, eine pelagisch lebende Larve.

Zu den **Stenolaemata** gehören steife, verkalkte, buschförmige oder krustenförmige Moostierchen. Die Einzelindividuen sind lang, schmal und röhrenförmig und haben eine kreisrunde Öffnung.

Weißes Moostierchen

Weißes Moostierchen
Crisia eburnea (Linnaeus)

Kolonie bis 2 cm hoch, weißlich, aufgrund kurzer Chitinsegmente am Ansatz der verkalkten Arme beweglich. Die Spitzen der Verzweigungen neigen sich zur Mitte. Das Weiße Moostierchen lebt auf Algen, Tieren, Steinen und Pfählen, ab wenigen Metern Tiefe. Nordsee bis westliche Ostsee.

Bei den **Cheliostomata** sind die Wände der Einzelindividuen teilweise verkalkt. Die Kolonien variieren in ihrem Aussehen und können busch-, netz- oder klumpenförmig sein.

Die **Seerinden** *(Membraniporidae)* bilden flache, weißliche Beläge auf Steinen, Algen und Seegras. Die jüngsten Individuen sitzen am Rand der Kolonie. Seerinden werden u.a. von Nacktschnecken gefressen.

Zottige Seerinde, stachelige Variante auf Rotalge

Gewöhnliche Seerinde (unten) und Zottige Seerinde auf Palmentang

Gewöhnliche Seerinde

Membranipora membranacea (Linnaeus)

Die bis zu 1 m^2 große, runde, gelappte Kolonie tritt als ein dünner, weißlicher bis durchsichtiger Belag in Erscheinung. Eine solche Kolonie kann aus ein paar Millionen rechteckigen Einzeltieren bestehen, die wie Mauersteine dicht an dicht aneinander gereiht sind. Keine hohen Ansprüche an die Wasserqualität. Ab der Niedrigwasserlinie, von Nordsee bis westliche Ostsee.

Zottige Seerinde

Electra pilosa (Linnaeus)

Die weißliche Kolonie bildet mehr oder weniger sternförmige Beläge auf Blasentang und eher ungleichmäßige Beläge auf kleineren Algen, Seegras oder Muschelschalen. Die einzelnen Tiere sind birnenförmig bis oval. Flache Kolonien haben flache Dornen, auf zylindrisch runden Algen können die Dornen jedoch recht groß werden, so dass die Kolonie stachelig wirkt. Die Art wächst am besten in sauberem, strömendem Wasser. In der südlichen Nordsee gibt es eine besondere Variante, die man als bis zu 6 cm große Klumpen am Spülsaum finden kann. Lebt ab der Niedrigwasserlinie, von Nordsee bis westliche Ostsee.

Krusten-Seerinde auf Miesmuschel

Krusten-Seerinde

Electra crustulenta (Pallas)

Die flachen, verkalkten Kolonien, die aus sechskantigen Einzeltieren bestehen, bilden flache Beläge auf Seegras, Algen, Pfählen, Steinen und Muschelschalen. Die Krusten-Seerinde verträgt Brackwasser sowie größere Salzgehaltsschwankungen. In Flachwassergebieten, von Nordsee bis Ostsee um die Ålandinseln.

Blätter-Moostierchen *(Flustridae)* bilden freie, aufrecht stehende Kolonien, die Knorpeltang ähneln können. Die „Blätter“ bestehen aus einer doppelten Schicht von Einzeltieren, die Rücken an Rücken sitzen.

Blätter-Moostierchen
Flustra foliacea (Linnaeus)

Kolonie bis 20 cm groß, gelblich braun mit breiten, abgerundeten Verzweigungen. Lebende Tiere evt. mit würzigem, rosmarinartigem Geruch. Leben auf Muschelschalen und Steinen. In strömungsreichen Gebieten wachsen sie mitunter in sehr dichten Beständen. Werden häufig an der Nordseeküste angespült. Ab wenigen Metern Tiefe, Nordsee bis westliche Ostsee.

Gabeliges Moostierchen
Securiflustra securifrons (Pallas)

Bildet bis 15 cm hohe, strohgelbe, verzweigte, wedelförmige Kolonien mit kantigen Ästchen. Lebt auf Steinen und Muschelschalen, ab wenigen Metern Tiefe. Nordsee bis Kattegat.

Die nachfolgenden Arten gehören verschiedenen, nicht miteinander verwandten Familien an.

Verzweigtes Moostierchen

Blätter-Moostierchen

Gabeliges Moostierchen

Verzweigtes Moostierchen
Scrupocellaria scruposa (Linnaeus)

Kolonie reich verzweigt, grauweiß, verkalkt, wenige Zentimeter hoch, buschartig und kräftig. Wächst auf Algen, Muschelschalen, Hydroiden und Blätter-Moostierchen, ab wenigen Metern Tiefe. Nordsee bis Kattegat und nördliche Dänische Belte.

Spiral-Moostierchen

Stacheliges Moostierchen auf Sägetang

Rauhaariges Moostierchen

Spiral-Moostierchen

Bugula plumosa (Pallas)

Die bis zu 8 cm hohe, orangebraune, wendeltreppenartige Kolonie besteht aus vielen weichen, gegabelten Ästchen, die spiralförmig um den Stamm ansitzen. Die lang gestreckten einzelnen Individuen sitzen in zwei Reihen entlang der Ästchen. Leben meist auf Klippen, Molen und Muschelschalen. Ab der Niedrigwasserlinie, von Nordsee bis Kattegat.

Netz-Moostierchen

Reteporella [Sertella] beaniana (King)

Die becher- bis trichterförmige, stark verzweigte Kolonie ist bis zu 4 cm hoch und 5 cm breit. Indem die einzelnen Äste miteinander verwachsen sind, bildet sich ein Netzmuster. Lebende Kolonien sind hellrosa gefärbt, tote Kolonien sind weißlich. Die Art sitzt auf Steinen und Schalen, ab 10 m Tiefe. Nordsee bis Kattegat.

Netz-Moostierchen

Zu den **Ctenostomata** gehören Moostierchenkolonien mit nicht verkalkten Einzelindividuen.

Stacheliges Moostierchen

Flustrellidra hispida (Fabricius)

Die dicke, weiche, rotbraune, stachelige Kolonie hat einen Durchmesser von bis zu 6 cm und lebt auf hartem Substrat und Algen, gerne auf Sägetang. Die Art verträgt Trockenfallen. Ab der Hochwasserlinie, von Nordsee bis Ostsee um Bornholm.

Büscheliges Moostierchen

Bowerbankia imbricata (Adams)

Die Kolonien werden bis 8 cm hoch und können entweder aufrecht stehen oder flach liegen. Sie leben auf Steinen, Algen oder Krebstieren. Die ca. 1 mm großen, gefäßförmigen Einzelindividuen sitzen in kleinen Bündeln am dicken, hornfarbenen Stamm. Die Art verträgt Brackwasser und Trockenfallen und kommt ab der Hochwasserlinie vor. Nordsee bis mittlere Ostsee.

Büscheliges Moostierchen

Gallert-Moostierchen auf Sägetang

Aufrechtes Ledermoostierchen

Klammer-Moostierchen auf Hydroid

Bei den Ledermoostierchen *(Alcyonidiidae)* sind die Einzeltiere in eine gelatineartige Masse eingefasst. Die dicken, verzweigten Kolonien können einer Miniaturausgabe der Toten Mannshand ähneln.

Aufrechtes Ledermoostierchen

Alcyonidium diaphanum (Hudson)

Die bis zu 30 cm hohe, aufrechte, zylindrische bis keulenförmige, oftmals verzweigte, gelbbraune bis graugrüne Kolonie lebt auf sandigem oder steinigem Substrat. Die Art kann bei Menschen eine Allergie auslösen, sie verursacht rote Flecken auf der Haut, die sich zu offenen Wunden entwickeln können. Ab wenigen Metern Tiefe, Nordsee bis westliche Ostsee.

Gallert-Moostierchen

Alcyonidium gelatinosum (Linnaeus)

Die Kolonie kann bis 5 cm^2 groß werden und bildet farblose bis graugelbe, glänzende, glatte Beläge. Oftmals auf Sägetang. Ab der Niedrigwasserlinie, von Nordsee bis Ålandinseln.

Rauhaariges Moostierchen

Alcyonidium hirsutum (Fleming)

Die gelblich braune Kolonie wird bis 5 cm^2 groß und bildet häufig dicke Beläge auf Steinen. Die Warzen lassen die Oberfläche rau erscheinen. Ab der Niedrigwasserlinie, von Nordsee bis mittlere Ostsee (Abbildung auf Seite 177).

Klammer-Moostierchen

Alcyonidium parasiticum (Fleming)

Die unebene Oberfläche der Kolonie kann Schlammpartikel zurückhalten, wodurch sie ein schlammiges Aussehen bekommt. Die Kolonien bilden bis zu 10 cm lange Überzüge auf Hydroiden und Rotalgen. Ab wenigen Metern Tiefe, von Nordsee bis Dänische Belte.

Armfüßer *Brachipoda*

Die Armfüßer *(Brachiopoda)* haben zwei Kalkschalen und ähneln den Muscheln, sind jedoch nicht mit ihnen verwandt. Die beiden Schalenhälften bestehen bei den Armfüßern aus einer Rücken- und einer Bauchschale, bei den Muscheln aus einer rechten und einer linken Schale. Ein großer, hufeisenförmiger Tentakelkranz füllt den größten Teil des Schaleninnenraumes aus. Die Tentakeln verursachen eine Wasserströmung und transportieren kleine Schwebstoffe zum Mund. Viele Arten haben einen Stiel, mit dem sie auf der Unterlage festsitzen. Die meisten leben in tiefen Gewässern auf hartem Substrat. Sie sind getrenntgeschlechtig und haben eine kleine, pelagisch lebende Larve.

Crania

Crania anomala (O.F. Müller)

Bis 1 cm breit, rotbraun und mit runder, dünner Schale. Die untere Schale ist flach und an Steinen oder Klippen festgewachsen, die obere Schale ist gewölbt und zugespitzt. Die Art ähnelt einer Napfschnecke. Ab 15 m Tiefe, Nordsee, Skagerrak, östliches Kattegat und nördlicher Öresund.

Crania

Terebratulina

Terebratulina retusa (Linnaeus)

Schale weißlich, bis 3 cm lang und längs gestreift. Beide Schalenhälften sind häufig durch ein Band miteinander verbunden. Terebratulina sitzt an einem kurzen Stiel auf Steinen oder Klippen fest. Der Stiel kommt aus einer runden Öffnung am Ende der gewölbten Bauchschale heraus. Nordsee, Skagerrak und östliches Kattegat.

Terebratulina

Stachelhäuter

Echinodermata

Versteinerter Seeigel

Zu den Stachelhäutern gehören Federsterne, Seesterne, Schlangensterne, Seeigel und Seegurken. Den radiärsymmetrischen Körperbau kann man bei den Federsternen, Seesternen und Schlangensternen gut erkennen. Seeigel sind mehr oder weniger rundlich bis kugelförmig, Seegurken sind länglich. Alle Gruppen haben Verkalkungen in der Haut, und die meisten Arten haben spitze, bewegliche Kalkstacheln auf der Haut. Bei den Seeigeln und einigen anderen Arten befinden sich zwischen den Stacheln kleinere Scheren, die der Verteidigung dienen. Die Saugfüßchen werden von dünnen, sehr beweglichen Körperausstülpungen gebildet, die mit dem inneren hydraulischen System in Verbindung stehen. Die Saugfüßchen werden zum Festhalten, Fortbewegen, zur Nahrungsaufnahme und als Kiemen benutzt. Stachelhäuter haben ein großes Regenerationsvermögen, so dass verlorene Arme wieder neu nachwachsen können. Sie sind getrenntgeschlechtig, die beiden Geschlechter sind jedoch schwer zu unterscheiden. Die meisten Arten geben Eier und Samenflüssigkeit direkt ins Wasser ab, wo auch die Larvenentwicklung stattfindet. Einige Arten gebären lebende Junge, manche betreiben Brutpflege. Stachelhäuter sind in der Regel recht bunt gefärbt und leben nur in Gewässern mit hohem Salzgehalt. Die Geschlechtsorgane großer Seeigel sind in vielen Ländern eine Delikatesse, große Seegurken werden in asiatischen Ländern gegessen. Aufgrund ihres Kalkskeletts sind viele ausgestorbene Arten als Fossilien erhalten geblieben.

Federsterne *Crinoidea*

Kleiner Körper, von dem fünf oder zehn lange, verzweigte und gegliederte Arme ausgehen. Die rötlichen Anhänge am Körper werden zum Festhalten benutzt. Mund und After sitzen auf der Körperoberseite zwischen den langen Armen, die dem Fangen von Plankton dienen. In tiefen Gewässern sitzen Federsterne mit einem Stiel fest, in flachen Gewässern sind sie stiellos.

Federstern

Antedon petasus Düben & Koren

Arme bis 12 cm lang, bräunlich mit roten Querstreifen. Federsterne können mit Hilfe ihrer Arme schwimmen oder kriechen, indem sie mit den Armen den Körper vom Boden hochdrücken. Leben hauptsächlich auf Steinen und Klippen, ab 10 m Tiefe. Nördliche Nordsee, Skagerrak und Kattegat.

Seesterne *Asteroidea*

Der flache Körper geht fließend in fünf oder mehr Arme über, die manchmal so kurz sind, dass das Tier einem Fünfeck ähnelt. Der Mund sitzt in der Mitte der Unterseite. In einer Furche auf der Armunterseite befinden sich mehrere Reihen Saugfüßchen, an der Spitze der Arme ist ein Sehorgan.

Nordischer Kammstern

Astropecten irregularis (Pennant)

Durchmesser bis 12 cm, hellorange bis hellviolett. An den Kanten der fünf flachen, steifen Arme sitzt ein Kamm langer und spitzer Stacheln. Mit Hilfe der Saugfüßchen kann sich die Art schnell auf sandigem oder schlammigem Substrat fortbewegen. In Ruhephasen leben Kammsterne halb im Substrat vergraben. Sie ernähren sich von kleinen Muscheln, Krebstieren und Schlangensternen, die als Ganzes verschluckt werden. Leben ab 10 m Tiefe, von Nordsee bis Dänische Belte und nördlicher Öresund.
Psilaster-Seesterne, *Psilaster andromeda* (Müller & Troschel), sind bis 20 cm breit und ähneln Nordischen Kammsternen, haben jedoch spitzere Arme, kleinere Randplatten und keinen Kamm. Ab 50 m Tiefe, nördliche Nordsee und Skagerrak.

Luidia-Seestern

Luidia sarsi Düben & Koren

Bis 20 cm breit, mit fünf schlanken, rotbraunen, zugespitzten Armen. Die Arme können bei Gefahr leicht abgeworfen werden. Die Art ernährt sich von anderen Stachelhäutern. Lebt auf sandigem und schlammigem Substrat ab 10 m Tiefe. Nordsee bis Kattegat und nördlicher Öresund.

Nordischer Kammstern

Luidia-Seestern

Federstern

Kurzarmiger Seestern

Porania pulvillus (O.F. Müller)

Bis 12 cm breit. Körper breit, gewölbt und mit kurzen, breiten Armen. Oberseite weich, leuchtend dunkelrot mit hellerem Muster. Lebt überwiegend auf hartem Substrat, ab 10 m Tiefe. Der Kurzarmige Seestern ernährt sich hauptsächlich von Toter Mannshand. Nördliche Nordsee, Skagerrak und Kattegat.

Kurzarmiger Seestern

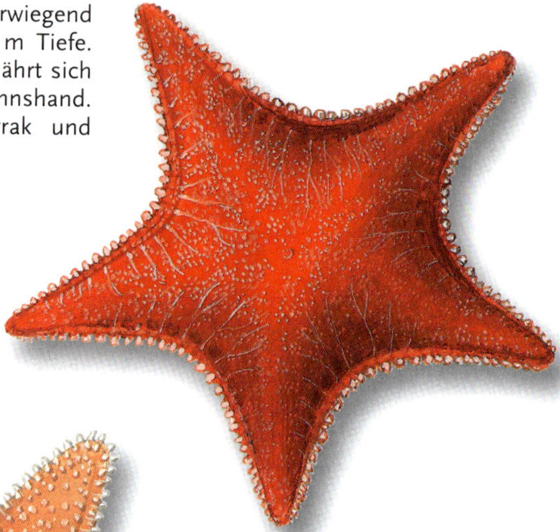

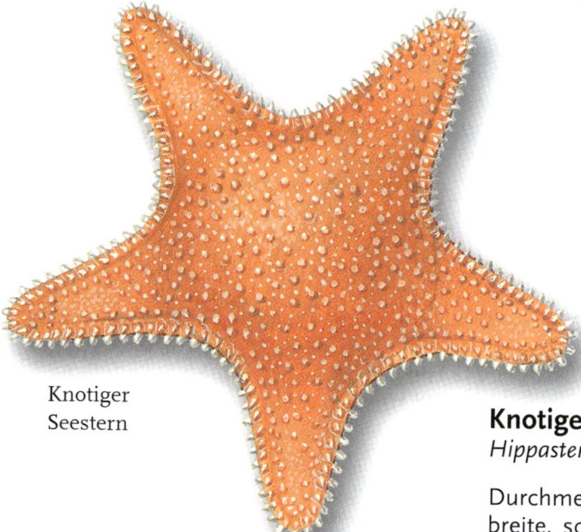

Knotiger Seestern

Knotiger Seestern

Hippasteria phrygiana (Parelius)

Durchmesser bis 20 cm. Der große, breite, schwach gewölbte Körper und die kurzen, breiten Arme sind mit kurzen, breiten, weißen Stacheln bedeckt, zwischen denen kleinere Stacheln sitzen. Die Oberseite ist hell rötlich bis orange. Ernährt sich von Toter Mannshand und lebt auf hartem oder gemischtschlammigem Substrat. Nordsee, Skagerrak, Kattegat und nördlicher Öresund.

Gewöhnlicher Sonnenstern

Gewöhnlicher Sonnenstern

Crossaster papposus (Linnaeus)

Durchmesser bis 25 cm, Körper und die 11–13 Arme in der Regel purpurrot. Arme mit weißlichen und dunkelroten Querbändern, Oberseite mit Netzmuster. Die kräftigen Stacheln stehen in Gruppen. Ernährt sich überwiegend von anderen Stachelhäutern. Ab wenigen Metern Tiefe, Nordsee bis westliche Ostsee.

Purpur-Sonnenstern

Solaster endeca (Linnaeus)

Bis 35 cm Durchmesser, 8–12 Arme. Farbe variiert von Orange bis Violett. Kleine Stachelbündel auf der Oberseite lassen sie rau erscheinen. Ernährung wie beim Gewöhnlichen Sonnenstern. Ab 20 m Tiefe, nördliche Nordsee, Skagerrak, Kattegat und nördlicher Öresund.

Purpur-Sonnenstern

Blutstern

Henricia sanguinolenta (O.F. Müller)

Durchmesser bis 12 cm, rot bis hellviolett. Arme lang und mit sandpapierartiger Oberfläche. Ernährt sich von Kieselschwämmen. Blutsterne betreiben Brutpflege und beschützen ihre Eier, indem sie diese mit den Armen unter dem Körper umschließen. Leben auf hartem Substrat, ab wenigen Metern Tiefe. Nördliche Nordsee bis westliche Ostsee.

Gemeiner Seestern

Asterias rubens Linnaeus

Durchmesser bis 25 cm, in großen Meerestiefen gelegentlich auch bis 40 cm. Die Farbe variiert von Dunkelviolett, Dunkelblau, Rotbraun bis Orange, am hellsten in tiefen Gewässern. Ein oder mehrere Arme können fehlen oder gerade neu nachwachsen. Seesterne ernähren sich sowohl von lebenden Tieren als auch von Aas. Die Hauptnahrung besteht aus Miesmuscheln. Dabei umschließen die Arme des Seesterns die Muschel, mit Hilfe der Saugfüßchen werden die beiden Schalenhälften ein wenig auseinander gezogen. Danach steckt der Seestern seinen ausstülpbaren Magen in die Muschel und verdaut ihren Inhalt. Einige Muschelarten haben eine Fluchtmethode entwickelt. Bei Berührung eines Seesternarmes schwimmen sie ruckartig davon. Seesterne werden von Sonnensternen und Krabben gefressen. Wird ein Seestern an einem Arm angegriffen, kann er diesen am Ansatz abschnüren und sich somit das Leben retten. Der abgeschnürte Arm wächst nach einiger Zeit wieder nach. Seesterne vertragen Brackwasser besser als verwandte Arten und kommen auf allen Substraten vor, ab der Niedrigwasserlinie. Nordsee bis Ostsee um Bornholm.

Müllers Seesterne, *Lepasterias muelleri* (M. Sars) haben einen Durchmesser von bis zu 20 cm. Sie ähneln den Gemeinen Seesternen, sind jedoch rötlich bis violett mit weißlichen Kanten an den Armen. Sie ernähren sich u.a. von Muscheln. Müllers Seesterne betreiben Brutpflege und bewahren die Eier auf der Unterseite in der Nähe des Mundes auf. Ab 20 m Tiefe, Nordsee bis nördliches und östliches Kattegat und nördlicher Öresund.

Eisstern

Marthasterias glacialis (Linnaeus)

Durchmesser bis 35 cm, gräulich bis rötlich. Auf jedem Arm sitzen drei Reihen mit großen, violetten Stacheln und weißer, knotenartiger Basis, zwischen denen kleinere Stacheln sitzen. Die Arme fallen leicht ab. Der Eisstern ernährt sich von anderen Stachelhäutern und Weichtieren, ist aber auch Aasfresser. Lebt auf hartem Substrat, ab 10 m Tiefe. Nördliche Nordsee, Skagerrak bis nördlicher Öresund.

Gemeiner Seestern

Blutstern

Eisstern

Schlangensterne

Ophiuroidea

Körper rund mit fünf langen, oftmals unverzweigten, segmentierten und sehr beweglichen Armen. Auf der Unterseite der Arme befinden sich Saugfüßchen. Schlangensterne haben ein hohes Regenerationsvermögen. Sie ernähren sich von Detritus, Kleintieren oder Plankton, die mit den Saugfüßchen aufgenommen und anschließend mit Hilfe der beweglichen Arme zum Mund geführt werden. Schlangensterne werden von vielen Fischen, z.B. von Dorschen, gefressen.

Zierlicher Schlangenstern, Fadenstern

Amphiura filiformis (O.F. Müller)

Körper bis zu 8 cm breit, Arme gräulich hellrot, lang, dünn und biegsam. Die Oberseite ist von einer Schale bedeckt, die der Unterseite fehlt. Sie leben im Substrat vergraben, während die Arme hervorgucken. Mit den schleimigen Saugfüßchen an den Armen werden Partikel eingefangen. Bei Berührung können sowohl der Körper als auch die Arme kräftig aufleuchten, möglicherweise um Fressfeinde abzuschrecken. Ein Arm oder mehrere Arme wachsen häufig gerade neu nach. Sowohl Fischereigeräte als auch Fressfeinde können für den Verlust von Armen verantwortlich sein. Lebt zwischen 10 m und 40 m Tiefe. Nordsee bis nördliche Dänische Belte und Öresund.

Grober Schlangenstern

Amphiura chiajei Forbes

Körper bis 1 cm breit, Arme bis achtmal so lang. Ähnelt dem Zerbrechlichen Schlangenstern, hat jedoch Schuppen auf der Unterseite, steifere Arme und eine dunklere Gesamtfärbung. Körper zerfällt nicht so leicht wie bei *A. filiformis* und kann auch nicht leuchten. Ersetzt *A. filiformis* in größeren Tiefen. Die Gebiete beider Arten überlappen sich jedoch in weiten Teilen. Beide Arten sind sehr häufig in schlammigem Substrat anzutreffen und werden u.a. von Kaiserhummern gefressen. Ab 20 m Tiefe, Nordsee bis Kattegat und nördlicher Öresund.

Zierlicher und Grober Schlangenstern

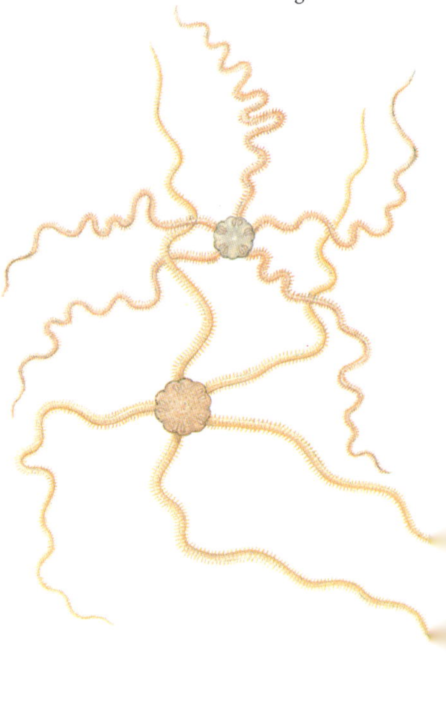

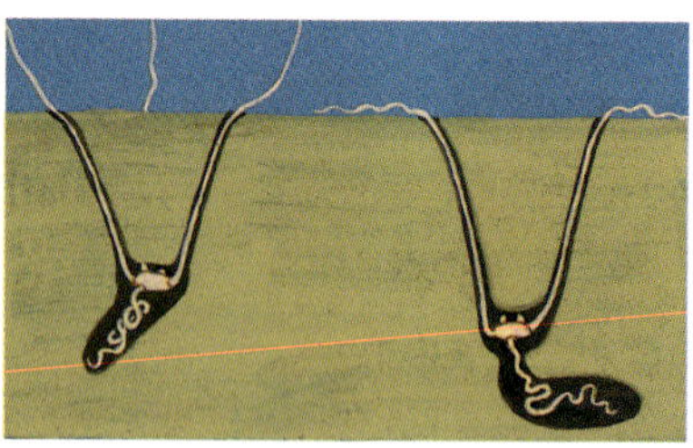

Zierlicher und Grober Schlangenstern in schlammigem Substrat

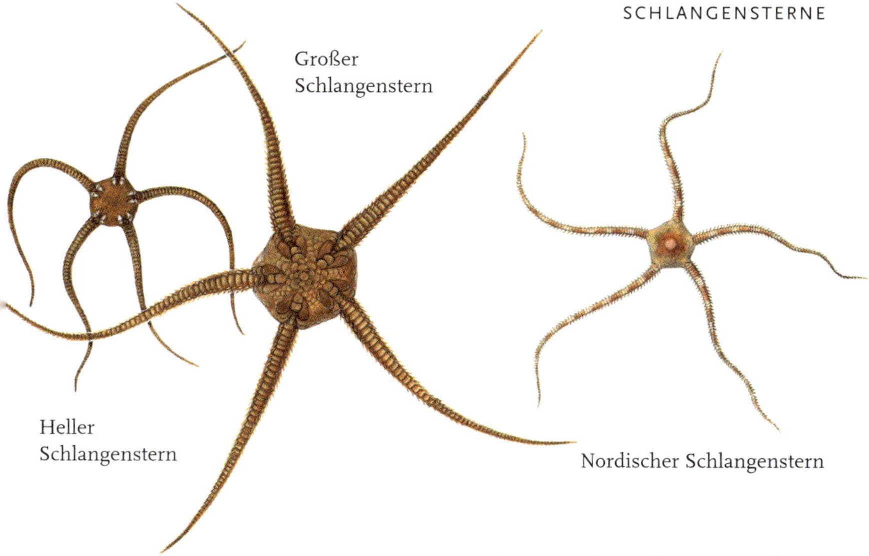

Heller Schlangenstern
Ophiura albida Forbes

Körper bis 1,2 cm breit und rotbraun. Arme ungefähr viermal so lang wie der Körper, mit kurzen Armstacheln. Die innerste Armplatte auf der Rückenseite des Tieres ist herzförmig. Oftmals mit weißen Flecken an der Basis der Arme. Lebt auf sandigem und schlammigem Substrat und ernährt sich überwiegend von Kleintieren. Ab wenigen Metern Tiefe, Nordsee bis Öresund und westliche Ostsee.
Kleine Schlangensterne, *Ophiura affinis* Lütken, haben einen Körper von bis 6 mm Durchmesser. Sie sind graubraun, haben keine weißen Flecken an der Basis der quer gestreiften, steifen Arme. Bewegen sich schnell, ruckartig auf gemischtsandigem Substrat, ab wenigen Metern Tiefe. Nordsee bis Kattegat und nördlicher Öresund.

Großer Schlangenstern
Ophiura ophiura (Linnaeus)

Körperdurchmesser bis 3 cm, Arme drei- bis viermal so lang. Oberseite graubraun, gelegentlich schwach gefleckt, Mundseite heller. Lebt auf gemischtsandigem Substrat und ernährt sich von einer Vielzahl unterschiedlicher Organismen, Pflanzenresten, Tierresten bis hin zu großen Muscheln. Ab wenigen Metern Tiefe, Nordsee bis nördlicher Öresund.
Sars-Schlangensterne, *Ophiura sarsii* Lütken, sind genauso groß wie Große Schlangensterne. Sie sind braunrot mit rot gestreiften Armen. Ab 30 m Tiefe. Nordsee, Skagerrak, nördliches und östliches Kattegat.

Nordischer Schlangenstern
Ophiura robusta Ayres

Der braune Körper hat einen Durchmesser von bis zu 1 cm, ein regelmäßiges Muster mit hellen und dunkelbraunen Flecken. Die dünnen, biegsamen Arme erreichen vierfache Körperlänge und besitzen häufig helle Flecken. Der Nordische Schlangenstern lebt auf gemischtschlammigem Substrat und klettert gerne auf exponierte Anhöhen. Fängt mit den Armen kleine Partikel ein. Ab 20 m Tiefe, Nordsee bis Dänische Belte und nördlicher Öresund.

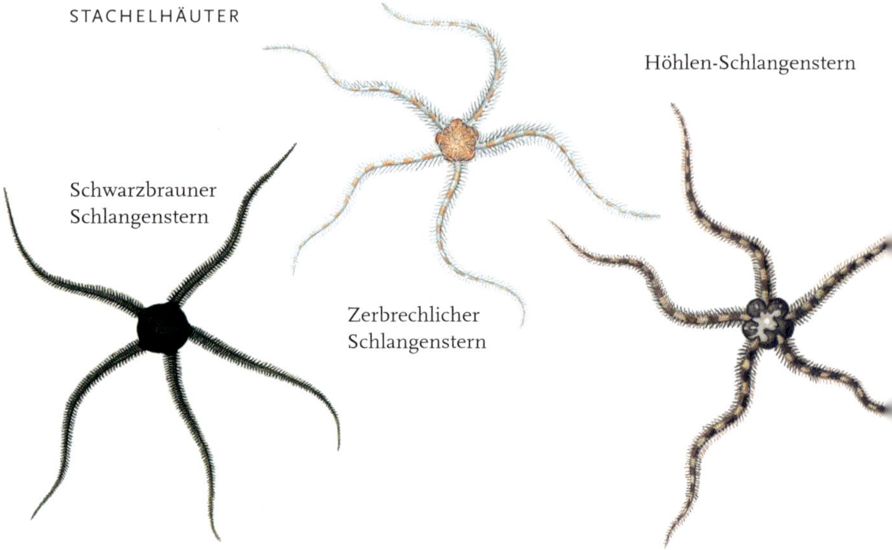

Schwarzbrauner Schlangenstern

Ophiocomina nigra (Abildgaard)

Oberseite des Körpers lederartig, bis 2 cm breit. Arme ca. fünfmal so lang, mit langen, schwarzen Stacheln, die gelegentlich auch bräunlich oder rötlich sein können. Lebt auf hartem Substrat, oftmals in Strömungsgebieten, gerne mit Zerbrechlichen Schlangensternen vergesellschaftet. Kommt außerdem auf Tangblättern vor, wo er mit Hilfe von Schleim, der von den Saugfüßchen ausgeschieden wird, Plankton fängt. Ernährt sich von Kleintieren, verspeist aber auch größere, tote Tiere, z.B. tote Fische, Nordsee bis Kattegat und nördlicher Öresund.

Zerbrechlicher Schlangenstern

Ophiothrix fragilis (Abildgaard)

Körperoberseite mit kleinen Dornen, bis 1,5 cm breit. Die Armlänge entspricht der vier- bis fünffachen Körperbreite. Sehr zarte Körperfärbung, oftmals beige, gelblich, rötlich oder bläulich. Die Arme sind quer gestreift, besitzen lange Stacheln und brechen leicht ab. Ernährt sich überwiegend von Plankton, jedoch auch von bodenlebenden Kleintieren. Sitzt gerne auf Toter Mannshand und großen Schwämmen und nutzt deren Wasserströmung. Ab 10 m Tiefe, Nordsee bis Kattegat und nördlicher Öresund.

Höhlen-Schlangenstern

Ophiopholis aculeata (Linnaeus)

Körperdurchmesser bis 2 cm, Arme etwa viermal so lang. Höhlen-Schlangensterne haben ein sehr variables Aussehen, häufig mit dunklen roten Farben und hellerem Muster. Die Oberseite besitzt keine Stacheln. Die beweglichen, gestreiften Arme mit den kurzen, kräftigen Stacheln brechen leicht ab. Werden die Tiere von der Unterlage entfernt, rollen sich die Arme auf der Mundseite zusammen. Sitzen gerne mit den Armen nach außen in leeren Hohlräumen, oftmals in leeren Seepocken und Muschelschalen. Leben auf hartem Substrat und ernähren sich von Plankton und Kleintieren. Nördliche Nordsee, Dänische Belte und nördlicher Öresund.

Seeigel *Echinoidea*

Seeigel sind mehr oder weniger kugel- bis scheibenförmig und haben eine abgeplattete Unterseite, auf der sich der Mund befindet. Die Öffnungen der Geschlechtsorgane sitzen auf der Oberseite. Sie werden in reguläre Seeigel und irreguläre Herzigel unterteilt.

Die regulären Seeigel sind radialsymmetrische Tiere mit kräftigen Stacheln. Sie leben überwiegend auf hartem Substrat und Algen. Ihr Mund ist mit fünf kräftigen Zähnen versehen. Die Afteröffnung und die Geschlechtsöffnungen sitzen auf der Oberseite. Seeigel bewegen sich mit Hilfe der Saugfüßchen und Stacheln vorwärts. In vielen Ländern werden die gelblich orangefarbenen Geschlechtsorgane gegessen, die sich in der Spitze der Seeigel befinden. Auf den Schalen der Seeigel kann man die Knötchenreihen erkennen, auf denen die Stacheln saßen. Durch die Schalenporen werden die Saugfüßchen gesteckt.

Essbarer Seeigel

Echinus esculentus Linnaeus

Schale nahezu kugelförmig, bis zu 16 cm breit, rot mit weißlichen Knötchen. Die Stacheln sind rot mit helleren Spitzen. Ernährt sich u.a. von Tangblättern, die mit den kräftigen Zähnen abgenagt werden. Außerdem werden Seepocken, Hydroiden und Seescheiden gefressen. Lebt auf Steinen und Klippen, ab 10 m Tiefe. Nordsee bis Ostsee und nördlicher Öresund.

Die Geschlechtsorgane des Essbaren Seeigels werden u.a. in Südeuropa gegessen.

Essbarer Seeigel

Schale des Essbaren Seeigels

Langstacheliger Seeigel

Langstacheliger Seeigel

Echinus acutus Lamarck

Schale bis 14 cm breit, weiß mit rotbraunen Radialstreifen, meistens mit zugespitzterem Ende als beim Essbaren Seeigel. Der Langstachelige Seeigel besitzt weniger und dafür längere und rötlichere Stacheln mit weißen Spitzen. Die Nahrung besteht aus unterschiedlichen Bodenlebewesen. Lebt auf gemischtschlammigem Substrat ab 30 m Tiefe. Nördliche Nordsee, Skagerrak und Kattegat.

Strand-Seeigel

Psammechinus miliaris (Müller)

Schale recht flach, bis 4 cm breit, grünlich oder bräunlich. Die grünen, recht kurzen Stacheln haben häufig violette Spitzen. Ernährt sich von Seegras, Algen und Bodenlebewesen, u.a. von Muscheln. Strand-Seeigel bedecken sich gerne mit Algenstümpfen oder Schalen, die mit den Saugfüßchen festgehalten werden. Die Art kann auf Kalkklippen mit den Stacheln napfförmige Vertiefungen graben, um Schutz zu suchen. Ab der Niedrigwasserlinie, Nordsee bis westliche Ostsee.

Strand-Seeigel, Ansicht von oben

Schale vom Strand-Seeigel, Ansicht von oben

Rundstacheliger Seeigel

Rundstacheliger Seeigel

Strongylocentrotus droebachiensis (O.F. Müller)

Schale grünlich braun, Stacheln grünlich oder violett mit weißlichen Spitzen. Dem Strand-Seeigel sehr ähnlich, jedoch etwas größer, bis 8 cm breit. Der Rundstachelige Seeigel ernährt sich von Pflanzen und Braunalgen. Lebt vorzugsweise auf hartem Substrat und kann Vertiefungen in Klippen graben. Ab wenigen Metern Tiefe, Nordsee bis westliche Ostsee.

Rundstachlige Seeigel werden u.a. in Frankreich gegessen. Eine weitere, nah verwandte Art wird in anderen Mittelmeerländern gegessen.

Mundwerkzeuge des Rundstacheligen Seeigels

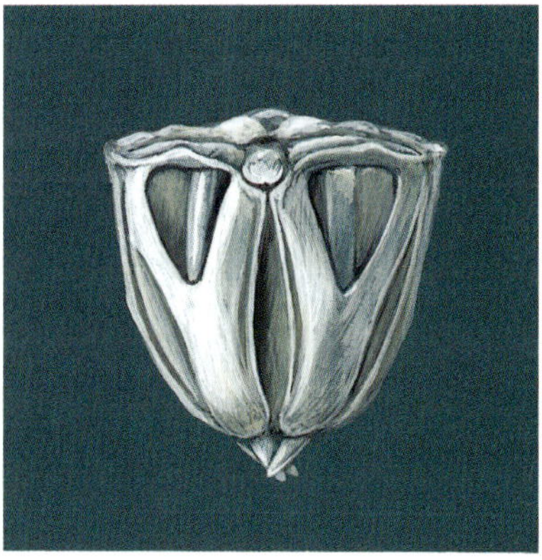

Herzigel oder irreguläre Seeigel besitzen eine unregelmäßig oder bilateralsymmetrisch geformte Schale. Die Afteröffnung befindet sich nahe des zugespitzten Hinterendes, eine zahnlose Spalte auf der Unterseite stellt den Mund dar. Die Schale ist häufig dünn. Herzigel leben überwiegend im schlammigen oder sandigen Substrat vergraben.

Kleiner Herzigel, von oben betrachtet

Kleiner Herzigel

Echinocardium cordatum (Pennant)

Schale herzförmig, bis 5 cm breit, gewölbt, gräulich gelb. Ein ovales Band dünner Stacheln sitzt auf der Oberseite des Tieres sowie eines unter der Afteröffnung. Das Tier steht über einen dünnen, schleimgefüllten Kanal mit der Oberfläche in Verbindung. Die langen Saugfüßchen sammeln organisches Material von der Oberfläche und befördern es zum Mund. Ab wenigen Metern Tiefe, Nordsee bis Dänische Belte und nördlicher Öresund.

Nordische Herzigel, *Echinocardium flavescens* (O.F. Müller), ähneln den Kleinen Herzigeln, sind jedoch gelblicher. Die Lebensweise entspricht ebenfalls der des Kleinen Herzigels, Nordische Seeigel sind aber stärker an sandiges Substrat gebunden. Nordsee bis nördliche Ostsee und östliches Kattegat.

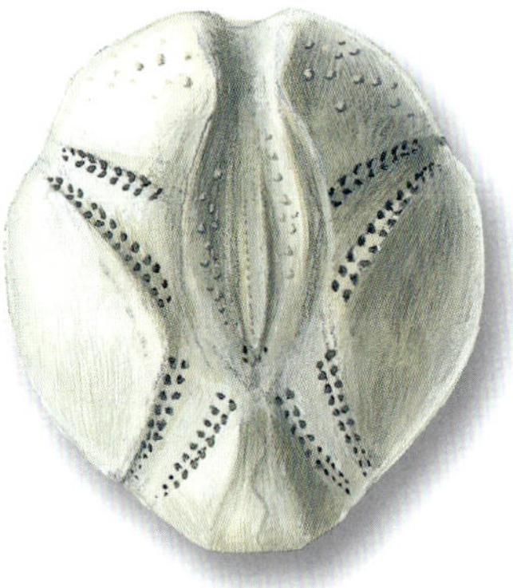

Schale des Kleinen Herzigels, von oben betrachtet

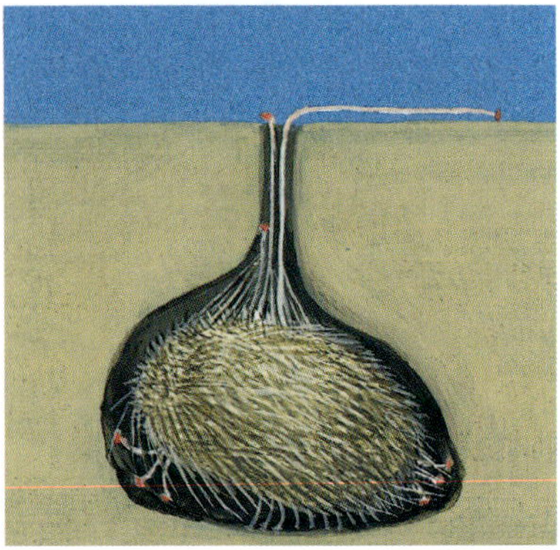

Kleiner Herzigel in schlammigem Substrat. Das Tier bewegt sich nach links.

Zwerg-Herzigel
Echinocyamus pusillus (O.F. Müller)

Bis 1 cm lang, gräulich bis gelblich braun. Nach Verletzungen und totes Tier grün. Lebt hauptsächlich auf sandigem Substrat und ernährt sich von Kleintieren. Ab wenigen Metern Tiefe, Nordsee bis westliche Ostsee.

Zwerg-Herzigel

Leier-Herzigel
Brissopsis lyrifera (Forbes)

Oval, bis zu 6 cm lang und mit schwacher Einbuchtung am Vorderende. Auf der Oberseite sitzt ein rotbraunes, geschwungenes Band dünner Stacheln. Die Lebensweise ähnelt der des Kleinen Herzigels, der Leier-Seeigel ist jedoch ausschließlich an schlammige Böden gebunden. Lebt in Tiefen ab 15 m, gerne in Gesellschaft von Fadensternen. Nordsee bis Kattegat und nördlicher Öresund.

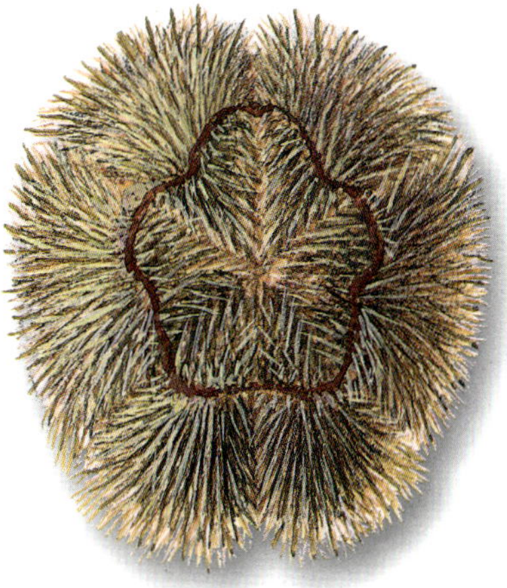

Leier-Herzigel

Violetter Herzigel
Spatanus purpureus O.F. Müller

Bis 8 cm lang, relativ platt und mit einer Einbuchtung am Vorderende, wodurch die Schale eine Herzform bekommt. Die Art ist bräunlich violett gefärbt und besitzt kein Stachelband auf der Oberseite. Außer den kurzen, borstenartigen Stacheln auf der Oberseite sitzen auch lange, hellere Stacheln auf der Oberseite. Lebt in grobsandigem Substrat, ab 10 m Tiefe. Nordsee, Skagerrak und östliches Kattegat.

Violetter Herzigel

Seegurken *Holothurioidea*

Durch die nur mikroskopisch kleinen Kalkeinlagerungen in der Haut haben Seegurken eine weiche Oberfläche. Die Saugfüßchen können in fünf Längsreihen ansitzen, unregelmäßig verteilt sein oder ganz fehlen. Der Mund und die Afteröffnung befinden sich an den entgegengesetzten Körperenden. Der Mund ist von zehn oder mehr Tentakel umgeben. Die Nahrung, Kleintiere und organische Partikel, werden mit den Tentakel gefangen. Sobald ein Tentakel etwas Essbares gefangen hat, wird er in den Mund gesteckt. Der Schlund ist von einem Kalkring umgeben. Bei Gefahr können Seegurken Innereien ausstoßen, um nicht selbst gefressen zu werden. Diese Organe werden nachgebildet. In tropischen Gewässern leben Arten, die mehrere Meter lang werden können. In einigen Gegenden Südostasiens werden Seegurken gefangen und gegessen.

Rote Seegurke
Parastichopus tremulus (Gunnerus)

Bis zu 50 cm lang mit roter Oberseite und oftmals gelblicher, abgeflachter Bauchseite. Der nach unten gerichtete Mund ist von 20 Tentakel umgeben. Die ausgeprägten Saugfüßchen sind über die Unterseite verteilt. Die Rote Seegurke sondert bei Berührung leicht ihre Innereien ab. Ernährt sich von Bodenmaterial und lebt überwiegend auf schlammigem Substrat, kann aber auch auf felsigem Substrat angetroffen werden, ab 20 m Tiefe. Nördliche Ostsee und Skagerrak.

Graue Seegurken, *Mesothuria intestinalis* (Ascanius), sind bis 30 cm lang, hellgrau und haben rosafarbene Schuppen. Die Art ähnelt der Roten Seegurke, ist aber weicher. Lebt auf schlammigem Substrat, ab 20 m Tiefe. Nördliche Nordsee und Skagerrak.

Sichel-Holothurie
Cucumaria [Trachythyone] elongata Düben & Koren

Bis zu 12 cm lang, bräunlich mit zugespitztem Hinterende. Die kegelförmigen Saugfüßchen sitzen in fünf Doppelreihen. Zehn verzweigte, klebrige Tentakel. Lebt in schlammigem Substrat vergraben, die Spitzen des Vorder- und des Hinterendes über der Oberfläche. Ab 10 m Tiefe, Nordsee bis Kattegat und nördlicher Öresund.

Weiße Seegurke
Cucumaria [Ocnus] lactea Forbes

Bis 4 cm lang, weiß bis hellbraun. Körper zylindrisch mit nur wenigen Saugfüßchen, die in unregelmäßigen Reihen stehen, außerdem verzweigte Tentakel. Lebt auf steinigem Substrat, ab wenigen Metern Tiefe. Nordsee, Skagerrak und Kattegat.

Kantige Seegurke
Cucumaria hyndmani (Thompson)

Bis 5 cm lang, weißgrau mit roten Schuppen. Der kurze Körper ist nach hinten hin zugespitzt und besitzt verzweigte Tentakel sowie Saugfüßchen, die in Doppelreihen stehen. Lebt auf steinigem Substrat, ab 20 m Tiefe. Nordsee, Skagerrak und Kattegat.

Schwarze Seegurke
Cucumaria frondosa (Gunnerus)

Bis zu 50 cm lang, zylindrisch mit abgerundeten Enden und dicker, lederartiger, dunkelbrauner bis schwarzer Haut und zehn stark verzweigten, nahezu schwarzen Tentakel. Die helleren Füßchen können in den Körper eingezogen werden und sitzen häufig in Doppelreihen. Lebt auf steinigem Substrat, ab der Niedrigwasserlinie. Nördliche Ostsee und Skagerrak.

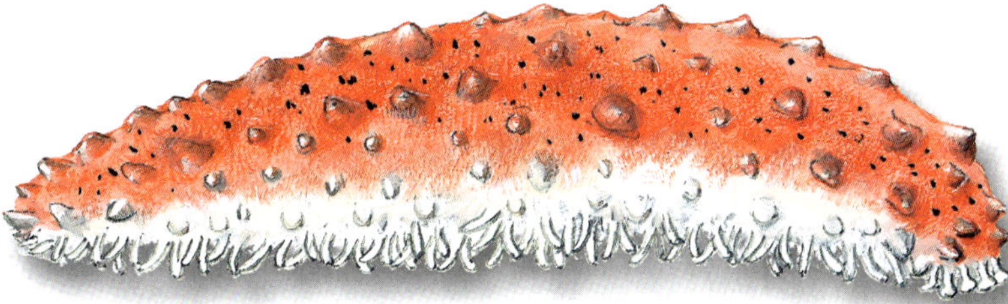

Rote Seegurke, rechts das Vorderende

Weiße Seegurke

Sichel-Holothurie

Schwarze Seegurke

Kantige Seegurke

Spitze Seegurke
Thyone fusus (O.F. Müller)

Bis 10 cm lang, weißgrau bis rosa. Der kurze Körper ist an beiden Enden zugespitzt. Zehn verzweigte Tentakel. Zerfällt bei Berührung leicht in Stücke. Auf steinigem Substrat, wo sie sich häufig mit Schalenstückchen bedeckt, ab 10 m Tiefe. Nordsee bis Kattegat.

Spindel-Thyone
Thyonidium drummondi (Thompson)

Körper bis 20 cm lang, tonnenförmig, hellgrau bis rotviolett mit 15, oftmals dunkleren, verzweigten Tentakel. Die Art dient u.a. Dorschen als Nahrung. Lebt auf schlammigem Mischsubstrat und bedeckt sich gerne mit Schalenstückchen, ab 10 m Tiefe. Nordsee bis westliche Ostsee.

Schuppen-Seegurke
Psolus phantapus (Strussenfelt)

Körper bis zu 15 cm lang, grau bis braun mit zehn verzweigten, roten oder orangefarbenen Tentakel. Körperoberseite ist hart und ziegelartig mit Schuppen bedeckt. Der gewölbte, gebogene Körper mit den beiden zugespitzten Enden kann dem Tier eine gewisse Ähnlichkeit mit einem sitzenden Huhn verleihen. Junge, flache, rotbraun gefärbte Tiere saugen sich gerne mit den Saugfüßchen an Steinen und Muschelschalen fest. Größere Tiere leben im schlammigen Substrat vergraben, ab 15 m Tiefe. Nordsee bis nördliche Dänische Belte und Öresund.

Spindel-Thyone mit eingezogenen Tentakel

Büschelige Holothurie
Labidoplax buskii (McIntosh)

Länge bis 3 cm, wurmförmig, durchsichtiger Körper mit rosafarbenen Geschlechtsorganen, keine Saugfüßchen, elf Tentakel mit ein oder zwei Seitenverzweigungen. Die Art lebt als Zwitter im schlammigen Substrat vergraben, ab 20 m Tiefe. Nordsee bis Kattegat und nördlicher Öresund.

Wurmholothurien, *Leptosynapta inhaerens* O.F. Müller, sind bis 20 cm lang, 1 cm breit, rötlich, wurmähnlich, durchscheinend und haben zwölf verzweigte Tentakel. Leben als Zwitter in gemischtschlammigem Substrat, wobei sich die klebrigen Tentakel über dem Boden befinden. Ab wenigen Metern Tiefe, Nordsee bis Kattegat und nördlicher Öresund.

Spitze Seegurke

Schuppen-Seegurke

Eichelwürmer *Enteropneusta*

Eichelwürmer sind weich und wurmähnlich. Am Vorderende entspringt der kugelrunde oder längliche, eichelähnliche Rüssel. Hinter dem Rüssel sitzt der zylinderförmige Kragen und dahinter der lange Körper. Eichelwürmer leben im Substrat vergraben und fressen dort überwiegend organische Stoffe. Getrenntgeschlechtig mit kleiner, pelagischer Larve. Körperanatomie stimmt teilweise mit den Stachelhäutern und Chordatieren überein.

Jodwurm
Harrimania kupfferi
(von Willemoes-Suhm)

Bis zu 8 cm lang, hellorange, sehr zart und dünnhäutig. Der Rüssel ist nahezu kugelförmig. Der Jodwurm lebt in schlammigem Substrat und ernährt sich von Detritus. Er riecht stark nach Jod und wird von anderen Tieren nicht gefressen. Ab 20 m Tiefe. Nördliche Nordsee bis Kattegat und nördlicher Öresund.

Jodwurm

Büschelige Holothurie

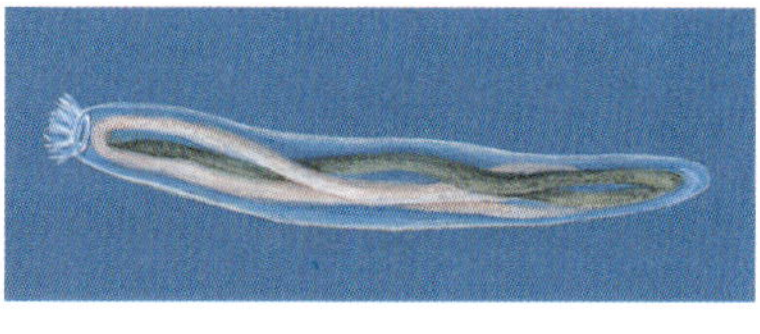

Chordatiere *Chordata*

Chordatiere zeichnen sich dadurch aus, dass sie entweder während früher Entwicklungsstadien oder als ausgewachsene Tiere ein zylindrisches Achsenskelett (Chorda) oberhalb des Darms besitzen. Zu den Chordatieren gehören Manteltiere, Schädellose und Wirbeltiere.

Manteltiere
Tunicata, Urochordata

Zu den Manteltieren gehören u.a. die palagisch lebenden Salpen und die festsitzenden Seescheiden.

Seescheiden oder **Ascidien** *(Ascidiacea)* leben entweder einzeln oder in Kolonien. Die einzeln lebenden Seescheiden besitzen einen mehr oder weniger fässchenförmigen Körper mit einer Mund- und einer Ausströmöffnung, aus der auch die Exkretions- und Geschlechtsprodukte ausgesondert werden. Die beiden Öffnungen sitzen oftmals an Körperverlängerungen, den Siphonen. Die Mundöffnung mündet im Kiemensack, der den größten Teil der Köpers füllt. Dort werden kleine Partikel aus dem durchströmenden Wasser gefiltert. Der Körper ist von einem Mantel umgeben, der eine lederartige bis gelatineartige Konsistenz hat. Seescheiden sind Zwitter. Der Achsenstab (Chorda) ist bei den pelagisch lebenden Larven vorhanden und fehlt den ausgewachsenen, festsitzenden Tieren. Sie werden nur gelegentlich von bodenlebenden Fischen gefressen. In Frankreich und Ostasien werden viele Arten gegessen.

Zu den *Cionidae, Asciidae* und *Corellidae* gehören Seescheiden mit einer einzelnen Einströmöffnung auf der Oberseite und einer tieferen und etwas seitlichen Ausströmöffnung. Die Individuen sitzen oftmals auf oder nebeneinander.

Schlauch-Seescheide
Ciona intestinalis (Linnaeus)

Körper teilweise durchsichtig, zylindrisch, länglich, bis zu 15 cm hoch. Der Mantel ist farblos oder gelblich, der Körper ist rötlich mit gelblichen oder rötlichen Flecken. Die Siphonenkanäle sind gelb. Lebt überwiegend auf Molen, Steinen und Algen, gerne an schattigen Stellen. Die Art ist in nährstoffreichen Gewässern anzutreffen, ab der Niedrigwasserlinie. Nordsee bis westliche Ostsee.

Schlauch-Seescheid

Spritz-Seescheide
Ascidiella aspersa (O.F. Müller)

Länge bis 10 cm. Der Mantel ist knorpelig, halbdurchscheinend, gräulich, mit vielen Warzen und weichen Dornen. Der Abstand zwischen den beiden Siphonen entspricht etwa einem Drittel der Länge. Lebt auf Steinen, Muschelschalen und großen Algen. Ab wenigen Metern Tiefe, nördliche Nordsee, Skagerrak und Kattegat.

Raue Seescheide
Ascidiella scabra (O.F. Müller)

Bis 5 cm hoch, rot oder gelb, seltener farblos mit rauem, durchsichtigem Mantel. Der Siphonenabstand ist kürzer als bei der Spritz-Seescheide. Die Art lebt auf Steinen, Muschelschalen, Algen und anderen Seescheiden, ab wenigen Metern Tiefe. Nordsee bis Kattegat.

Glatte Seescheide
Ascidia virginea O.F. Müller

Bis zu 6 cm groß mit glattem, rosafarbenem, halb durchsichtigem, knorpelartigem Mantel. Der Abstand zwischen den kurzen Siphonen beträgt etwa ein Drittel der Körperlänge. Die Art lebt auf Steinen, Klippen und Muschelbänken, ab 10 m Tiefe. Nordsee, Skagerrak und Kattegat.

Stumpen-Seescheide
Ascidia mentula O.F. Müller

Höhe bis 16 cm, Körper oval mit grauem oder rotem, glattem, halb durchsichtigem Mantel. Der Abstand zwischen den beiden kurzen Siphonen beträgt etwa die Hälfte der Körperlänge. Die Art lebt auf Steinen, Muschelschalen und Tang. Ab wenigen Metern Tiefe, Nordsee bis nördlicher Kattegat.

Spritz-Seescheide

Raue Seescheide

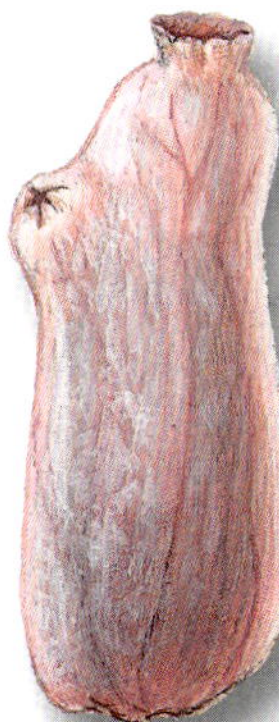

Glatte Seescheide

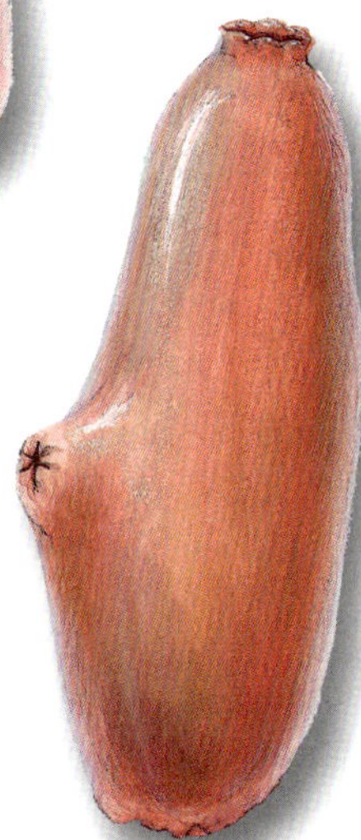

Stumpen-Seescheide

Parallelseitige Seescheide

Parallelseitige Seescheide

Corella parallelogramma (O.F. Müller)

Bis 5 cm groß, der knorpelartige Körper ist leicht abgeflacht und hat eine ovale bis rechteckige Grundform. Durch den durchsichtigen Mantel kann man die inneren Organe sowie rote, gelbe und weißliche Flecken erkennen. Die Art lebt auf Klippen, Schalen und Tang, ab wenigen Metern Tiefe. Nordsee bis westliche Ostsee.

Zu den *Styelidae* gehören einige Seescheiden, die einen undurchsichtigen, lederartigen, mit Haaren bewachsenen Mantel besitzen. Die beiden Siphonen sind zusammengewachsen.

Ostasiatische Seescheide

Styela clava Herdmann

Bis zu 12 cm groß, gelbbraun mit knotiger, faltiger, lederartiger Oberfläche. Der Körper ist keulen- oder zylinderförmig mit einem dünnen, dunkel gefärbten Stiel, der in einer Haftscheibe endet. Stammt aus Ostasien und wurde vermutlich 1953 nach Ende des Koreakrieges auf heimkehrenden Kriegsschiffen in den Ärmelkanal eingeschleppt. 1980 wurde die Art auch im Limfjord entdeckt, wo sie zusammen mit jungen Austern eingebürgert worden war. Lebt auf Steinen, Molen und Zuckertangwurzeln. Ab der Niedrigwasserlinie, südliche Nordsee. Es ist zu erwarten, dass sich die Art auch bis in das Kattegat und Skagerrak ausbreitet, da ihr die dortigen Lebensverhältnisse entsprechen.

Rotmund-Seescheide

Styela coriacea (Alder & Hancock)

Durchmesser bis zu 2 cm, zylindrisch bis abgeflacht, breiter Haftfuß. Die Oberfläche ist graubraun bis rostbraun gefärbt und besitzt rote Siphonenmündungen. Die Oberfläche ist mit Warzen und Falten besetzt, in die oftmals Partikel eingelagert werden. Lebt auf Muschelschalen, Seescheiden und Steinen, ab wenigen Metern Tiefe. Nordsee bis Ostsee um Bornholm.

Rotmund-Seescheide

Ostasiatische Seescheide

Horn-Seescheide

Horn-Seescheide

Styela rustica (Linnaeus)

Der Körper ist kugelrund oder zylindrisch und bis 8 cm hoch. Der Mantel ist mit Warzen besetzt, dick, gräulich bis rostrot. Große Individuen besitzen einen harten, spitzen oder krummen, bis 7 mm langen Dorn zwischen den Siphonen. Die Art lebt auf Steinen, Schalen, Wurzeln großer Braunalgen und anderen Seescheiden. Sie ist häufig mit Algen und Hydroiden überwachsen. Ab wenigen Metern Tiefe, nördliche Nordsee, Skagerrak, Kattegat und nördlicher Öresund.

Tangbeere

Dendrodoa grossularia (Van Beneden)

Bis 12 mm breit, hellrot bis rostrot. Tangbeeren haben oftmals eine gewölbte Oberfläche und haften mit der flachen Basis an der Unterlage an. An Stellen, an denen die Tiere dicht beieinander sitzen, werden die Körper tonnenförmig und bis zu 25 mm hoch. Einige Individuen werden nur etwa halb so groß. Tangbeeren sind lebend gebärend. Die 2 mm langen, roten Larven leben frei schwimmend, setzen sich aber schon nach ein paar Stunden fest, oftmals neben den ausgewachsenen Tieren. Tangbeeren leben auf Steinen, Muschelschalen und Algen, häufig in großen Gruppen zusammen, ab der Niedrigwasserlinie. Nordsee bis Ostsee um Bornholm.

Tangbeere

Zu den Familien *Pyuridae* und *Molgulidae* gehören einzelne kugel- oder eiförmige Seescheiden. Der Mantel kann mit Dornen, Stacheln oder feinen klebrigen Ausläufern besetzt sein.

Kaktus-Seescheide

Kaktus-Seescheide

Boltenia echinata (Linnaeus)

Bis zu 2 cm breit, gelbbraun. Der Mantel hat verzweigte, stachelige Auswüchse. Die Art sitzt angeheftet auf Steinen, Muschelschalen, Braunalgenwurzen und anderen Seescheiden. Ab 10 m Tiefe, nördliche Nordsee, Skagerrak bis nördliche Dänische Belte und Öresund.

Zitronen-Seescheide

Zitronen-Seescheide

Molgula citrina Alder & Hancock

Kugelrund, bis 1 cm breit oder leicht abgeflacht oval. Sie hat eine grünliche oder bräunliche Farbe, wirkt stachelbeerartig und besitzt zwei weit voneinander entfernt sitzende Siphonen. Der glatte, halb durchsichtige Mantel hat häufig keine Auswüchse. Die Zitronen-Seescheide sitzt oftmals in Klumpen auf großen Braunalgen, auf Steinen, Schalen und Holzbauten, ab der Niedrigwasserlinie. Nordsee bis westliche Ostsee.

Samt-Seescheide

Molgula manhattensis (De Kay)

Durchmesser bis 25 mm. Der halb durchsichtige, graugrüne, plüschartige Mantel ist häufig von Sandkörnern, Schalen- und Algenstückchen bedeckt. Die Samt-Seescheide lebt an Hafenmolen, Schiffsrümpfen, Felsen, Steinen, Algen oder auf Muscheln. Am häufigsten in nährstoffreichen, geschützten Gebieten. Ab wenigen Metern Tiefe, Nord- und Ostsee.

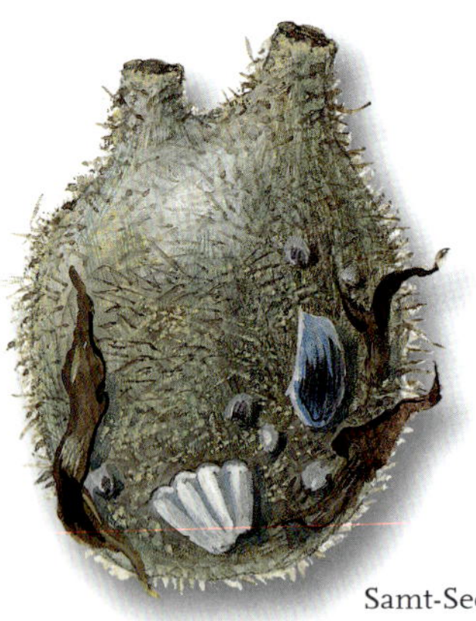

Samt-Seescheide

Schalen-Seescheide

Molgula occulta Kupffer

Bis zu 2 cm breit. Der dünne, bläuliche Mantel ist mit Sandkörnern und Schalenstückchen bedeckt. Die Art lebt in grobem Sand oder Kies vergraben, nur die beiden kurzen Siphonen haben Kontakt zur Oberfläche. Ab wenigen Metern Tiefe, von Nordsee bis Dänische Belte und nördlicher Öresund.

Sand-Seescheiden, *Eugyra arenosa* (Alder & Hancock), haben einen Durchmesser bis 15 mm. Im Gegensatz zu der Schalen-Seescheide sitzen die beiden Siphonen hier dicht nebeneinander in der Mitte der Oberseite. Nordsee bis Dänische Belte und nördlicher Öresund.

Schalen-Seescheide

Die *Clavelinidae* und die *Polyzoidae* sind Koloniebildner. Bei den *Clavelinidae* leben und versorgen sich die einzelnen Individuen selbstständig. Bei den *Polyzoidae* ähneln die Individuen, die je eine eigene Mundöffnung haben, einer schwammartigen Masse, die mehrere Mundöffnungen besitzt.

Keulen-Seescheide

Keulen-Seescheide

Clavelina lepadiformes (O.F. Müller)

Die Kolonie besteht aus kleinen Gruppen mit bis zu 4 cm langen, keulenförmigen Individuen. Sie sind an ihrer Basis miteinander verbunden und durch Knospung vom gleichen Muttertier entstanden. Durch die durchsichtige Haut kann man weiße und gelbe Streifen sowie den braunen Darm erkennen. Leben auf hartem Substrat, Muschelschalen, Seegras und großen Braunalgen, ab der Niedrigwasserlinie. Nordsee, Skagerrak und Kattegat.

Stern-Seescheide

Botryllus schlosseri (Pallas)

Lederartige, wenige Millimeter hohe Kolonie, bis über 10 cm breit. In jeder Kolonie ist ein sternförmiges Muster erkennbar. Die runde oder ovale Ausströmöffnung ist von farbigen, nur wenige Millimeter großen Einzeltieren umgeben. Das Ganze ist von dem gräulichen Mantel eingefasst. Unter den Einzelindividuen gibt es eine Reihe verschiedener Farbvarianten, u.a. grüne, gelbbraune, braune oder rote. Alle Kolonien besitzen jedoch die gleiche Farbe. Sie leben auf großen Braunalgen, Seegras, Muschelschalen und Hafenmolen und können Austernzuchten schädigen. Ab der Niedrigwasserlinie, Nordsee, Skagerrak und Kattegat.

Kleine Seescheiden, *Botrylloides leachi* (Savigny), ähneln Stern-Seescheiden, die Ausströmöffnungen sind jedoch lang gestreckt und gelegentlich verzweigt. Kommen in vielen Farbvarianten vor, v.a. in braun, violett und orange. Verbreitungsgebiet wie bei der Stern-Seescheide.

Stern-Seescheide

Schädellose

Acrania oder *Cephalohordata*

Schädellose wie das Lanzettfischchen zeigen verschiedene Merkmale, die auch die Vorgänger der heutigen Wirbeltiere gekennzeichnet haben. Sie haben z.B. einen inneren Achsenstab (Chorda), der über die gesamte Länge des Tieres verläuft. Ein weiteres ursprüngliches Merkmal ist ein innerer Kiemendarm wie bei den Manteltieren, in dem Wasser zur Nahrungsaufnahme filtriert wird. *Acrania* sind getrenntgeschlechtig und haben keine äußerlich erkennbaren Geschlechtsmerkmale. Die Larven leben pelagisch.

Lanzettfischchen

Branchiostoma [Amphioxus] lanceolatum (Pallas)

Körperlänge bis 16 cm, glänzend, farblos bis hellgelb, seitlich stark abgeflacht und an beiden Enden zugespitzt. Da der Körper teilweise durchsichtig ist, kann man innere Organe erkennen. Um das Maul herum befinden sich ein paar steife Barteln. Die Tiere leben mehr oder weniger mit dem Vorderende nach oben im Sand oder Kies am Meeresboden eingegraben, so dass der Wasserstrom ungehindert durch den Kiemendarm strömen kann. Verbreitet von Nordsee bis westliche Ostsee.

Lanzettfischchen

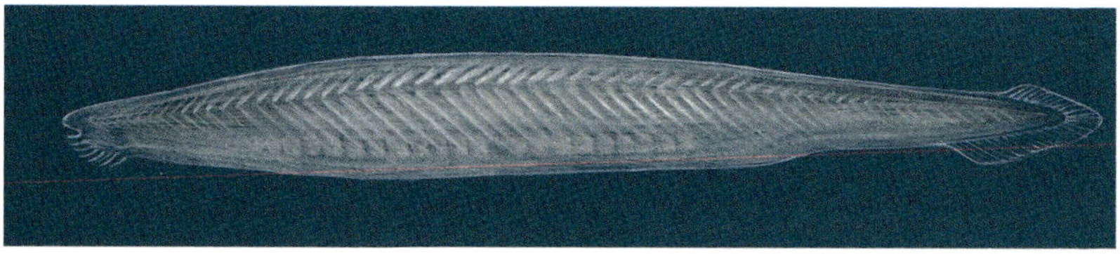

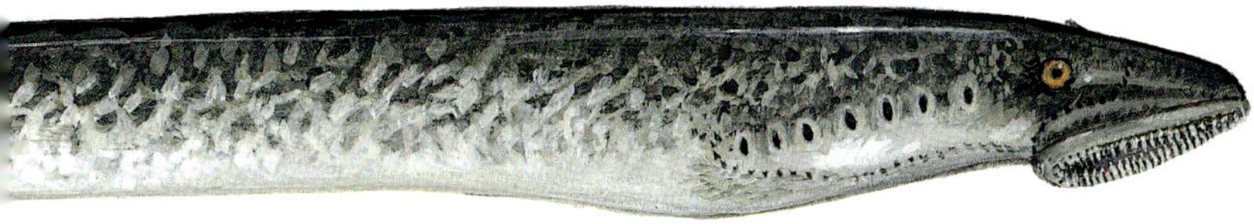

Meerneunauge

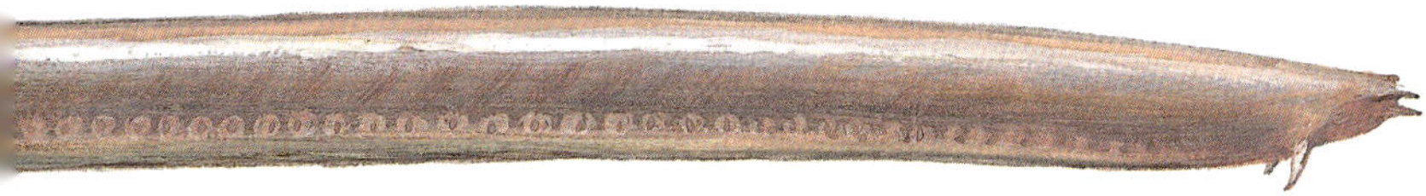

Inger

Wirbeltiere *Vertebrata*

Zu den Wirbeltieren gehören Rundmäuler, Knorpelfische, Knochenfische, Amphibien, Reptilien, Vögel und Säugetiere.

Rundmäuler *(Cyclostomata)* sind die primitivsten bekannten Wirbeltiere. Sie besitzen einen runden Saugmund, der mit Hornzähnchen versehen ist, einen aalartigen Körper mit schleimiger Haut, aber keine paarigen Rippen. Zu den Rundmäulern gehören Neunaugen *(Petromyzontidae)* und Schleimaale *(Myxinidae)*. Neunaugen saugen Blut an lebenden Fischen, während Schleimaale von toten oder sterbenden Fischen leben.

Meerneunauge
Petromyzon marinus Linnaeus

Länge bis 1 m, unregelmäßig marmoriert mit zwei Rückenflossen und sieben äußeren Kiemenlöchern. Am kreisrunden Saugmund sitzen mehrere konzentrische Kreisreihen kleiner Hornzähne. Die Tiere saugen häufig Blut von Dorsch, Lachs und Makrele. Steigen zum Laichen ins Süßwasser auf. Larven wandern nach ein paar Jahren ins Meer ab. Nordsee und Ostsee bis Ålandinseln.

Flussneunaugen, *Lampetra fluviatilis* (Linnaeus), sind bis 50 cm lang, haben keine Flecken und nur eine Reihe großer Zähne. Lebensweise und Verbreitung wie Meerneunauge. Beide Arten können gegessen werden.

Inger, Schleimaal
Myxine glutinosa Linnaeus

Bis 80 cm lang, hellgraurosa mit je vier Barteln am Mund und vier weiteren an der Nasenöffnung. Die Augen sind verkümmert. Auf beiden Seiten des Körpers befinden sich große Schleimdrüsen, die zäh fließenden Schleim absondern. Der Schleimaal kommt auf weichem Boden vor, wo er von toten oder sterbenden Fischen und Bodentieren lebt. Inger haben eine besondere Methode entwickelt, um ein Loch in ihre Beute zu reißen. Nach dem Festsetzen auf der Haut macht der Inger einen Knoten in seinen eigenen Körper. Dieser Knoten wandert langsam zum Kopfende des Ingers. Zuletzt gleitet der Kopf durch den Knoten und reißt dabei ein Loch in die Haut der Beute. Verbreitet von Nordsee bis Kattegat, ab 20 m Meerestiefe.

Dornhai, Weibchen

Zu den **Knorpelfischen** *(Chondrichthyes)* gehören Haie, Rochen und Seekatzen. Sie haben Placoidschuppen (Hautzähnchen) und steife Flossen. Das Maul liegt auf der Unterseite des Körpers als Querspalte. Auf beiden Körperseiten befinden sich fünf Kiemenspalten. Bei den Männchen sind die Bauchflossen zu Geschlechtsorganen umgewandelt.

Die meisten Haiarten sind lebend gebärend. Einige Arten legen Eier, die in einer Hornkapsel eingeschlossen sind.

Gemeiner Dornhai

Squalus acanthias Linnaeus

Länge bis zu 1,2 m. Der Dorn vor der Rückenflosse enthält Gift, welches für Menschen jedoch ungefährlich ist. Dornhaie leben häufig in großen Schwärmen und ernähren sich von Fischen und Bodenorganismen. Sie gebären lebende, 20–30 cm lange Junge. Dornhaie werden roh oder geräuchert als „Schillerlocken" verkauft. Nordsee bis Kattegat.

Klein gefleckter Katzenhai

Scyliorhinus caniculus (Linnaeus)

Bis 1 m lang, bräunlich mit vielen kleinen braunen Flecken. Klein gefleckte Katzenhaie ernähren sich von Fischen, Krebs- und Weichtieren. Im Frühjahr und Sommer werden die ca. 6 cm langen Eikapseln an Algen befestigt. Die Ecken der Eikapsel sind zu langen Haftfäden ausgezogen. Nordsee, Skagerrak und Kattegat.

Eikapsel des Klein gefleckten Katzenhais

Nagelrochen

Viele Rochenarten gebären lebende Junge, doch die Echten Rochen *(Rajidae)* legen charakteristische Eikapseln mit kurzen, gekräuselten Haftfäden an den Ecken und ggf. auch klebrigen Haaren. Leere, angespülte Kapseln findet man nicht selten im Spülsaum. Einige Arten sind wichtige Speisefische. Es werden vor allem die großen Brustflossen, die „Flügel" verwendet.

Sternrochen

Raja radiata Donovan

Bis 90 cm lang, ähnlich Nagelrochen, jedoch marmoriert, mit weniger Dornen, die stark geriffelt sind. Die Eikapsel hat feine Querfalten, ist etwa 3 x 4 cm groß und ist mit ca. 3 cm langen Haftfäden ausgestattet. Nordsee bis westliche Ostsee.

Nagelrochen

Raja clavata Linnaeus

Bis 1,2 m lang, mit kurzer Schnauze, deutlichen Flecken und kräftigen, beinahe glatten Stacheln. Lebt vorwiegend auf schlammigem Boden, wo er Bodenfische und andere Bodenlebewesen, z.B. Krabben, frisst. Die Eikapseln sind etwa 6 x 8 cm groß, die gehörnten Ecken halb so lang wie die Kapsel. Nordsee bis Kattegat.

Eikapsel des Sternrochens

Lachs

Zu den **Knochenfischen** *(Osteichthyes)* gehören u.a. die Störartigen und die Echten Knochenfische *(Teleostei)*. Unter den Letzteren versteht man Fische mit Schuppen, Kiemendeckel und Knochengewebsskelett. Die Eiablage erfolgt im Freiwasser, wenige laichen am Meeresboden.

Die zu den Lachsfischen *(Salmoniformes)* gehörenden Lachse *(Salmonidae)* und Stinte *(Osmeridae)* haben eine strahlenlose Fettflosse zwischen Schwanz- und Rückenflosse. Sie legen große Eier am Boden ab.

PARASITEN:
Stint-Glugea (Stint), Augen-Saugwurm, Bandwurm (Lachs, Meerforelle, Regenbogenforelle), Heringswurm, Dorschwurm (Stint), Fischlaus und Lachslaus.

Lachs, Atlantischer Lachs

Salmo salar Linnaeus

Bis 1,5 m lang. Lachse sind schlanker als Forellen mit einer schmaleren Schwanzwurzel. Fast alle Flecken liegen oberhalb der Seitenlinie. Im Frühjahr wandern die Lachse ins Flachwasser, um im Sommer und Herbst zum Laichen in Flüsse aufzusteigen. Der Laich wird im Herbst in sauerstoffreichen, klaren Fließgewässern abgelegt. Die wenigen Lachse, die das Laichen überleben, wandern zurück ins Meer, einige bleiben im Fließgewässer. Sobald die jungen Lachse 10–20 cm lang sind, wandern sie ins Meer ab, wo sie bis zur Geschlechtsreife heranwachsen. Die Nahrung besteht aus Fischen und Krebstieren. Nordsee und Ostsee bis zu den Ålandinseln.

Meerforelle

Regenbogenforelle

Meerforelle, Lachsforelle

Salmo trutta Linnaeus

Bis 1,4 m lang. Weniger schlank als Lachs, mit breiterer Schwanzwurzel. Flecken sowohl oberhalb als auch unterhalb der Seitenlinie. Lebensweise ähnlich wie beim Lachs, Meerforellen sind jedoch ortstreuer und können reine Süßwasserpopulationen bilden. Nordsee und Ostsee bis zu den Ålandinseln.

Regenbogenforelle

Oncorhynchus mykiss (Walbaum)

Bis 80 cm lang, hell rötlich violetter Seitenstreifen. Stammt ursprünglich aus Nordamerika. Im Süßwasser geschlüpfte Jungfische werden in Netzkäfigen im Meer aufgezogen. Entkommene Regenbogenforellen leben in Küstennähe, Nordsee und Ostsee bis um die Ålandinseln.

Stint

Osmerus eperlanus Linnaeus

Bis 35 cm lang und mit gurkenartigem Geruch. Kommt entlang der Küsten und im Brackwasser vor. Der Stint laicht im Frühjahr in den unteren Bereichen von Flussmündungen. Es gibt auch einige Populationen in sehr tiefen Süßwasserseen. Verbreitet von der südlichen Nordsee und Ostsee bis zu den Ålandinseln.

Stint

Flussaale *(Anguillidae)* sind bei uns nur durch den Europäischen Flussaal vertreten. Meeresaale sind eine eng verwandte Familie.

PARASITEN:
Aal-Schwimmblasenwurm.

Europäischer Flussaal

Europäischer Flussaal

Anguilla anguilla (Linnaeus)

Die 6–7 cm langen Glasaale erscheinen im Frühjahr an den Küsten von Nordsee und Kattegat. Während des Sommers färben sie sich dunkel. Einige wandern in Flussläufe und Seen ab, andere leben in brackigen Meeresbuchten. Sie ernähren sich hauptsächlich von Kleinfischen und Krebsen und sind nachtaktiv. Während der ersten 6–12 Lebensjahre werden sie als Gelbaale bezeichnet. Dann werden ihre Rücken dunkler, die Augen größer und werden als Silberaale bezeichnet. Im Herbst ziehen sie ein paar Tage vor Neumond in Richtung Sargassomeer, um dort zu laichen. Nordsee und Ostsee bis zu den Ålandinseln.

Zu den Heringsfischen *(Clupeidae)* gehören kommerziell nutzbare Schwarmfische wie Hering, Sprotte und Sardine. Sie leben von Zooplankton und dienen anderen Fischen als wichtige Nahrungsquelle.

PARASITEN:
Fischpilz, Heringswurm (Hering), Sprottenlaus (Sprotte).

Hering

Clupea harengus Linnaeus

Länge bis 40 cm. Wird in unterschiedliche Bestände oder Rassen eingeteilt, die zu verschiedenen Zeiten laichen und unterschiedliche Wanderrouten haben. Der Hering ernährt sich von Ruderfüßern und Krill. Die etwa 1,5 mm großen Eier werden an Steinen, Schalen und Algen abgelegt. Nordsee und Ostsee bis Ålandinseln.

Sprotte

Sprattus sprattus (Linnaeus)

Bis 15 cm lang. Unterscheidet sich vom Hering durch die schmale Bauchkante. Ist wie Hering ein pelagischer Schwarmfisch, der aber im Freiwasser laicht. Nordsee und Ostsee bis Ålandinseln.

Sprotte

Hering

Seeteufel

Zu den Anglerfischen *(Lophiidae)* gehört bei uns nur eine Art, der Seeteufel.

Seeteufel

Lophius piscatorius Linnaeus

Bis 2 m lang, Grundfisch. Frisst v.a. Plattfisch, Dorsch und Rochen und lockt sie zuvor mit seinem büschelartigen Auswuchs an der Spitze des vordersten Rückenflossenstrahls an. Wenn ein Beutetier in die Nähe kommt, reißt er das große Maul auf, ein Unterdruck entsteht, die Beute wird ins Maul gesaugt. Lebt auf verschiedenen Substraten. Guter Speisefisch. Nordsee bis Kattegat und nördlicher Öresund.

Meeräschen *(Mugilidae)* und Hornhechte *(Belonidae)* sind überwiegend südliche Arten. Meeräschen haben ein kleines Maul, große Schuppen, keine Seitenlinie und leben von Pflanzen, Schnecken und Krebstieren. Hornhechte haben schnabelartige Kiefer mit vielen spitzen Zähnen.

Dicklippige Meeräsche

Chelon labrosus (Risso)

Länge bis 75 cm, dicke Oberlippe mit Warzen. Erscheint im Sommerhalbjahr in Küstennähe von Nordsee bis zu den Dänischen Belten und Öresund. Kann in der Nähe von Kühlwasserausflüssen von Kraftwerken überwintern.

Hornhecht

Belone belone (Linnaeus)

Bis 90 cm lang, grüne Gräten. Der Hornhecht wandert im Frühjahr in die Ostsee, um zu laichen. Die 3 mm großen Eier werden an Steinen oder Algen abgelegt. Im Sommer ernähren sich Hornhechte von Kleinfischen und Krebstieren. Im Herbst wandern sie wieder in die Nordsee ab. Nordsee und Ostsee bis zu den Ålandinseln.

Hornhecht

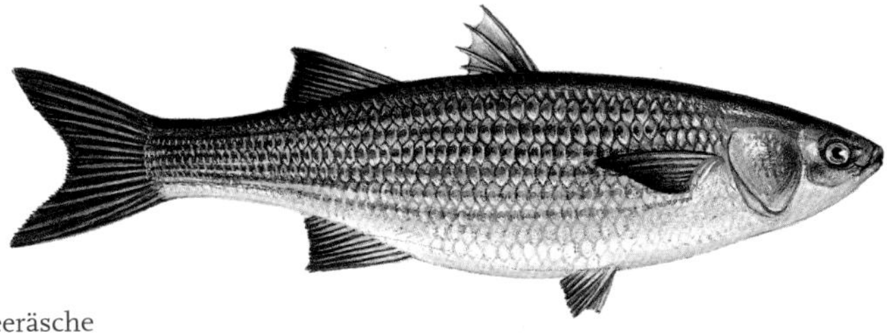

Dicklippige Meeräsche

Dorsch

Wittling

Schellfisch

Die Schellfische *(Gadidae)* umfassen viele wichtige Speisefische. Außer den hier beschriebenen Arten sind dies Lumb, Leng, Blauer Wittling und Stintdorsch. Der Seehecht gehört zu einer nahe verwandten Familie. Frei schwimmender Laich.

PARASITEN:
Kranium-Myxosporidium, Kiemensaugwürmer (Wittling, Seelachs), Schwarzflecken-Saugwurm, Bandwurm (Dorsch, Vierbärtelige Seequappe), Heringswurm, Dorschwurm, Leberwurm, Fischwurm, Dorschkratzer, Dorsch-Kiemenwurm, Dorsch-Copepod, Fischlaus, Knotiger Fischegel.

Dorsch, Kabeljau

Gadus morhua Linnaeus

Bis 1,5 m lang, helle Seitenlinie, Maul oberständig mit kräftiger Bartel. Verschiedene Populationen mit unterschiedlichen Verbreitungen, Laich- und Nahrungswanderungen. Der Dorsch ernährt sich als Jungfisch von Krebstieren, später von Fisch, v.a. Hering. Nordsee und Ostsee bis Ålandinseln.

Wittling

Merlangius merlangus (Linnaeus)

Bis 70 cm lang, Maul oberständig, sehr kleine Bartel, dunkle Seitenlinie und kleiner dunkler Fleck am Ansatz der

Brustflosse. Jungtiere suchen gerne Schutz zwischen Nesselquallen. Ausgewachsene Exemplare ernähren sich von kleinen Heringen und Dorschen. Nordsee bis Ostsee um Bornholm.

Schellfisch

Melanogrammus aeglefinus (Linnaeus)

Länge bis 1 m, Maul oberständig, kleine Bartel, dunkle Seitenlinie sowie großer dunkler Fleck über der Brustflosse. Ernährt sich von Bodentieren, v.a. Schlangensternen. Nordsee bis Ostsee um Bornholm.

Seelachs

Pollachius virens (Linnaeus)

Bis 1,3 m lang, Maul unterständig bis endständig, Seitenlinie hell. Schwarmfisch. Ernährt sich von pelagischen Krebstieren und Fisch. Nordsee bis Kattegat.
Der **Pollack**, *Pollachius pollachius* (Linnaeus), ist bis 80 cm lang, ähnelt dem Seelachs, aber die dunkle Seitenlinie ist über der Brustflosse geschwungen. Seelachs und Pollack leben gerne in der Nähe von Schiffwracks. Nördliche Nordsee bis westliche Ostsee.

Froschdorsch

Raniceps raninus (Linnaeus)

Bis 20 cm langer, schmaler, glänzender schleimiger schwarzer Körper. Grundfisch zwischen Algen. Nordsee bis Dänische Belte und Öresund.

Vierbärtelige Seequappe

Rhinonemus cimbrius (Linnaeus)

Bis 40 cm lang. Außer der Kinnbartel noch drei weitere Barteln als Tastorgane über dem Maul. Auf schlammigem Grund, ab 20 m Meerestiefe. Nordsee bis mittlere Ostsee.
Außer der Kinnbartel haben die bis zu 60 cm langen **Dreibärteligen Seequappen**, *Gaidropsarus vulgaris* (Cloquet), noch zwei und die bis zu 25 cm lange **Fünfbärteligen Seequappen**, *Ciliata mustela* (Linnaeus), noch vier Barteln über dem Maul. Von Nordsee bis Kattegat.

Seelachs

Froschdorsch

Vierbärtelige Seequappe

In die Familie der Stichlinge *(Gasterosteidae)* gehören kleine Arten mit aufrechten Stacheln vor der Rückenflosse. Im Sommer häufig zwischen Algen im Flachwasser, im Winter in tieferen Gewässern. Die Nahrung besteht aus kleinen Krebstierchen, Jungfischen und Würmern. Im Frühjahr baut das Männchen zwischen Algen ein Nest aus Pflanzenteilen und Schleim. Mehrere Weibchen werden zur Laichablage angelockt, woraufhin das Männchen die Eier besamt und bewacht.

PARASITEN:
Stichling-Glugea, Stichling-Bandwurm (Dreistachliger Stichling).

Dreistachliger Stichling
Gasterosteus aculeatus Linnaeus

Bis 10 cm lang, mit drei Stacheln auf dem Rücken und zu Stacheln umgewandelten Bauchflossen. Das Männchen färbt seinen Bauch zur Laichzeit im Frühjahr rot. Dreistachlige Stichlinge leben im Sommer in Schwärmen im Flachwasser und dienen dort u.a. Möwen, Reihern, Lachs und Aal als Nahrung. Nordsee und Ostsee bis zu den Ålandinseln.

Dreistachliger Stichling

Neunstachliger Stichling

Neunstachliger Stichling
Pungitius pungitius (Linnaeus)

Länge bis 7 cm, neun Stacheln. In Süß- oder Brackwasser. Nordsee und Ostsee bis zu den Ålandinseln.

Seestichling
Spinachia spinachia (Linnaeus)

Bis 20 cm lang mit ca. 15 kleinen Stacheln vor der Rückenflosse, Rücken olivbraun. Nordsee und Ostsee bis zu den Ålandinseln.

Seestichling

Die Familie der Seenadeln *(Syngnathidae)* umfasst eine Reihe sehr langer und schmaler Arten. Das Maul ist zu einem dünnen Rohr ausgezogen und dient beim Fangen von kleinen Krebstieren als Pipette. Seenadeln sind ausgezeichnet zwischen Algen getarnt. Das Männchen hat eine Falte oder Brutsack auf der Unterseite. Ein oder mehrere Weibchen können dort ihre Eier ablegen, woraufhin das Männchen sie befruchtet. Die Eier bleiben im Brutsack, bis die Jungfische schlüpfen. Die Grasnadel besitzt sowohl eine Brust- als auch eine Schwanzflosse, die der Großen und der Kleinen Schlangennadel fehlen. Das **Seepferdchen**, *Hippocampus ramulosus* Leach, gehört zu den Seenadeln und lebt in der nördlichen Nordsee.

Grasnadel, Männchen

Kleine Schlangennadel

Grasnadel

Syngnathus typhle Linnaeus

Bis 35 cm. Kleinster Durchmesser der abgeflachten Schnauze ist größer als der des Auges. Nordsee bis zu den Ålandinseln.
Sowohl die **Kleine Seenadel**, *Syngnathus rostellatus* Nilsson, als auch die **Große Seenadel**, *Syngnathus acus* Linnaeus, haben runde Schnauzen, deren kleinster Durchmesser etwa so groß wie der eines Auges ist. Länge bis 16 bzw. bis 50 cm. Nordsee bis Kattegat.

Große Schlangennadel

Entelurus aequoreus (Linnaeus)

Bis 60 cm lang, goldfarben mit leuchtend blauen Querbändern. Nordsee bis zu den Dänischen Belten und Öresund.

Kleine Schlangennadel

Nerophis ophidion (Linnaeus)

Bis 30 cm lang, grünlich mit helleren blauen Querbändern und gerader Schnauze. Nördliche Nordsee bis nördlicher Öresund.
Krummschnauzige Schlangennadeln, *Nerophis lumbriciformis* (Jenyns), sind bis zu 16 cm lang und haben eine kürzere Schnauze, die nach oben gebogen ist. Nordsee bis Kattegat.

Große Schlangennadel

Knurrhähne *(Triglidae)* können durch das Vibrieren der Schwimmblase knurrende Laute hervorbringen. Die Funktion dieses Verhaltens ist nicht bekannt. Der Kopf ist mit einem Knochenpanzer ausgestattet. Knurrhähne können mit Hilfe der Brustflossen flach über den Grund kriechen, aber auch pelagisch leben. Ernähren sich von Bodentieren und kleinen Fischen.

Grauer Knurrhahn

Eutrigla gurnardus (Linnaeus)

Bis 45 cm lang, Rücken grau bis rotbraun, Bauch weiß, Oberseite rau mit Knötchen entlang der Seitenlinie. Nordsee bis westliche Ostsee.
Der **Rote Knurrhahn**, *Trigla lucerna* Linnaeus, ist bis 70 cm lang. Rotbrauner Rücken und glatte Oberseite. Nordsee bis nördliches Kattegat.

Grauer Knurrhahn

Groppen *(Cottidae)* sind großköpfige Grundfische, die für ihre Gefräßigkeit bekannt sind. Sie ernähren sich meist von Krebsen und Fischen.

Parasiten:
Bandwurm, Dorschwurm.

Seeskorpion

Myoxocephalus scorpius (Linnaeus)

Bis 30 cm lang, raue Schuppen ober- und unterhalb der Seitenlinie. Zur Laichzeit haben Männchen einen roten Bauch mit weißen Flecken. Die Eier werden in Klumpen am Grund und an Braunalgenwurzeln abgelegt und vom Männchen bewacht. Nordsee und Ostsee bis zu den Ålandinseln.

Seehase, Weibchen

Bei Seehasen *(Cyclopteridae)* und Scheibenbäuchen *(Liparidae)* sind die Bauchflossen zu Saugscheiben umgewandelt.

Parasiten:
Fischwurm (Seehase).

Seehase

Cyclopterus lumpus Linnaeus

Im Frühjahr legt das bis zu 50 cm lange Weibchen den rötlichen Laich am Grund ab. Das bis zu 30 cm lange, rötlich gefärbte Männchen bewacht die Eier. Die kleinen rötlich gelben, schlanken Jungfische sind im Sommer häufig zwischen Algen anzutreffen. Ausgewachsene Exemplare halten sich außerhalb der Laichzeit auf steinigem Grund oder im Freiwasser auf. Ernähren sich von Krebstieren, Ohrenquallen und Kleinfischen. Nordsee und Ostsee bis zu den Ålandinseln.

Der **Seebull,** *Taurulus bubalis* (Euphrasen), ist bis 20 cm lang, ähnelt dem Seeskorpion, hat aber keine rauen Schuppen oberhalb der Seitenlinie. Nordsee bis nördliche Ostsee.

Seeskorpion

Der **Vierhörnige Seeskorpion**, *Triglopsis quadricornis* (Linnaeus), ist bis 35 cm lang und hat 4 große Höcker auf der Kopfoberseite. Diese arktische Art wird in der Ostsee als Eiszeitrelikt angesehen. Mittlere Ostsee bis Ålandinseln.

Großer Scheibenbauch

Großer Scheibenbauch

Liparis liparis (Linnaeus)

Bis 15 cm lang, geleeartige Haut, Rückenflosse geht in Schwanzflosse über. Lebt unter Steinen und auf Algen. Nord- und Ostsee bis Ålandinseln.
Der **Kleine Scheibenbauch**, *Liparis montagui* (Donovan), ist bis 10 cm lang, Rückenflosse von Schwanzflosse getrennt. Ansonsten ähnlich dem Großen Scheibenbauch. Nordsee, Kattegat und nördlicher Öresund.

Gefleckter Lippfisch

Lippfische *(Labridae)* sind meist bunte Fische mit dicken Lippen. Sie ernähren sich überwiegend von Weich- und Krebstieren, z.B. Seepocken, die sie mit ihren kräftigen Kiefern und spitzen Zähnen erbeuten. Der Laich des Klippenbarsches schwimmt im Freiwasser, die anderen Arten laichen am Meeresgrund oder an Algen.

Kuckuckslippfische, Männchen

und Weibchen

Kuckuckslippfisch

Labrus bimaculatus Linnaeus

Länge bis 35 cm. Das Männchen ist unverwechselbar gefärbt und hat eine blau und schwarz marmorierte Oberseite und einen roten Bauch. Das Weibchen weist 2–3 dunkle Flecken auf der Oberseite des hinteren Rückens auf. Junge Männchen ähneln Weibchen, doch fehlen ihnen die Flecken. Südliche und nördliche Nordsee, Skagerrak und nördliches Kattegat.

Gefleckter Lippfisch

Labrus bergylta Ascanius

Bis 60 cm lang, variierende grünliche und bräunliche Farbtöne. Eingeschlechtig. Südliche und nördliche Nordsee, Skagerrak, Kattegat und nördlicher Öresund.

Die **Goldmaid**, *Symphodus melops* (Linnaeus), ist bis 25 cm lang, ähnelt dem Gefleckten Lippfisch, hat aber zwei Flecken hinter dem Auge und am Ansatz der Schwanzflosse. Nordsee bis Dänische Belte und Öresund.

Klippenbarsch

Ctenolabrus rupestris (Linnaeus)

Bis 18 cm lang, mit zwei dunklen Flecken auf dem Rücken, einem vorne auf der Rückenflosse und einem oben auf der Schwanzwurzel. Nordsee und westliche Ostsee.

Kleinmäuliger Lippfisch

Centrolabrus exoletus (Linnaeus)

Bis 18 cm lang, ohne schwarze Flecken. Männchen kräftiger gefärbt als Weibchen. Nördliche Nordsee, Skagerrak und östliches Kattegat.

Kleinmäuliger Lippfisch, Männchen

Klippenbarsch

Zur Familie der Grundeln *(Gobiidae)* gehören kleine, bodenlebende Fische, deren Bauchflossen mehr oder weniger zu einer Saugscheibe zusammengewachsen sind. Ihre Nahrung besteht aus kleinen Krebstieren und Würmern. Der Laich wird vom Männchen bewacht.

Schwarzgrundel
Gobius niger Linnaeus

Länge bis 15 cm, Rücken fast schwarz, Bauch heller. Lebt zwischen Wasserpflanzen und auf schlammigem Grund, ab wenigen Metern Wassertiefe. Nordsee bis nördliche Ostsee.

Leopardengrundel
Thorogobius ephippiatus (Lowe)

Bis 14 cm lang, hellbraun mit dunkleren Flecken an Kopf und Seiten und schwarzem Fleck am Hinterrand der vorderen Rückenflosse. Lebt ab 5 m Meerestiefe an felsigen Küsten.

Schwimmgrundel, Zweifleckengrundel
Gobiusculus flavescens (Fabricius)

Bis 6 cm lang, häufig mit zwei schwarzen Flecken, einem größeren an der Schwanzwurzel und einem etwas kleineren hinter der Brustflosse. Ist weniger an den Grund gebunden als verwandte Meergrundelarten. Ab wenigen Metern Meerestiefe, nördliche Nordsee bis zu den Ålandinseln.

Schwarzgrundel

Sandgrundel
Pomatoschistus minutus (Pallas)

Bis 10 cm lang, sandfarben mit dunklen Flecken. Schwacher dunkler Fleck am Ansatz der Schwanzflosse und an der Spitze der vorderen Rückenflosse. Lebt auf sandigem Grund, ab wenigen Metern Tiefe. Nordsee und Ostsee bis Ålandinseln.

Fleckengrundeln, *Pomatoschistus pictus* (Malm), sind bis 6 cm lang, mit 4–5 oft geteilten, seitlichen Flecken und einer Reihe kleiner, dunkler Flecken an der vorderen Rückenflosse. Auf kiesigem und sandigem Grund, ab wenigen Metern Tiefe. Nordsee, nördliche Dänische Belte und Öresund.

Strandgrundeln, *Pomatoschistus microps* (Krøyer), sind bis 6 cm lang und haben ca. 8 schwache, seitliche Flecken. Nordsee und Ostsee bis zu den Ålandinseln.

Schwimmgrundel

Sandgrundel

Leopardengrundel

Kleiner Sandaal

Sandaale *(Ammodytidae)* sind schlanke Fische mit spitzem Kopf und unterständigem Maul.

Kleiner Sandaal

Ammodytes tobianus Linnaeus

Länge bis 20 cm, Oberkiefer kann genauso weit vorgeschoben werden wie Unterkiefer. Tagsüber im Sand eingegraben, nachts pelagisch in Schwärmen. Ernährt sich von kleinen Krebstieren und Fischbrut. Nordsee und Ostsee bis Ålandinseln.
Große Sandaale, *Hyperoplus lanceolatus* (Le Sauvage), sind bis 40 cm lang. Dunkler Fleck auf beiden Seiten der Schnauze.

Großes Petermännchen

Zu den Makrelenfischen *(Scombridae)* zählen schnell schwimmende Arten mit torpedoförmigem Körper, die pelagisch in Schwärmen leben. Verschiedene Thunfisch- und Makrelenarten.

PARASITEN:
Makrelen-Myxosporidium, Heringswurm.

Atlantische Makrele

Atlantische Makrele

Scomber scombrus Linnaeus

Länge bis 60 cm. Kommt im Frühjahr in Küstennähe, um zu laichen und pelagische Krebse zu fressen. Nach dem Laichen ernährt sie sich von heringsartigen Fischen und Sandaalen, wird von Dornhaien, Thunfischen und Delfinen gefressen. Nordsee bis mittlere Ostsee.

Petermännchen *(Trachinidae)* leben tagsüber im Sand versteckt und gucken nur mit den nach oben gerichteten Augen und einem Teil des Kopfes und Rückens heraus. An den Kiemendeckeln befindet sich je ein nach hinten gerichteter Giftstachel, außerdem sitzen fünf bis sieben weitere Giftstacheln auf dem vorderen Rücken. Petermännchen ernähren sich von Kleinkrebsen und Kleinfischen.

Großes Petermännchen

Trachinus draco Linnaeus

Bis 40 cm langer, schlanker, schmaler Körper mit leuchtend grünem, blauem, braunem und gelbem Muster. Lebt tagsüber schon ab einem Meter Tiefe im Boden eingegraben und kann zu einer Gefahr werden, denn die kräftigen Kiemendeckelstacheln durchstechen sogar dickere Schuhsohlen. Einige mysteriöse Todesfälle durch Ertrinken können dadurch erklärt werden, dass das Gift mitunter zu Bewusstlosigkeit führt. Nordsee bis Dänische Belte und Öresund.

Wolfsfische *(Zoarcidae)* und Butterfische *(Pholididae)* leben am Grund und sind im Sommer zwischen Wasserpflanzen zu finden, wo sie sich v.a. von Flohkrebsen, Würmern und Weichtieren ernähren.

PARASITEN:
Augen-Saugwurm, Fischwurm (Aalmutter).

Aalmutter

Zoarces viviparus (Linnaeus)

Bis 50 cm lang, braungelb und unregelmäßig dunkel gefleckt. Die weibliche Aalmutter gebärt im Winter etwa 20–200 3–5 cm lange Jungtiere, die am Grund leben. In der Nordsee und Ostsee bis zu den Ålandinseln.

Butterfisch

Pholis gunnellus (Linnaeus)

Bis 25 cm lang, mit ca. 10 dunklen Flecken entlang der Rückenflosse. Der kugelförmige Laich wird unter Steinen oder Schalen abgelegt und bis zum Schlüpfen von den Elterntieren bewacht. Dient vielen Meeresvögeln, z.B. Alken, als Nahrung. Nordsee und Ostsee bis Ålandinseln.

Aalmutter

Butterfisch

Seewölfe oder Kattfische *(Anarhichadidae)* sind Grundfische mit sehr kräftigen Kiefern, die dicke Muscheln, Schnecken und Seeigel knacken können. Die 6 mm großen Eier werden in Klumpen am Boden abgelegt und vom Männchen bewacht.

PARASITEN:
Seewolf-Mikrosporidium.

Seewolf

Anarhichas lupus Linnaeus

Bis 1 m lang, mit unregelmäßigem bräunlichen Zickzackmuster. Ernährt sich hauptsächlich von Wellhornschnecken, Seeigeln und Krebsen. Der Seewolf kommt auf allen Meeresböden vor, ab 20 m Tiefe. Nordsee bis Kattegat und nördlicher Öresund.

Seewolf

Steinbutte *(Scophtalmidae)* sind linksäugige Plattfische. Die im Freiwasser lebenden Jungen sehen normal aus. Während des Wachstums wandert dann das eine Auge auf die Seite des anderen, so dass beim ausgewachsenen Plattfisch beide Augen auf der gleichen Seite des Kopfes sitzen. Bei den Butten ist das die linke Seite, die dunkel gefärbt ist, während die andere Seite weiß bleibt.

PARASITEN:
Mikrosporidien, Bandwurm.

Steinbutt

Psetta maxima (Linnaeus)

Bis 70 cm lang, Oberseite mit Knochenhöckern und Dornen. Lebt auf Sandböden, wo er sich hauptsächlich von Krebs- und Weichtieren ernährt, ab 20 m Tiefe. In der Nordsee und Ostsee bis zu den Ålandinseln.
Der **Glattbutt,** *Scophthalmus rhombus* (Linnaeus), ist bis 70 cm lang, ähnelt dem Steinbutt, aber schlanker und mit glatter Oberseite. Nordsee bis Ostsee um Bornholm.

Haarbutt

Zeugopterus punctatus (Bloch)

Bis 25 cm lang, braune, samtartige Oberseite mit dunkleren Ringen und Flecken. Schwimmt flach über Steine und Klippen, an denen er sich mit der Unterseite festsaugen kann. Ernährt sich von Krebstieren und Kleinfischen. Ab wenigen Metern Meerestiefe, Nordsee bis westliche Ostsee.

Haarbutt

Seezungen *(Soleidae)* sind rechtsäugige, ovale Plattfische, deren rundliches Maul sich nicht an der Spitze des abgerundeten Kopfes befindet.

PARASITEN:
Plattfisch-Muskelsporidien, Monogene Seezungen-Saugwürmer.

Seezunge

Solea solea (Linnaeus)

Bis 60 cm lang, mit kleinen Augen und schiefem Maul. Die Nahrung besteht aus Borstenwürmern, kleinen Muscheln und Krebstieren, die mit den Barteln am Maul ertastet werden. Die Jungtiere leben auf sandigem Grund, ab der Niedrigwasserlinie. Nordsee bis westliche Ostsee.

Seezunge

Steinbutt

Zu den Schollen und Flundern *(Pleuronectidae)* zählen überwiegend rechtsäugige Plattfische, auch der Heilbutt und die Doggerscharbe.

PARASITEN:
Himbeerkrankheit, Mikrosporidien, Kranium-Myxosporidium, Monogene Saugwürmer, Schwarzflecken-Saugwurm, Weißflecken-Saugwurm, Augen-Saugwurm, Dorsch-Kiemenwurm, Blasenkopf-Kratzer, Flunderlaus, Flunder-Copepod.

Scholle
Pleuronectes platessa Linnaeus

Länge bis 50 cm, Haut glatt mit einer Reihe knöchriger Höcker hinter dem Auge. Rote Körperflecken, bei ausgewachsenen Exemplaren von weißen Ringen umgeben. Schollen leben meist auf sandigem Grund und ernähren sich von Muscheln, Krebstieren und Borstenwürmern. Kleinere 2–12 cm lange Schollen bevorzugen im Sommer sandige Böden, ab der Niedrigwasserlinie. Nordsee bis nördliche Ostsee.

Flunder
Platichthys flesus (Linnaeus)

Bis 40 cm lang. Etwa 70% sind rechtsäugig und 30% linksäugig. Oberfläche rau mit scharfen knöchrigen Spitzen entlang der Seitenlinie. Die Unterseite ist teilweise pigmentiert. Im Sommer in Brackwassergebieten. Nahrung wie bei Scholle. Jungtiere leben im Flachwasser. Nordsee und Ostsee bis Ålandinseln.

Flunder

Kliesche
Limanda limanda (Linnaeus)

Länge bis 40 cm, Oberseite rau, Seitenlinie macht einen Bogen über die Brustflosse. Lebt auf schlammigem Grund, ernährt sich von Schlangensternen, Borstenwürmern und Muscheln. Nordsee bis Ostsee um Bornholm.

Kliesche

Scholle

Rotzunge
Microstomus kitt (Walbaum)

Länge bis 40 cm, Oberseite glatt, Farbgebung variierend, Maul klein. Auf steinigem Grund oder Felsen. Ernährt sich von Borstenwürmern, Schnecken sowie Seepocken, die aus dem Gehäuse gesogen werden. Ab wenigen Metern Wassertiefe, Nordsee bis westliche Ostsee.

Rotzunge

Hecht

Zur Familie der Hechte *(Esocidae)* gehört bei uns nur eine Art.

PARASITEN:
Augen-Saugwurm, Fischegel, Karpfenlaus.

Hecht
Esox lucius Linnaeus

Länge bis 1,5 m. Süßwasserfisch, kommt aber auch im Brackwasser vor. Ernährt sich u.a. von Heringen, Rotaugen, Barschen und kleineren Hechten. Die etwa 3 mm großen, klebrigen Eier werden an Wasserpflanzen abgelegt, wo die frisch geschlüpften Larven noch ein paar Wochen anhaften. Erst wenn sie gut 1 cm groß sind, schwimmen sie frei. In Küstennähe der gesamten Ostsee bis zu den Ålandinseln.

Zu den Karpfenfischen *(Cyprinidae)* zählen einige Süßwasserfische, z.B. Karpfen, Karausche, Ukelei, Rotauge, Brachsen und Aland. Die drei letztgenannten auch im Brackwasser.

PARASITEN:
Doppeltier, Augen-Saugwurm, Fischegel, Karpfenlaus.

Flussbarsch

Rotauge

Rotauge
Rutilus rutilus (Linnaeus)

Bis 30 cm lang, mit rötlichen Augen und Bauchflossen, die vor der Vorderkante der Rückenflosse ansetzen. Häufig im Süßwasser, aber auch im Brackwasser. In küstennahen Regionen der Ostsee bis zu den Ålandinseln. Ernährt sich von Krebstierchen, Insekten, Weichtieren und Pflanzenteilen. Zum Laichen und Überwintern wandern Rotaugen ins Süßwasser.

Zur Familie der Barsche *(Percidae)* gehören Flussbarsch, Kaulbarsch und Zander, die alle auch im Brackwasser leben.

PARASITEN:
Augen-Saugwurm, Fischegel, Karpfenlaus.

Flussbarsch
Perca fluviatilis Linnaeus

Länge bis 50 cm. Lebt in Süß- und Brackwasser in Küstenregionen der Ostsee bis zu den Ålandinseln. Ernährt sich hauptsächlich von Krebstierchen, Insektenlarven und Fisch. Die Farbstoffe der Krebstiere können das Fleisch des Barsches rötlich gelb färben. Im Frühjahr werden die Laichbänder mit den 2–3 mm großen Eiern an Pflanzen abgelegt.

Fischparasiten

Schmarotzer oder Parasiten sind bei den meisten Tieren keine Seltenheit. Einige Parasiten sind aufgrund ihrer Größe nicht zu übersehen. Sie leben häufig im Magen-Darm-Trakt des Endwirtes (= Wirt mit dem geschlechtsreifen Parasitenstadium), so dass die Eier leicht über die Ausscheidungen ins Wasser gelangen. Der Endwirt wird meistens über seine Nahrung infiziert, indem er Zwischenwirte frisst, die Larven des Parasiten in sich tragen. Wenn ein Fisch Zwischenwirt ist, sitzen die Larven oft im Muskelgewebe, der Leber oder anderen inneren Organen. Manche Parasiten führen keinen Wirtswechsel im Larvenstadium durch, so dass Fische die alleinigen Wirte sind. Die meisten Parasiten sind für Menschen ungefährlich. Wenn der Fisch als Zwischenwirt dient und ein warmblütiges Tier, z.B. Vogel, Seehund oder Wal, den Endwirt stellt, können die Parasiten eine Zeit lang im Menschen überleben. In diesem Kapitel werden einige wichtige, auffällige Arten beschrieben.

Virus und Pilz

Die beiden folgenden Beispiele sind keine Parasiten im eigentlichen Sinn.

Himbeerkrankheit

Lymphocystis

Himbeerartige, oftmals blutige Knötchen bei Scholle, Flunder und anderen Plattfischen werden von einem Virus verursacht. Infizierte Fische sind nicht zum Verzehr geeignet. Nordsee und Ostsee bis zu den Ålandinseln.

Flunder, von Himbeerkrankheit befallen

Fischpilz

Ichthyophonus sp.

Hering, Dorschartige und andere Fische können längliche, weiße, oftmals harte Knötchen in der Muskulatur und im Herz haben. Im Mikroskop kann man Pilzhyphen und Sporen des Fischpilzes erkennen. Durch die Infektion bekommt das Fleisch eine schleimige Struktur und pilzartigen Geruch. Der Fischpilz kann ein Massensterben unter Heringen verursachen, ist aber für den Menschen unschädlich. Nordsee bis mittlere Ostsee.

Hering, von Fischpilz befallen; Fisch ist seitlich aufgeschnitten

Mikrosporidien *Microspora*

Mikrosporidien gehören zu den Einzellern *(Protozoa)*. Bei Befall zeigen die Fische im Inneren oder auf der Außenseite weiße Flecken, Streifen oder Knötchen. Im Mikroskop kann man stark vergrößerte Zellen erkennen, die mit sehr vielen, mikroskopisch kleinen, spindelförmigen Mikrosporen gefüllt sind.

Stichling, von Stichling-Glugea befallen

Stichling-Glugea

Glugea anomala (Moniez)

Stichlinge können auf der Haut silbrige oder weißliche, kugelförmige Auswüchse zeigen, die 5 mm Durchmesser haben. Die Kügelchen beeinträchtigen den Wirt nicht. Nordsee und Ostsee bis Ålandinseln.
Unter der **Stint-Glugea**, *Glugea hertwigi* Wissenberg, versteht man weiße, vergrößerte Zellen mit einem Durchmesser von 5 mm. Sie können sich im Darm und anderen inneren Organen des Stints entwickeln und zu Massensterben führen. Nordsee und Ostsee bis Ålandinseln.

Flunder, aufgeschnitten. Der Darm ist stark von Plattfisch-Glugea befallen.

Doggerscharbe, Muskulatur ist von Plattfisch-Muskelmikrosporidien befallen.

Plattfisch-Glugea

Glugea stephani (Hagenmüller)

Besonders häufig sind Scholle und Flunder betroffen. Zu Anfang entwickeln sich weiße Flecken am hinteren Ende des Darms, später ist die ganze Darmwand mit weißen, bis 5 mm großen und mit Mikrosporen gefüllten Zellen bedeckt. Im Endstadium kann der Darm komplett mit den Parasiten verstopft sein, der Wirt stirbt. Nordsee und Ostsee bis Ålandinseln.

Plattfisch-Muskelmikrosporidium

Pleistophora hippoglossoides Bosanquet

Diese Art befällt Seezunge und Doggerscharbe. *Tetramicra brevifilum* Matthews & Matthews befällt den Steinbutt. Die Parasiten erzeugen eine bis 1 cm große längliche oder knotige, weiße Struktur in den Muskeln. Nordsee bis Dänische Belte und Öresund.
Seewolf-Muskelmikrosporidien, *Pleistophora ehrenbaumi* Reichenow, bilden bis zu 10 cm große blasenartige Knoten in der Muskelstruktur des Seewolfs. Erkrankte Fische sind nicht zum Verzehr geeignet. Nordsee.

Myxozoen *Myxozoa*

Auch Myxozoen gehören zu den Einzellern *(Protozoa)*. Eine Infektion durch Myxozoen ist der Mikrosporidieninfektion sehr ähnlich. Klarheit bringt nur eine mikroskopische Untersuchung der Sporen. Die *Myxozoa*-Arten, die in Süßwasserfischen leben, benötigen einen Wirtswechsel mit kleinen Wenigborstern *(Oligochaeta)*. Die Zwischenwirte für die vielen im Meer vorkommenden Arten sind nicht bekannt.

Kranium-Myxosporidium
Myxobolus aeglefini Auerbach

Bei Platt- und Schellfischen kann man im Schädel und im Knorpel am Hinterrand des Auges bei Parasitenbefall die Sporenmassen als unregelmäßige Flecken erkennen. Die Parasiten können Schädeldeformationen und kristallartige Auswüchse auf den Gehörknöchelchen verursachen und auch zum Sterben des Fisches führen. Nordsee bis mittlere Ostsee.

Makrelen-Myxosporidium
Kudoa histolyca (Perard)

Die Parasiten leben in der Muskulatur der Makrele und werden bei frisch gefangenen Fischen nicht bemerkt. Erst kurz nach dem Tod des Wirtes wandeln Enzyme des Parasiten das Fleisch der Makrele in eine gelbliche, zäh fließende Masse um, wodurch der Fisch ungenießbar wird. Nordsee und Kattegat.

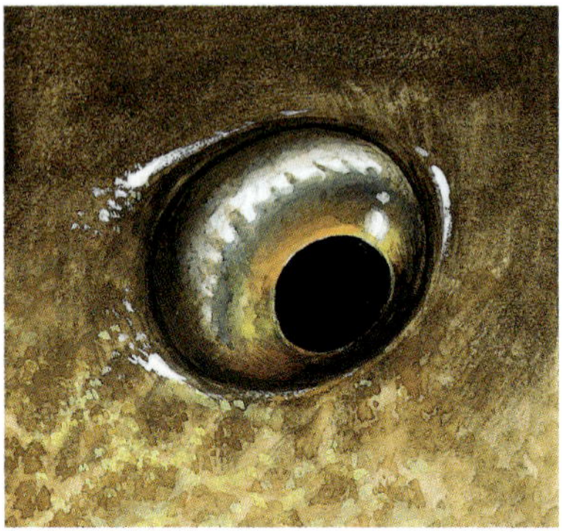

Makrelen-Myxosporidium

Dorschauge mit weißlichen Sporen vom Kranium-Myxosporidium

Plattwürmer *Plathelminthes*

Außer den Strudelwürmern *(Turbellaria)* gehören auch die rein parasitisch lebenden Saugwürmer *(Trematoda: Monogenea, Digenea)* und Bandwürmer *(Cestoda)* zu diesem Stamm. Fast alle Arten sind Zwitter.

Monogene Saugwürmer
Monogenea

Monogene Saugwürmer sind 1–20 mm lang. Leben meist ektoparasitisch auf der Außenseite, in der Mundhöhle oder auf den Kiemen des Wirtes, wo sie sich mit einer oder mehreren Haftscheiben, die teilweise mit Haken versehen sind, festhalten. Mund am Vorderende. Ernähren sich von Schleim, Schuppen und Blut. Kein Wirtswechsel (daher der Name *Monogenea*).

Seezungen-Saugwurm
Entobdella soleae (Beneden & Hesse)

Bis 6 mm lang. Hält sich an der Unterseite der Zunge mit seiner großen Haftscheibe fest. Nordsee.
Heilbutt-Saugwürmer, *Entobdella hippoglossi* (O.F. Müller), ähneln den Seezungen-Saugwürmern, sind aber bis 2 cm lang und bräunlich. Leben auf der Haut von Heilbutten. Nordsee und Skagerrak.

Wittling-Saugwurm
Dicliophora merlangi (Kuhl)

Bis 1 cm lang, weißlich mit bräunlicher Mittelpartie. Hält sich mit 8 kleinen Haftscheiben an den Kiemen des Wittlings fest. Nordsee und Skagerrak.
Verwandte Arten leben auf anderen Schellfischarten.

Seezungen-Saugwurm

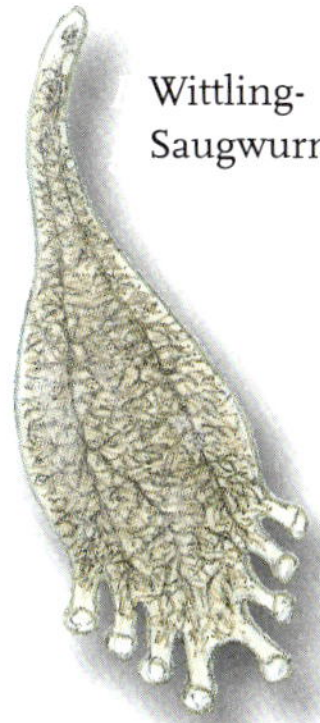

Wittling-Saugwurm

Doppeltier
Diplozoon paradoxum Nordmann

Lebt auf den Kiemen von Rotaugen, Brachsen und anderen Weißfischen. Die geschlechtsreifen Parasiten leben zu zweit, kreuzartig zusammengewachsen und paaren sich ständig. Die Larven leben einzeln auf den Kiemen des Wirtes. Im Süß- und Brackwasser, auch in der Ostsee.

Doppeltier

Digene Saugwürmer
Digenea

Digene Saugwürmer haben oftmals einen komplizierten Lebenszyklus mit drei Wirten. Im ersten Zwischenwirt, meistens einer Schnecke, entwickelt sich die ca. 1 mm lange Wimpernlarve oder Miracidie *(Miracidium)*. Diese wächst im zweiten Zwischenwirt, einem Wirbellosen oder einem Fisch, zu der etwa 2 mm großen Redie heran. Das 1–5 mm lange geschlechtsreife Endstadium, die Cercarie, lebt im Darmtrakt des Endwirtes und besitzt einen Mundsaugnapf und einen Bauchsaugnapf.

Schwarzflecken-Saugwurm
Cryptocotyle lingua (Creplin)

Die Wimpernlarve Saugwurms entwickelt sich in der Gemeinen Strandschnecke und bohrt sich anschließend durch die Haut eines Fisches, z.B. eines Dorsches oder eines Plattfisches. Das Gewebe um die Redie läuft schwarz an. Die eigentlichen Endwirte des Schwarzflecken-Saugwurms sind Möwen, die aber bei Parasitenbefall keine Symptome zeigen. Durch Erhitzen werden die Parasiten abgetötet, so dass Menschen normalerweise nicht befallen werden. Schwarzflecken-Saugwürmer kommen in der Nordsee bis in die westliche Ostsee vor, gelegentlich bis Bornholm. Dort sind Fische im Verbreitungsgebiet der Strandschnecke infiziert.

Links: Schwarzflecken-Saugwurm in Auge und Haut eines Dorsches
Rechts: Augen-Saugwurm in Augenlinse

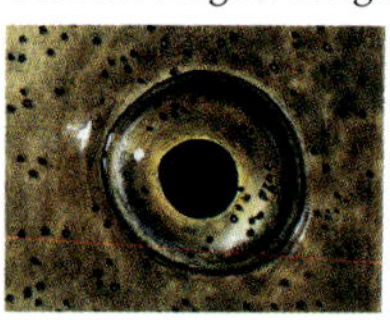

Kliesche mit Weißflecken-Saugwurm auf der Unterseite

Weißflecken-Saugwurm
Stephanostomum baccatum (Nicoll)

Die Wimpernlarve entwickelt sich in der Gemeinen Wellhornschnecke. Die weißen, rundlichen Redien leben in der Unterseite von Plattfischen. Endwirt ist der Knurrhahn. Nordsee bis Kattegat und nördlicher Öresund.

Augen-Saugwurm
Diplostomum spathaceum (Rudolphi)

Der Augen-Saugwurm ist ein Süßwasserparasit, der auch im Brackwasser vorkommt. Die Wimpernlarve entwickelt sich in der Wanderschlammschnecke *(Lymnea pereger)*. Fische, die in der Nähe befallener Schnecken leben, können in den Augenlinsen Redien aufweisen. Die Linsen werden dadurch getrübt und die Fische erblinden. Die Folgen sind Beeinträchtigungen bei der Nahrungssuche, was wiederum den Tod des Fisches nach sich ziehen kann. Möwen sind die Endwirte. Im Brackwasser befällt der Augen-Saugwurm Heringe, Dorsche, Grundeln, Flundern und Aalmuttern. Regenbogenforellen, die im Süßwasser aufwachsen und ins Meerwasser überwechseln, behalten den Parasiten auch im marinen Lebensraum. Süß- und Brackwassergebiete, in der Ostsee bis zu den Ålandinseln.

Schwarzgrundel, Auge von Augen-Saugwurm befallen

Bandwürmer *Cestoda*

Aus Kopf, Sprossungszone und Gliederkette aufgebaut. Der kleine Kopf kann mit Saugnäpfen, Sauggruben und Hakenkränzen versehen sein. Kein Mund oder Darm, Nahrungsaufnahme erfolgt über Körperoberfläche. Ruderfüßer sind erste Zwischenwirte. Die ausgewählten Arten haben Fische als zweiten Zwischenwirt. Als Endwirt sind Fisch, Vogel oder Säugetier möglich.

Lachs-Bandwurm
Eubothrium crassum (Bloch)

Endwirte sind Lachsartige. Lachs-Bandwürmer sind bis 1 m lang, kräftig und weiß. Das Vorderende sitzt mit einer Saugspalte am Blinddarm fest, der gelenkige Körper reicht bis weit in den Darm hinein, der dadurch angeschwollen sein kann. Nordsee und Ostsee bis zu den Ålandinseln.
Dorsch-Bandwurm *Abothrium gadi* van Beneden. Länge bis 10 cm. Das keulenförmige Vorderende sitzt im Blinddarm fest und verursacht dort knotige Verdickungen. Der Körper reicht bis in den Darm. Nordsee und Skagerrak.

Steinbutt-Bandwurm im geöffneten Darm

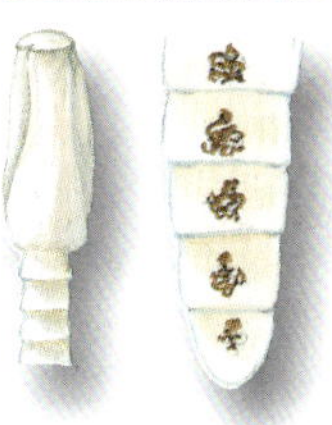

Steinbutt-Bandwurm, Kopf und letztes geschlechtsreifes Segment

Steinbutt-Bandwurm
Bothriocephalus gregarius Renaut, Gabrion & Pasteur

Endwirt ist der Steinbutt. Der Bandwurm ist bis 60 cm lang. Der kleine, beinahe viereckige Kopf sitzt fest in der Darmwand des Steinbuttes, der lange weißliche biegsame Körper liegt geschlängelt im Darm. Die Parasiten schädigen den Wirt nicht. Nordsee und Ostsee bis zu den Ålandinseln.

Glattbutt, Aal, Groppe und Seequappe können mit nah verwandten Parasiten befallen sein.

Stichling-Bandwurm
Schistocephalus solidus (O.F. Müller)

Stichling ist Zwischenwirt. Das bis zu 10 cm lange, weiße, gelenkige Jugendstadium des Parasiten lebt im stark erweiterten Körper des Dreistacheligen Stichlings. Möwen sind mögliche Endwirte. Lebt in Brackwassergebieten entlang der Nordsee bis zu den Dänischen Belten, in der Ostsee bis zu den Ålandinseln.

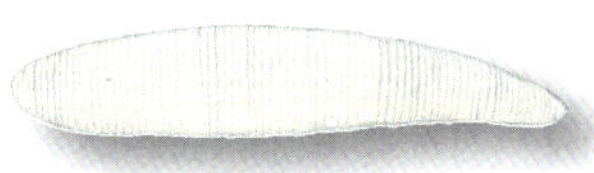

Stichling-Bandwurm

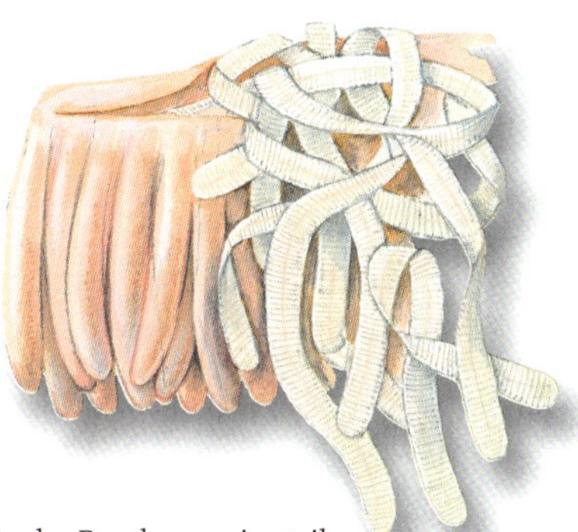

Lachs-Bandwurm im teilweise geöffneten Blinddarm

Ringelwürmer *Annelida*

Frei lebende und parasitische Egelarten gehören zusammen mit den frei lebenden Borstenwürmern und den Regenwürmern zu den Ringelwürmern *(Annelida)*.

Egel *Hirudinea*

Egel sind zylindrische oder schwach abgeplattete, sehr bewegliche, zwittrige Ringelwürmer mit einer Saugscheibe an beiden Enden. Sie wandern auf der Haut des Fisches, um Blut zu saugen. Einige können schwimmen und so einen anderen Wirt aufsuchen.

Knotiger Fischegel   Gestreifter Fischegel

Knotiger Fischegel

Calliobdella nodulifera (Malm)

Bis 3 cm lang, eine Reihe Warzen auf jeder Seite. Auf der Haut von Schellfischen und Seewolf. Nordsee bis nördlicher Öresund.

Calliobdella lophii Beneden & Hesse ist bis 5 cm lang, lebt auf Seeteufeln.

Platybdella anarrchichae Malm ist bis 3 cm lang, befällt Haut oder Kiemen von Seeteufeln.

Große Rochenegel, *Pontobdella muricata* (Linnaeus), sind bis 20 cm lang und haben großen Warzen, leben auf Rochen. Nordsee bis Kattegat.

Gestreifter Fischegel

Piscicola geometra (Linnaeus)

Gestreifte Fischegel sind bis 8 cm lang, schlank, zylindrisch, bräunlich und grünlich marmoriert und haben helle Querbänder. Sie saugen Blut von Süßwasserfischen und Brackwasserfischen. Öresund bis zu den Ålandinseln.

Kratzer *Acanthocephala*

Fische können diesen Parasiten sowohl als Zwischen- wie auch als Endwirte dienen. Der geschlechtsreife, 1–8 cm lange, orangefarbene bis bräunliche Kratzer sitzt mit Hilfe des mit Widerhaken besetzten Rüssels an der Darmwand des Fisches fest. Weibchen sind oft größer als Männchen. Eingekapselte, nicht geschlechtsreife Exemplare bevorzugen Leber und andere innere Organe. Larven entwickeln sich häufig in Flohkrebsen.

Dorschkratzer
Echinorhynchos gadi Zoega

Der bis zu 8 cm lange, gelblich bis braune, zylindrische, unregelmäßig eingeschnürte Kratzer lebt häufig in Dorschen, aber auch u.a. in Plattfischen. Er sitzt bevorzugt im hinteren Darmende und kann bei starkem Befall aus der Kloake herausgucken. Kleine Dorsche nehmen den Dorschkratzer über die Nahrung (Flohkrebse) auf. Große Dorsche infizieren sich, wenn sie kleine Dorsche fressen. Verbreitungsgebiet wie beim Dorsch.
Lachsartige können mit nahe verwandten Kratzerarten infiziert sein.

Blasenkopf-Kratzer
Pomphorhynchus laevis (Zoega)

Überwiegend auf Flundern, seltener auf Dorsch, Aal und anderen Arten. Weißlich bis orange, bis zu 2 cm lang, mit einer kugelförmigen Verdickung am hakenbestückten Rüssel. Sitzt tief im hinteren Ende des Darmes und kann auf dessen Außenseite als Ausbeulung gesehen werden. Eingekapselte junge Blasenkopf-Kratzer sind in Lebern und anderen inneren Organen von Flundern keine Seltenheit. Kattegat über Ostsee bis zu den Ålandinseln.

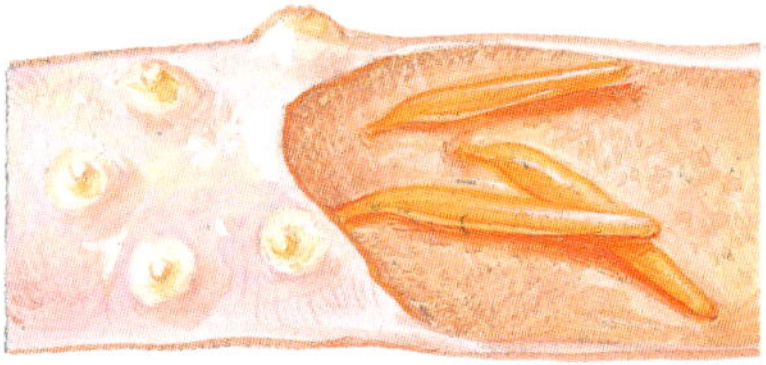

Blasenkopf-Kratzer im teilweise geöffneten Darm einer Flunder

Fadenwürmer *Nematoda*

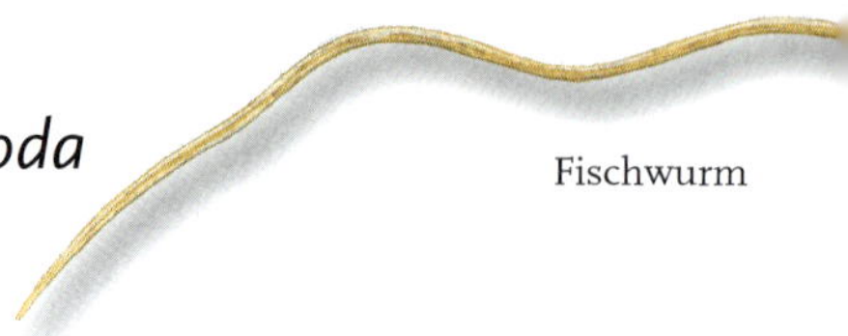
Fischwurm

Fadenwürmer sind meist glatt, steif, schlank, zylindrisch und weißlich. Die geschlechtsreifen Männchen sind häufig kleiner als die Weibchen. Fische können sowohl Zwischen- als auch Endwirt sein. Das ca. 10 mm lange, geschlechtsreife Stadium befindet sich im Magen-Darmsystem. Mehr oder weniger eingekapselte Larvenstadien sitzen in der Leber, in Muskeln und auf den Eingeweiden des Wirtes. Fische werden durch die Nahrung, z.B. infizierte Krebstierchen, vom Parasiten befallen.

Heringswurm

Anisakis simplex (Rudolphi)

Wird auch Walwurm genannt, da er Wale, z.B. Schweinswale, als Endwirt hat. Fische, u.a. Hering und Makrele, infizieren sich oft, wenn sie Krill fressen, und dienen als Zwischenwirt. Die wenige Zentimeter langen Larven liegen eingerollt und eingekapselt, mit einem Durchmesser von 6 mm, auf den Innereien, seltener in den Muskeln. Wenn befallene Heringe von Raubfischen gefressen werden, überleben die Parasiten. Schellfische, Lachsartige und andere Raubfische erkranken so durch Heringe. Bei Dorschen entdeckt man die Larven am ehesten auf der Außenseite des Magens und an der Leber. Wenn lebende Larven in den menschlichen Darm kommen, versuchen sie sich durch die Darmwand zu bohren, was sehr schmerzhaft sein kann und nicht selten operative Maßnahmen erfordert, also nicht ungefährlich ist. Man kann die Larven über mehrere Tage bei –30 °C tieffrieren, durch Kochen oder Braten abtöten. Daher empfiehlt es sich, Fisch vor dem Zubereiten roher Fischgerichte wie „Gravad Lachs" oder „Sushi" vorher einige Tage lang einzufrieren. Heringe erkranken dort, wo Krill vorkommt, also in der Nordsee, dem Skagerrak und dem tiefen Kattegat. Da Heringe aber lange Wanderungen u.a. bis in die Ostsee unternehmen, kann man den Parasiten bis weit in die Ostsee in Raubfischen nachweisen.

Dorschwurm

Pseudoterranova decipiens (Krabbe)

Wird auch Robbenwurm genannt, da er Hundsrobben, insbesondere die Kegelrobbe, als Endwirt benutzt. Der 2–8 cm lange, kräftige, rotbraune bis weißliche Wurm sitzt in den Muskeln, gelegentlich auch in der Leber von Dorsch und Plattfischen, die ihm als Zwischenwirt dienen. Der Zwischenwirt erkrankt, wenn er z.B. Flohkrebse und Asseln frisst. Der Parasit kann über die Nahrung auch an Raubfische weitergegeben werden. Lebende Larven sind möglicherweise für Menschen schädlich. In Gebieten, wo der Parasit häufig ist, z.B. Kanada und Island, werden Fischfilets durchleuchtet und die Parasiten entfernt. Da Kegelrobben in der Nordsee häufig sind, ist hier auch sein Hauptverbreitungsgebiet. Die Ostseepopulation der Kegelrobbe ist dagegen nicht erkrankt.

Leberwurm

Contracaecum osculatum (Rudolphi)

Hundsrobben, besonders Kegelrobben sind Endwirte. Der wenige Zentimeter lange, weißliche Wurm sitzt in der Leber oder eingekapselt auf inneren Organen von Dorsch, Plattfischen u.a. Kleinfische erkranken, wenn sie Ruderfüßer fressen. Wenn die Kleinfische von Raubfischen erbeutet werden, wird der Parasit weitergegeben. In der Ostsee ist Dorschleber größtenteils durch Leberwürmer zerstört. Die Larven sind evtl. auch für den Menschen gefährlich. Da Kegelrobben überwiegend in der Nordsee und in der nördlichen Ostsee bis zu den Ålandinseln vorkommen, lebt auch der Parasit in diesen Gebieten.

Fischwurm

Hysterothylacium aduncum (Rudolphi)

Fische dienen sowohl als Zwischen- als auch als Endwirte. Der geschlechtsreife Parasit kann im Magen oder Darmtrakt des Wirtes bis zu 10 cm lang werden. Das eingekapselte, bis zu mehreren Zentimetern lange Larvenstadium sitzt auf den inneren Organen des Wirtes. Die jüngsten Larvenstadien findet man u.a. in Krebstieren. Nordsee und Ostsee bis zu den Ålandinseln.

Aal-Schwimmblasenwurm

Anguillicola crassus
Kuwahara, Niimi & Itagaki

Der bis zu 6 cm lange, dicke, weiche, blutgefüllte Fadenwurm saugt Blut in der Schwimmblase des Aals. Der Wirt infiziert sich, indem er erkrankte Ruderfüßer oder Kleinfische frisst, im Brackwasser v.a. Grundeln. Da der Parasit auch im Salzwasser leben kann, kann man erkrankte Aale bis weit ins Meer hinein nachweisen. Parasitenbefall kann den Aal schwächen und unter Umständen töten. Für Menschen ungefährlich.

Aal-Schwimmblasenwurm, Weibchen mit weißlichen Geschlechtsorganen, die mit Eiern und Larven gefüllt sind

Heringswurm, in Dorschleber eingekapselt

Leberwurm in Dorschleber

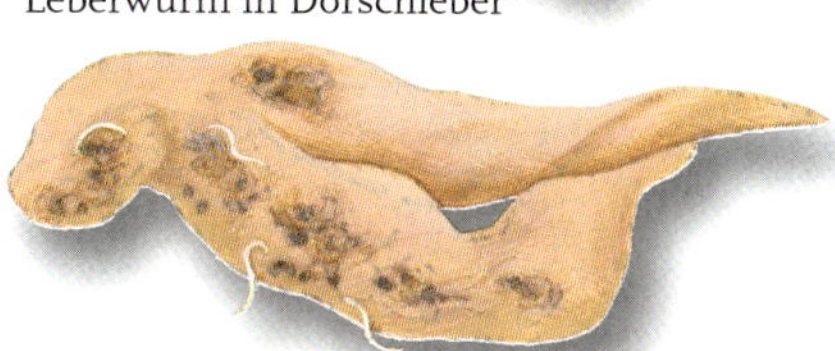

Fischwurm in geöffnetem Aalmutterdarm

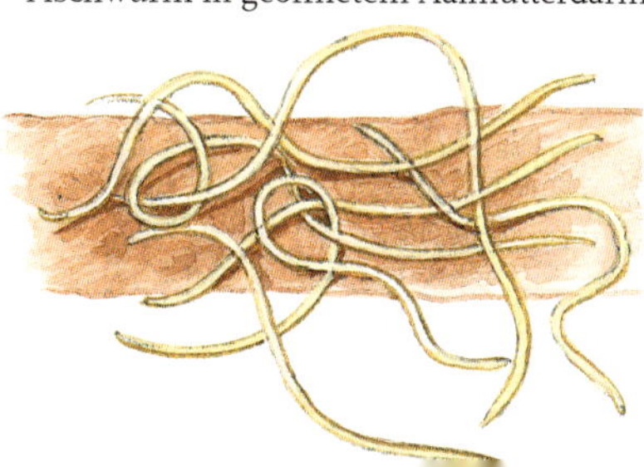

Dorschwurm in der Muskulatur eines Dorsches

Parasitische Krebstiere *Crustacea*

Die meisten Krebstiere sind frei lebend. Die Mehrzahl der parasitischen Arten sind Ruderfüßer. Es kommen aber auch Parasiten bei Rankenfüßern *(Cirripoda)* und Höheren Krebsen *(Malacostraca)*, u.a. der Assel *Aega*, vor. Man kann die Assel *Cirolana* und den Flohkrebs *Tmetonyx* in sterbenden oder toten Fischen finden. Hier handelt es sich um Aasfresser und nicht um Parasiten. Die Karpfenläuse bilden eine rein parasitische Krebstiergruppe.

Ruderfüßer oder **Copepoden** *Copepoda*

Es kommt eine Reihe parasitischer Ruderfüßer in wirbellosen Tieren, u.a. in Miesmuscheln und Krebstierchen, vor. Hier werden nur einige Arten beschrieben, die Fische als einzige Wirte nutzen. Die Millimeter bis wenige Zentimeter großen Parasiten sitzen auf der Oberfläche oder den Kiemen von Fischen. Einige Parasiten ähneln frei lebenden Ruderfüßern, während andere so sehr umgestaltet sind, dass nur ihre Larvenstadien die Zugehörigkeit zu den Ruderfüßern verraten. Einige Ruderfüßer-Arten bewegen sich frei auf den Fischen, andere sitzen permanent fest.

Fischlaus

Caligus curtus O.F. Müller. Außerdem *Caligus elongatus* Nordmann u.a.

Die flachen und breiten Ruderfüßer werden bis zu 8 mm lang, wandern auf der Oberfläche des Wirtes, u.a. auf Dorsch und Lachs, können aber auch von Fisch zu Fisch schwimmen. Die Fischlaus *Caligus* unterscheidet sich von der Lachslaus und der Flunderlaus u.a. durch zwei kleine halbmondförmige Saugnäpfe am Vorderende. Der Parasit ernährt sich v.a. von Schleim und Hautzellen und kann in marinen Fischzuchtanlagen Schäden verursachen. Nordsee bis mittlere Ostsee.

Fischlaus
Caligus curtus

Lachsla

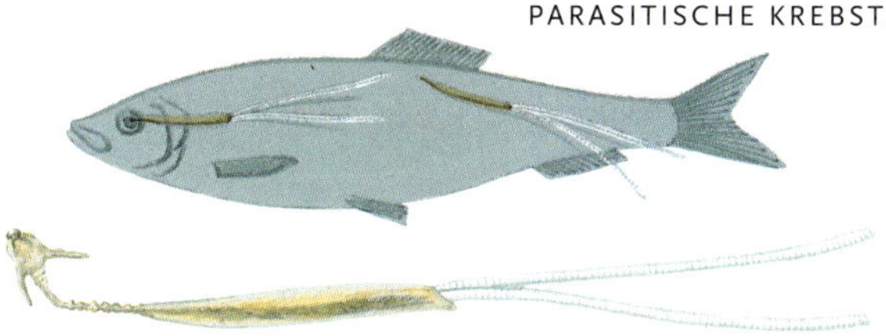

Sprottenlaus

Lachslaus

Lepeophteirus salmonis (Krøyer)

Der flache, dunkelbraune Körper des Weibchens wird bis 20 mm lang, das Männchen ist kleiner. Im Gegensatz zur Fischlaus hat die Lachslaus keine zwei halbmondförmigen Saugnäpfe am Vorderende. Die geschlechtsreifen Tiere wandern auf der Oberfläche des Wirtes und fressen Haut und Muskelzellen, v.a. in der Kopf- und Rückenregion. Mehrere Entwicklungsstadien können schwimmen und somit den Wirt wechseln. In Zuchtanlagen können sie große Schäden verursachen. Lachsläuse können sich nur bei relativ hohem Salzgehalt im Wasser fortpflanzen, überleben aber auch einige Tage im Brackwasser und auf Fischen, die ins Süßwasser abwandern. Nordsee bis westliche Ostsee.

Dorsch-Copepod

Die **Flunderlaus**, *Lepeophteirus pectoralis* (O.F. Müller), ist bis zu 6 mm lang, parasitiert die Außenseiten von Scholle und Flunder, gerne unter den Brustflossen. Weniger schädlich als Lachslaus. Nordsee bis westliche Ostsee.
Weitere Arten kommen auf anderen Fischarten vor: *Lepeophtheirus hippoglossi* (Krøyer) auf Heilbutt, *Lepeophtheirus pollachius* Bassett-Smith auf Seelachs und *Lepeophtheirus thompsoni* Baird auf den Kiemen von Steinbutt und Haarbutt.

Sprottenlaus

Lernaeeniscus sprattae (Sowerby) und *Lernaeeniscus encrasicola* (Turton)

Bis 3 cm langer, schlanker Körper, Eisäckchen dünn. *Lernaeeniscus sprattae* sitzt häufig tief im Auge verankert, *Lernaeeniscus encrasicola* in der Rückenmuskulatur. Nordsee bis Dänische Belte und Öresund.

Dorsch-Copepod

Clavella adunca (Strøm)

Das bis zu 6 mm lange Weibchen sitzt in der Mundhöhle, an der Kloake oder an den Flossenkanten des Wirtes fest. Der Mund sitzt an der Spitze eines länglichen Auswuchses. Um das angefressene Gewebe bilden sich kleine Kerben. Das mikroskopisch kleine Männchen lebt als Parasit auf dem Weibchen. Der Dorsch-Copepod lebt von der Nordsee bis in die nördlichen Dänischen Belte und im Öresund.

Flunder-Copepod

Acanthocondria cornuta (O.F. Müller)

Dieser bis 8 mm lange, stark umgewandelte Ruderfüßer sitzt in der Mundhöhle von Flunder und Scholle. Nordsee bis westliche Ostsee.

Verwandte Arten befallen andere Plattfischarten.

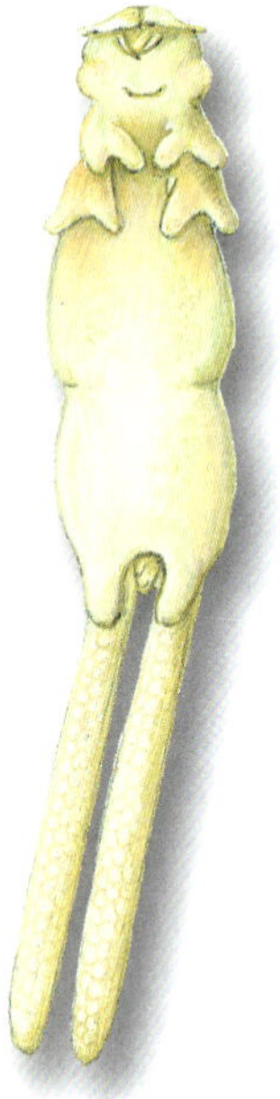

Flunder-Copepod

Dorsch-Kiemenwurm

Lernaeocera branchialis (Linnaeus)

Das mit Blut gefüllte, bis 4 cm lange, mit gekräuselten Eisäckchen versehene Weibchen sitzt auf den Kiemen von dorschartigen Fischen. Das Vorderende des Parasiten ist fest im Herz des Wirtes verankert, um Blut zu saugen. Kleine Dorsche mit mehreren Parasiten sind meist abgemagert. Stark befallene Kiemenbögen können häufig hell und verkürzt sein. Der Parasit macht einen Wirtswechsel mit Plattfischen, wo die etwa 2 mm langen Jugendstadien auf den Kiemen v.a. von Flundern leben. Die Kiemenbögen können dann bleich und angeschwollen sein. Auf ihnen findet auch die Paarung statt. Danach stirbt das Männchen, während das Weibchen sich schwimmend auf die Suche nach einem Schellfisch macht. Nordsee bis westliche Ostsee.

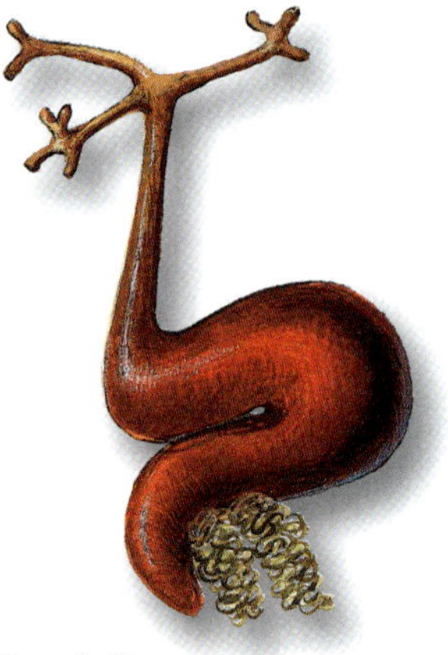

Dorsch-Kiemenwurm

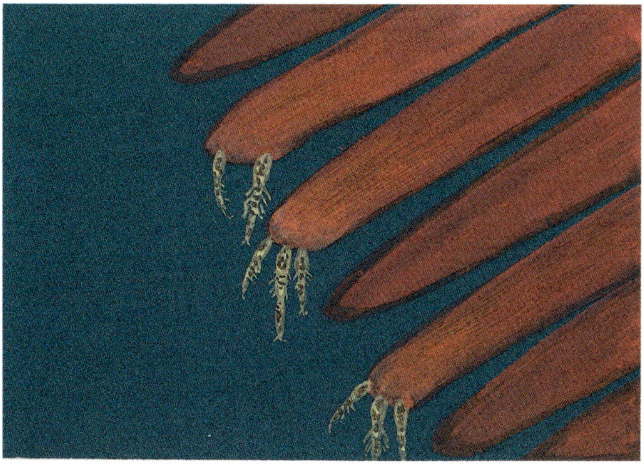

Dorsch-Kiemenwurm, Jugendstadien auf den Kiemen einer Flunder

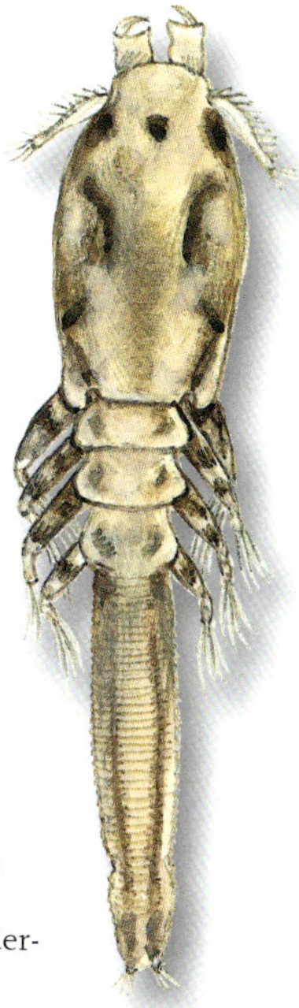

Dorsch-Kiemenwurm, Jugendstadium eines Weibchens (von Flunderkiemen entnommen)

Karpfenläuse *Branchiura*

Karpfenläuse bilden eine kleine Krebstiergruppe, zu denen die Gemeine Karpfenlaus gehört. Es werden keine Wirtswechsel durchgeführt.

Gemeine Karpfenlaus

Argulus foliaceus (Linnaeus)

Bis zu 7 mm lang, flach, oval, hell grünbraun, ohne Eisäckchen, mit zwei kreisförmigen Saugnäpfen auf der Unterseite. Saugt Fischblut im Süß- und Brackwasser. Wandert auf der Oberfläche des Wirtes, kann aber auch von Fisch zu Fisch schwimmen. Bei starkem Befall kann der Wirt sterben. Ostsee bis zu den Ålandinseln.

Gemeine Karpfenlaus

Säugetiere *Mammalia*

Überwiegend landlebende Tiere. Im Meer kommen die wasserlebenden Robben und Wale vor.

Zu den Flossenfüßern *(Pinnipedia)* gehören Ohrenrobben (u.a. Seelöwen und Walrosse) und Hundsrobben. Die drei hier beschriebenen Arten gehören zu den Hundsrobben *(Phocidae)*, die einen kurzen, rundlichen Kopf, einen kurzen Hals und keine äußeren Ohren haben. An Land bewegen sie sich recht unbeholfen, da sie nicht auf den Flossen laufen, sondern sich nur auf ihnen vorwärts schieben können. Hundsrobben sind mit Hilfe der Schwanzflosse ausgezeichnete Schwimmer. Männchen sind größer als Weibchen.

Seehund

Phoca vitulina (Linnaeus)

Länge bis 1,8 m, Pelz grau oder gelbbraun mit unregelmäßigen dunklen Flecken, die auf dem Rücken ineinander übergehen. Unterscheidet sich von der Kegelrobbe durch die kurze Schnauze und den runden Kopf. Pelz der Jungtiere ähnelt dem der Alttiere. Die Jungtiere werden auf Sandbänken nahe der Niedrigwasserlinie geboren und können direkt nach der Geburt schwimmen. Sie wandern, Alttiere sind recht ortstreu. Heranwachsene Seehunde fressen Krebs- und Weichtiere, ältere Fisch, allerdings Fischarten, die kommerziell nicht oder nur wenig genutzt werden, wie z.B. Sandaal, Flunder und Kliesche. Seehunde können bis zu 15 m tief, aber selten länger als 10–15 Minuten tauchen. Sie leben in mehr oder weniger großen Gruppen auf Felsinseln und Sandbänken in Küstennähe. Nordsee bis mittlere Ostsee.

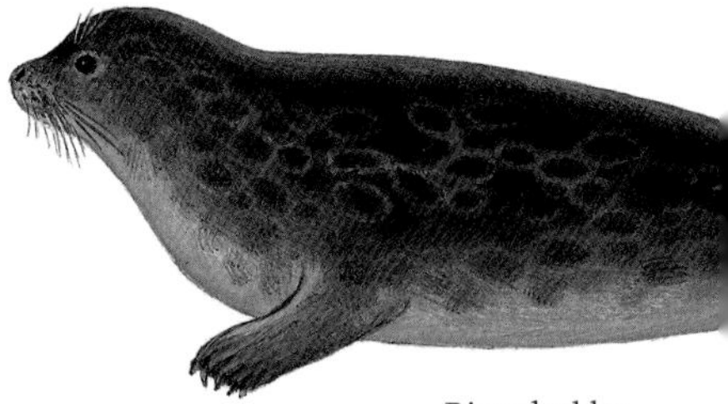

Ringelrobbe

Ringelrobbe

Phoca [Pusa] hispida (Schreber)

Länge bis 1,5 m, Grundfarbe des Pelzes hellgrau bis hellbraun. Die Flecken auf der Seite und auf dem Rücken sind hell umrandet oder wechseln mit hellen Streifen ab. Unterseite einfarbig, silbrig glänzend. Ringelrobben ernähren sich von Krebstierchen und Kleinfischen und leben in kleinen Gruppen in Küstennähe. Sie gebären die Jungen meist in Schneehöhlen auf dem Eis. Diese eigentlich arktische Robbenart bildet eine feste Population in der nördlichen Ostsee und um die Ålandinseln. Von dort aus kann sie Wanderungen in die südliche Ostsee unternehmen. Individuen aus der Barentssee dringen entlang der Küsten Norwegens nach Süden vor.

Kegelrobbe

Halichoerus grypus (Fabricius)

Bis zu 2,3 m lang. Männchen mit graubraunem Pelz, Weibchen heller. Beide Geschlechter haben variierende helle und dunkle Körperpartien und braune Nuancen sowie einen hellen Bauch. Die Schnauze ist lang kegelförmig ausgestreckt, das Kopfprofil ist von Stirn zur Schnauzenspitze gerade. Bringt ihre Jungen, die einen weißen wolligen Pelz haben, an Land zur Welt. Ernährt sich überwiegend von Fisch, u.a. Seehasen, Heringen, Schellfischen und Lachsartigen, aber auch von Tintenfischen und Krebstierchen. Gebärt ihre Jungen u.a. im östlichen Kattegat.

Kegelrobbe

Seehund

Eine feste Population besteht längs den Küsten Norwegens und der mittleren und nördlichen Ostsee. Selten an der deutschen Nordseeküste.

Zu den Walen *(Cetacea)* gehören die Bartenwale *(Mystacoceti)* und die Zahnwale *(Odontoceti)*. Der riesige Blauwal ist ein Bartenwal. Pottwale, die in kleineren Gruppen gelegentlich an der Nordseeküste stranden, sind Zahnwale. Auch Schweinswale sowie Delfine gehören dazu. Sie unterscheiden sich von den Bartenwalen u.a. durch ihre zahnbesetzten Kiefer. Der Schwimmstil der Wale ist deutlich anders als der der Fische. Wale schlagen mit der waagerechten Flosse auf und ab und nicht seitwärts.

Schweinswal, Tümmler

Phocoena phocoena (Linnaeus)

Bis 1,8 m lang, kräftig gebaut, mit kurzer abgerundeter Schnauze und einer dreieckigen, etwas hinter der Körpermitte ansetzenden Rückenflosse. Weibchen größer als Männchen. Oberseite, Brustflossen und Schwanzflosse schwarz. Unterseite weiß bis auf einen dunklen Streifen von der Maulöffnung bis zu den Brustflossen. Ernährt sich hauptsächlich von Fisch, insbesondere Hering, Dorsch und Makrele, aber auch von Tintenfischen. Im Gegensatz zu Delfinen springen Schweinswale nicht komplett aus dem Wasser. Gelegentlich findet man verendete Tiere, die meist in Fischernetze geraten und ertrunken sind, am Strand angespült. Nordsee bis westliche Ostsee, selten in den übrigen Gebieten der Ostsee. Geschützt.

Schweinswal

MEERESPFLANZEN

Blaualgen *Cyanophyceae*

Blaualgen bedecken die Steine einer gischtexponierten Mole. Die Algen sind als schwärzlicher Belag zu erkennen. Oberhalb der Algen leben orangefarbene Flechten, unterhalb die weißlichen Seepocken.

Blaualgen treten im Meer häufig als nahezu schwarze Beläge auf Steinen, Felsen und anderen Algen auf. Sie kommen sowohl in der Gischtzone als auch in größeren Tiefen vor.

Blaualgen können einzellig, fadenförmig oder so klein wie Bakterien (Cyanobakterien) sein. Sie gehören zu den einfachsten Pflanzen überhaupt und betreiben mit Hilfe von Chlorophyll Photosynthese. Ihnen fehlen die zusätzlichen Farbstoffe, die z.B. in Rotalgen enthalten sind. Deshalb erscheinen Blaualgen oft blaugrün, dunkelgrün oder schwarz und werden auch Blaugrüne Algen genannt.

Der Kolonieaufbau zeigt oftmals kugelförmige Einzelzellen, die in runden Kolonien zusammenleben, aber auch verzweigte und unverzweigte fadenförmige Kolonien. Blaualgen pflanzen sich ungeschlechtlich fort, zumeist durch Zellteilung oder durch Teilung fadenförmiger Kolonien.

Sternalge

Calothrix scopulorum (Weber & Mohr) C.Ag. ex Bornet & Flahult

Die Sternalgenkolonie besteht aus spitzen Fäden, die von einer schleimigen Hülle umgeben sind. In der Gischtzone bilden sie glatte Überzüge auf Steinen. Während der Sommermonate können die Algen auf den Steinen austrocknen, es überleben jedoch immer einige Individuen in feuchten Spalten, so dass im feuchteren Herbstwetter die Küsten wieder kolonisiert werden können. Häufige Art, von der Nordsee bis zu den Ålandinseln.

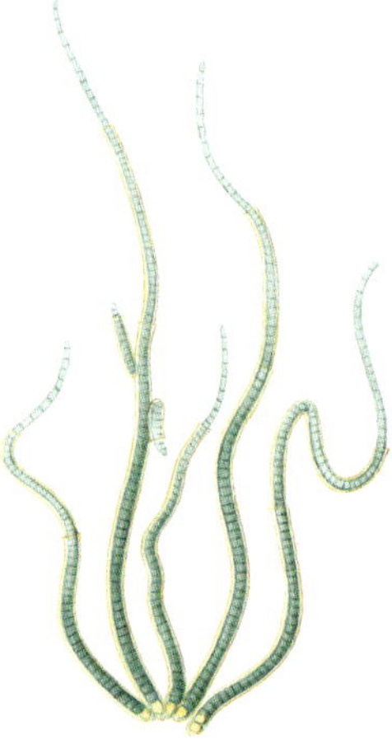

Rotalgen *Rhodophyceae*

Zu den Rotalgen gehören Algen, bei denen das Chlorophyll von zwei wasserunlöslichen Farbstoffen, einem blauen (Phycocyanin) und einem roten (Phycoerythrin), bedeckt ist. Das unterschiedliche Mengenverhältnis dieser beiden Farbstoffe zueinander verleiht den unterschiedlichen Arten eine Vielzahl verschiedener Farbtöne. Die Farben variieren auch zwischen Algen, die im Schatten und in der Sonne wachsen, da beide Farbstoffe durch Sonnenlicht abgebaut werden. In klaren, flachen Gewässern sind Rotalgen häufig bräunlich, während in tieferen schattigen Gewässern die rote Farbe erhalten bleibt.

Wenn Rotalgen am Spülsaum angespült werden, sind sie zu Anfang violett oder rötlich, verlieren jedoch schnell ihre Farbe, da die roten und blauen Farbstoffe zuerst abgebaut werden und sie dann grünlich erscheinen. Nachdem auch das Chlorophyll abgebaut wurde, sind nur noch gräuliche bis weißliche Zellen übrig, die nur langsam zersetzt werden können. Diese Zellen bestehen zum Großteil aus Zellulose, aber auch aus Pektinstoffen, z.B. Agar, die industriell bei der Lebensmittelherstellung, zum Kochen und in Kosmetika verwendet werden.

Rotalgen sind sehr verschiedenartig aufgebaut, können einzellig sein, jedoch auch kompliziertere fädige Systeme bilden, buschartige Formationen aufweisen oder große laubartige Blätter (Thalli) haben. Die meisten Arten sind bis 40 cm hoch. Sie werden nur selten größer als 75 cm.

Die meisten Rotalgen pflanzen sich geschlechtlich fort. Die männliche Pflanze ist haploid, besitzt also einen einfachen Chromosomensatz, der als „n" bezeichnet wird. Die männlichen Rotalgen produzieren mikroskopisch kleine Spermazellen, die passiv mit der Wasserströmung zu den Weibchen transportiert werden. Die Weibchen sind ebenfalls haploid und besitzen Eizellen (Karpogonien). Nach der Befruchtung entwickeln sich auf der weiblichen Pflanze die kleinen diploiden („2n"), brombeerähnlichen Karposporophytengenerationen, die nach dem Heranwachsen diploide Karposporen ins Wasser abgeben. Diese Sporen reifen zu einer weiteren Generation (Tetrasporophyten) heran. Diese sehen oftmals genau wie die haploiden Geschlechtspflanzen aus und bilden mit Hilfe einer Reduktionsteilung Sporangien (Tetrasporangien).

Die nun abgegebenen haploiden Sporen (Tetrasporen) wachsen danach zu haploiden Geschlechtspflanzen heran. Dieser einzigartige Lebenszyklus umfasst somit eine geschlechtliche und zwei ungeschlechtliche Generationen.

Die Anzahl der Rotalgen nimmt mit dem Salzgehalt von Nordsee zur Ostsee ab. Im Kattegat leben ungefähr 125 Arten, in den Dänischen Belten und im Öresund ca. 75 und in der Ostsee um Bornholm nur etwa 25 Arten. Um die Ålandinseln kommen noch 15 Arten vor und in der nördlichen Ostsee nur 6 Arten.

Blutroter Meerampfer

Blutroter Meerampfer
Delesseria sanguinea
(Huds.) J.V. Lamour

Blätter 5–20 cm lang, leuchtend rosarot gefärbt und am Rand leicht gewellt. Die kräftige Mittelrippe hat feinere Seitenrippen. Während des Winters stirbt die Blattmasse ab, nur die Mittelrippe bleibt bestehen und überwintert. Aus dieser werden während des Winters 5 mm kleine Sprosse gebildet. Im Bild oben links sieht man die länglichen Sprosse mit Tetrasporangien, rechts davon kugelförmige Sprosse mit Karposporophyten. Im Frühjahr bildet sich neues blattartiges Laub. Mehrjährige Art. Wächst in Tiefen zwischen 4 m und 30–40 m. Nordsee bis Ostsee um Bornholm.

Roter Eichentang

Zungentang

Flügel-Seeampfer

Zungentang

Apoglossum ruscifolium
(Turner) J. Agardh

1–3 cm hoch, abgerundetes, blattartiges Laub. Thalli mit deutlicher Mittelrippe und feineren Seitenrippen. Wächst auf Steinen und anderen Algen in 15–25 m Tiefe. Nordsee bis nördliches Kattegat.

Roter Eichentang

Phycodrys rubens (L.) Batters

Pflanze mit 5–20 cm langem, tief eingeschnittenem blattförmigen Laub. Mittelrippe deutlich, Seitenrippen reichen bis in die Thallusspitzen. Während des Winterhalbjahres kann man in den äußersten Thallusspitzen die Fortpflanzungsorgane erkennen. Mehrjährige Art, die jedes Jahr neue Thalli an den Kanten der alten Thalli austreibt. Wächst in 0,5–25 m Tiefe. Nordsee bis mittlere Ostsee.

Flügel-Seeampfer

Membranoptera alata
(Huds.) Stackh.

Höhe 4–12 cm, schmale, nur 1–4 mm breite, geflügelte Blätter, die eine Mittelrippe und klauenartige Sprossspitzen besitzen. Wächst in Tiefen zwischen 0,5–30 m. Nordsee bis Ostsee um Bornholm.

Blutroter Meerampfer, Roter Eichentang und Flügel-Seeampfer wachsen häufig in Gruppen auf Steinen.

Fleischige Dilsea

Dilsea carnosa (Schmidel) Kuntze

Höhe 15–30 (100) cm. Die Alge sitzt mit Hilfe der kleinen Haftscheibe fest, die über einem kleinen Stiel in einen breiten, fleischigen, dunkelroten bis rotbraunen Thallus ohne Rippen übergeht. Häufig entspringen einer Haftscheibe mehrere blattähnliche Thalli. Die Art wächst in Tiefen zwischen 4 m und 20 m. Nordsee bis Dänische Belte, vereinzelt auch bis in den Öresund.

Farnblatt-Alge

Odonthalia dentata (L.) Lyngb.

Bis 20 cm hoch mit leuchtend roten Thalli, die aus unregelmäßig verzweigten, flachen, bis 50 mm breiten und seitlich gezähnten Sprossen bestehen. Die Mittelrippe ist undeutlich, jedoch an der Blattbasis zu sehen. Während des Winterhalbjahres entspringen in den Thallusecken an kleinen Sprossen die Geschlechtsorgane. Farnblatt-Algen bevorzugen hohe Salzgehalte und wachsen in 2–25 m Tiefe, sie bevorzugen allerdings Tiefen von 10–15 m. Nordsee bis westliche Ostsee und nördlicher Öresund.

Fleischige Dilsea

Farnblatt-Alge

Roter
Lappentang

Roter Lappentang

Palmaria palmata (L.) Kuntze

10–20 (50) cm hoch, blattartig und ohne Rippen. Von der Haftscheibe aus entspringen an kurzen Stielen mehrere blattähnliche Thalli, die an der Basis schmal sind und zur Spitze hin breiter werden. Die Thalli sind pergamentartig, haben eine schöne rote Farbe und sind an der Spitze häufig gegabelt. Die neuen Blätter entspringen an den Kanten der alten Thalli. Die Thallusform ist sehr unterschiedlich und stark vom Salzgehalt abhängig. Wenn der Salzgehalt abnimmt, werden sie länger und schmaler.

Die Alge ist schon seit der Wikingerzeit bekannt. In dieser Zeit wurde sie in der Gezeitenzone eingesammelt und sowohl von Menschen als auch von Tieren verzehrt. Diese Tradition ist in manchen Gegenden bis heute erhalten geblieben, so dass man auf Island die Alge in manchen Geschäften heute noch kaufen kann. Auch auf den Britischen Inseln wird der Rote Lappentang getrocknet und unter den Namen „dulse", „dillisk" oder „crannach" gegessen.

Mehrjährige Art, die entweder auf Steinen, anderen Algenarten oder aber auf den Stängeln des Palmentangs wächst. Kommt in der Gezeitenzone vor, im nördlichen Kattegat jedoch erst ab Tiefen von 5–20 m. Nordsee bis Dänische Belte und Ostsee zwischen Südschweden und der dänischen Insel Seeland.

Gefranster Spinnentang

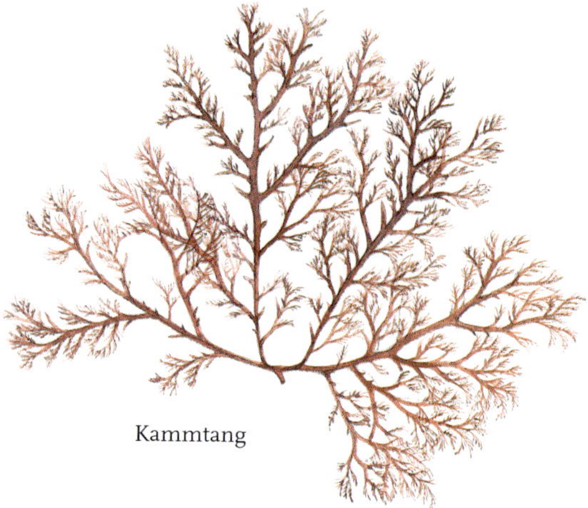

Kammtang

Gefranster Spinnentang

Halarachnion ligulatum
(Woodw.) Kütz.

Höhe 5–10 (30) cm mit 2–4 cm breiten, flachen, rosaroten, hautartigen Thalli, die unregelmäßig zweigeteilt sind und oftmals kleine Auswüchse am Rand haben. Nach unten hin werden die Thalli schmaler und gehen in den Stiel über. Lebt während des Sommerhalbjahres auf Steinen in Tiefen zwischen 15 und 20 m. Nordsee und einige wenige Nachweise aus dem Kattegat.

Kammtang

Plocamium cartilagineum
(L.) P.S. Dixon

Bis 10 cm hoch mit einem rosaroten Blatt, das vielfach verzweigt ist. Die Art ähnelt einem Kamm, da der letzte Seitenspross an der Seite des Blattes entspringt, die nach oben gewendet ist. Kammtang bevorzugt Wasser mit einem hohen Salzgehalt und wächst in Tiefen zwischen 5 und 30 m. Nordsee bis nördliches Kattegat.

Kleines Rotblatt

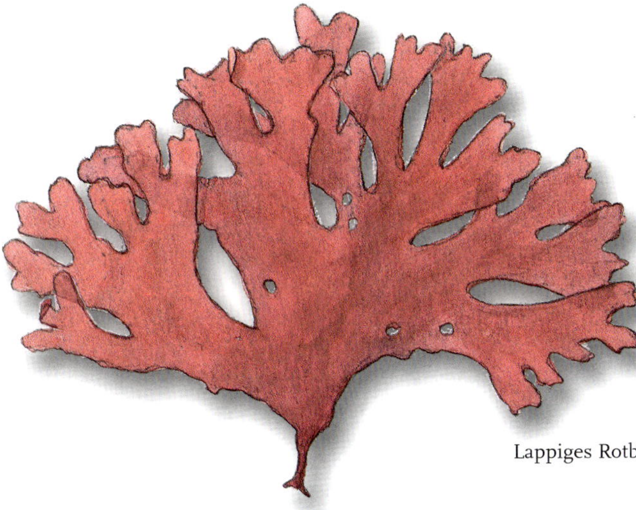

Lappiges Rotblatt

Kleines Rotblatt

Callophyllis cristata (C. Agardh) Kütz.

Die Art ist 1–3 (6) cm hoch. Die blattähnlichen Thalli sind dunkelrot, unregelmäßig oder gegabelt und in kleinere Spitzen verzweigt. Wächst auf Wurzeln großer Tangarten, seltener auch auf Steinen und Schalen in Tiefen zwischen 15 und 20 m. Nördliche Nordsee, selten auch im nördlichsten und mittleren Kattegat.

Lappiges Rotblatt

Callophyllis laciniata (Huds.) Kütz.

Bis 3–10 cm hoch, Thallus hellrot und ohne Rippen. Das große Blatt ist fächerförmig und in unregelmäßige, breitere Blättchen unterteilt als bei der vorherigen Art. Wächst überwiegend auf den Stielen und Wurzeln von Palmentang, auch auf Steinen und Schalen in Tiefen zwischen 15 und 20 m. Nordsee und nördlichstes Kattegat.

Purpurblatt:
Porphyra umbilicalis

Purpurblatt:
Porphyra purpurea

Pferdemuschel mit hellroten Flecken des *Conchocelis*-Stadiums

Purpurblatt

Porphyra umbilicalis (L.) J. Agardh und *Porphyra purpurea* (Roth) C. Agardh

Thalli elastisch, hautartig, 5–15 cm breit. Das Blatt ist gewölbt und am Rand unregelmäßig eingebuchtet. In den hier beschriebenen Gebieten gibt es mehrere verschiedene Arten, von denen man am ehesten *Porphyra umbilicalis* und *Porphyra purpurea* antrifft. Die blattähnlichen Thalli sitzen mit einer kleinen Haftscheibe an Steinen in der Brandungszone fest. Die Arten vertragen zeitweises Austrocknen. Sie wachsen jedoch besser, wenn sie mit Wasser bedeckt sind und somit Nährstoffe aufnehmen können. Die Thallusfarbe variiert stark. Im Schatten werden sie purpurrot, in der Sonne hingegen bleichen sie aus und werden eher rotbraun.

Beim Purpurblatt kann man männliche und weibliche Geschlechtszellen als hellere und dunklere Streifen an den Thallusrändern erkennen. Nach der Befruchtung fallen die Mikrosporen ab und gelangen in größere Tiefen, wo sich mikroskopisch kleine Fäden (*Conchocelis*-Fäden) entwickeln, die sich in Muschelschalen bohren und sie rötlich marmorieren. Dort überwintert die Alge, während die ausgewachsenen blattähnlichen Thalli in der Brandungszone absterben. Im darauf folgenden Frühjahr bilden die kalkbohrenden *Conchocelis*-Fäden durch eine Reduktionsteilung neue Sporen, aus denen neue Thalli in der Brandungszone heranwachsen. Südliche Nordsee bis westliche Ostsee und südlicher Öresund.

In Japan verzehrt man getrocknete und gehackte Thalli einer mit dem Purpurblatt verwandten Art. Die Thalli sind allgemein als „Nori“ bekannt. Durch die Erforschung des Lebenszyklus kann man die Blätter mittlerweile züchten. Dazu werden Netze aufgespannt, auf denen Kammmuschelschalen liegen, mit *Conchocelis*-Fäden künstlich bepflanzt. Hierbei werden Tageslänge und Temperatur genau kontrolliert. Nori werden v.a. in Japan, Korea und China gezüchtet und besitzen einen sehr geringen Kaloriengehalt und einen hohen Nährwert. Das Produkt wird im Format von 17 x 20 cm als „Nori-Blätter“ verkauft und und wiegt genau 2,6 g.

Beim traditionellen, japanischen „Sushi-Nori“-Gericht wird Reis, Gemüse und Fisch in ein Nori-Blatt eingerollt.

Nori-Rinde

Sushi-Nori

Kalkalgen *„Lithothamnia"*

Kalkalgen bilden eine eigenständige Gruppe innerhalb der Rotalgen. Sie haben eine charakteristische hellrote Farbe und sind aufgrund von Kalkeinlagerungen in den Zellwänden hart wie Stein. Sie bilden dickere oder dünnere Krusten und besitzen gelegentlich Warzen oder korallenartige Auswüchse oder ähneln kleineren Büschchen. Die Geschlechtsorgane sind in kleine Vertiefungen eingelagert, bilden aber auch kleine weißliche, vorstehende Körnchen. Kalkalgen sind von großer Bedeutung für den Aufbau von Korallenriffen, da sie gegenüber Fressfeinden aufgrund ihres hohen Kalkanteils sehr widerstandsfähig sind. Die roten Beläge kann man in Gewässern mit hohem Salzgehalt finden. Sie wachsen gewöhnlich auf Steinen und Felsen, können aber auch auf den Stielen vom Gabeltang oder auf Seegras vorkommen. Kalkrotalgen leben ab der Niedrigwasserlinie bis in größere Tiefen, so weit das Sonnenlicht vordringt. Bei den Bahamas dringt Licht noch in Tiefen von 268 m, in europäischen Gewässern ist das nur bis ca. 30 m Tiefe der Fall.

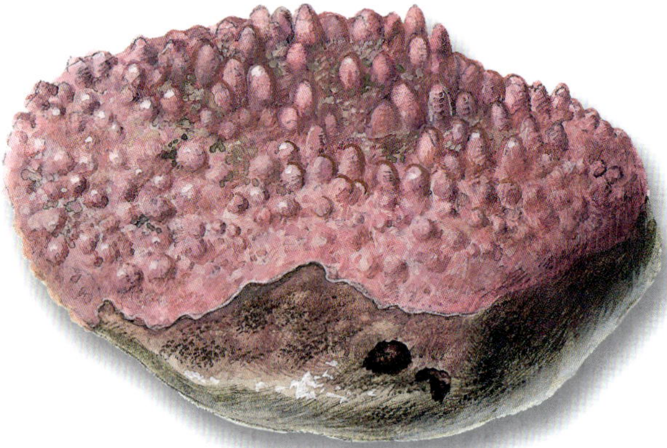

Eismeer-Kalkalge

Eismeer-Kalkalge

Lithothamnion glaciale Kjellm.

Kruste glatt bis rau, bildet warzenartige oder astartige Auswüchse. Exemplare, die auf Steinen oder Felsen wachsen, können von der Unterlage abreißen, treibend weiterwachsen und kugelrund werden. Ähnliche rundliche Varianten leben an der Bretagneküste. Die Eismeer-Kalkalge wird als Kalkmehl verwendet und Pflanzenerde als Dünger beigefügt. Nordsee bis Dänische Belte und Öresund.

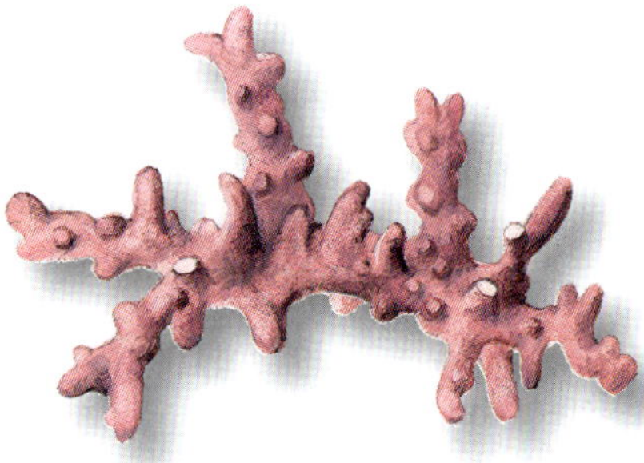

Losgelöstes Stück einer Kalkalge

Kalkkrustenalge

Echte Korallenalge

Corallina officinalis Linnaeus

5–15 cm hoch, hellrot, buschartig mit verzweigten, gegliederten Ästchen und steifen, verkalkten Segmenten. Die Echte Korallenalge verträgt Wellenbewegungen und kommt in Tiefen von 0,5–30 m vor. Nordsee bis Dänische Belte und Öresund.

Echte Korallenalge

Weinrote Krustenalge

Körnige Kalkkrustenalge (a)

Phymatolithon lenormandii
(Aresch.) W.H. Adey

Körnige Kalkkrustenalgen bilden ausgedehnte rosaviolette Krusten, oftmals mit deutlich geschwungenen weißlichen Rändern. Wachsen auf Steinen bis in 15 m Tiefe, sind jedoch im Flachwasser am häufigsten. Nordsee bis Ostsee um Bornholm (7,5 ‰ Salzgehalt).

Glatte Kalkkrustenalge (b)

Phymatolithon laevigatum
(Foslie) Foslie

Bildet rosa bis dunkelviolette, dünne, glatte Krusten, die bis zu 1 mm dick werden können. Lebt auf Steinen von der Niedrigwasserlinie bis in 20 m Tiefe, am häufigsten in Tiefen von 5–20 m. Nordsee bis Dänische Belte und Öresund.

Weinrote Krustenalge

Hildenbrandia rubra
(Sommerf.) Menegh.

Bildet dünne, dunkelrote bis rotbraune unverkalkte Krusten, die unterschiedliche Formen haben. Eine sehr häufige Art, die den Steinen am Strand eine charakteristische rote Farbe verleiht. Lebt ab der Hochwasserlinie bis in 30 m Tiefe. Verträgt sowohl Austrocknen als auch schlechte Lichtverhältnisse. Nordsee bis Ålandinseln.

Röhrentang
Polysiphonia

Zur Gattung *Polysiphonia* gehören im europäischen Gebiet etwa 30 Arten, von denen die meisten sehr häufig sind. Sie sind buschförmig mit fein verzweigten fadenförmigen segmentierten Ästchen. Im Querschnitt zeigen diese eine mittlere Zentralzelle sowie eine variierende Anzahl Perizentralzellen um diese herum. Die Zellen können am besten mit Hilfe eines Mikroskops oder einer Lupe gesehen werden. Die Arten sind zumindest im unteren Bereich mit kleinen, länglichen Fäden verdickt. Im Frühjahr bis zum Frühsommer sind die Algen häufig mit farblosen, gegabelten Haarsprossen versehen, die als helle Schicht um die Algen beobachtet werden können.

Sprosssystem des Röhrentangs

Querschnitt: Zentralzelle mit 12–19 Perizentralzellen (Rinde an der Basis)

Gewöhnlicher Röhrentang
Polysiphonia fucoides (Huds.) Grev.

Busch 20–30 cm hoch, stark verzweigt. Der untere Teil ist schwärzlich gefärbt, da er stark mit Rinde bekleidet ist. Der obere Teil ist rötlich braun und radial oder bilateral verzweigt. Die Alge variiert stark in ihrem Aussehen und ist die häufigste der hier beschriebenen Arten. Sie ist mehrjährig und wächst auf Steinen, Schalen und anderen Algen in flachen Brandungsgewässern. Ab der Niedrigwasserlinie, bis in Tiefen um 10–20 m. Nordsee bis Ålandinseln.

Gewöhnlicher Röhrentang

Fädiger Röhrentang

Polysiphonia fibrillosa
(Dillwyn) Spreng.

Bis zu 20 cm hoch, buschartig, dicht und fein verzweigt und mit berindeter Basis. Purpurrot bis braunrot gefärbt. Die Farbe bleicht im Sonnenlicht leicht zu einem blassen Gelb aus. Die Art kann während des Sommerhalbjahres angetroffen werden und wächst auf Steinen, Muschelschalen und anderen Algen in ca. 0,5–20 m Tiefe. Nordsee und Ostsee bis um die Ålandinseln.

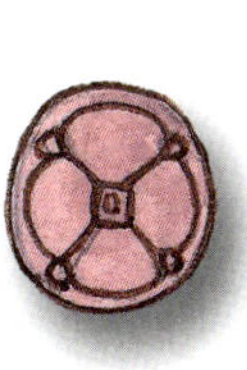

Querschnitt: Zentralzelle mit 4 Perizentralzellen (Rinde an der Basis)

Fädiger Röhrentang

Schlanker
Röhrentang

Querschnitt: Zentralzelle mit
7 Perizentralzellen und Rinde

Aufrechter
Röhrentang

Querschnitt: Zentralzelle
mit 4 Perizentralzellen

Schlanker Röhrentang

Polysiphonia brodiaei
(Dillwyn) Spreng.

Der Busch ist 10–25 cm hoch mit mehreren dicken Hauptachsen, an denen kleinere charakteristische pinselartige Zweige wachsen. Die Art wächst im Sommerhalbjahr in dichten Beständen unterhalb der Niedrigwasserlinie an stark brandungsexponierten Steinen, Felsen und Klippen. Nordsee bis Eingang zum Öresund.

Aufrechter Röhrentang

Polysiphonia stricta
(Dillwyn) Grev.

Busch 10–15 cm hoch, sehr fein und dicht, häufig leuchtend rot. Die Ästchen sind nicht mit Rinde bekleidet und somit auf der ganzen Länge gleich dick, oftmals ohne Haarsprosse. Häufige Art auf Steinen im Flachwasser. An Hafenmolen, aber auch bis in 30 m Tiefe. Nordsee bis Ostsee zwischen Seeland (DK) und Schonen (S).

Langfädiger Röhrentang

Polysiphonia elongata
(Huds.) Spreng.

20–30 cm hoch, kräftig leuchtend rot gefärbt. Große und recht grobe Art, bei der die Berindung bis zur Spitze der Ästchen reicht. Mit einer Lupe kann man die gegliederten Thalli erkennen. Mehrjährig mit hübschen, leuchtend roten Sprossen im Frühjahr. Wächst auf Steinen, grobem Kies, Muschelschalen und anderen Algen in ca. 2–25 m Tiefe. Nordsee bis Ostsee um Bornholm.

Büscheliger Röhrentang

Polysiphonia lanosa (L.) Tandy

Bildet dichte, halbkugelige, ca. 3–7 cm breite Büschelchen und wächst hauptsächlich epiphytisch auf Knotentang. Die Art ist dunkelbraun bis rot gefärbt und ist sehr steif. Häufige Art in Gezeitengebieten. An unseren Küsten ist die Art zumeist am Spülsaum zu finden. Nordsee bis nördliches Kattegat.

Büscheliger Röhrentang

Querschnitt: Zentralzelle mit 12–14 Perizentralzellen

Langfädiger Röhrentang

Querschnitt: Zentralzelle mit 4 großen Perizentralzellen und Rinde

Braunroter Zweigtang

Rhodomela confervoides
(Huds.) P.C. Silva

Der Busch ist ca. 20–30 cm hoch, dunkelrot bis schwarzbraun und sieht dem Röhrentang zum Verwechseln ähnlich. Der Braunrote Zweigtang ist jedoch gröber und über die gesamte Länge mit Rinde bekleidet, so dass man die einzelnen Segmente, auch mit Hilfe eines Mikroskops, nur schwer unterscheiden kann. Wenn man die Art aus dem Wasser nimmt, stehen die Seitenästchen ab, beim Gewöhnlichen Röhrentang legen sie sich an den Hauptstiel an. Die Form dieser Alge variiert stark, der obere Teil kann einem buschigen Tierschwanz ähneln. Mehrjährige Art, die nach dem Überwintern an den verbliebenen Strünken neue Sprosse austreibt. Ihre Konsistenz ist im Allgemeinen knorpelig. Das Haftorgan ist scheibenförmig. Häufige Art auf Steinen, insbesondere im Flachwasser bis in Tiefen von etwa 25 m. Nordsee und Ostsee bis um die Ålandinseln.

Christbaumalge

Brongniartella byssoides
(Gooden. & Woodw.) F. Schmitz

Busch bis zu 30 cm hoch, unregelmäßig bis pyramidenförmig. Die Art ist wie ein Röhrentang aufgebaut, hat jedoch keine Rinde, dafür aber Haarsprosse. Diese Haarsprosse verleihen der Alge ein raues, weihnachtsbaumartiges Aussehen. Im April und Mai ist die Alge nur 1–3 cm hoch. Erst im Juli, wenn das Meerwasser wärmer wird, setzt das Wachstum ein. Im Herbst stirbt der Großteil des Busches ab und die Alge überwintert als mikroskopisch kleine, kriechende Sprosse. Auf Steinen und anderen Algen, gewöhnlich in Tiefen von 4–6 m, jedoch auch in bis zu 15 m Tiefe. Nordsee bis Dänische Belte und Öresund.

Braunroter Zweigtang

Christbaumalge

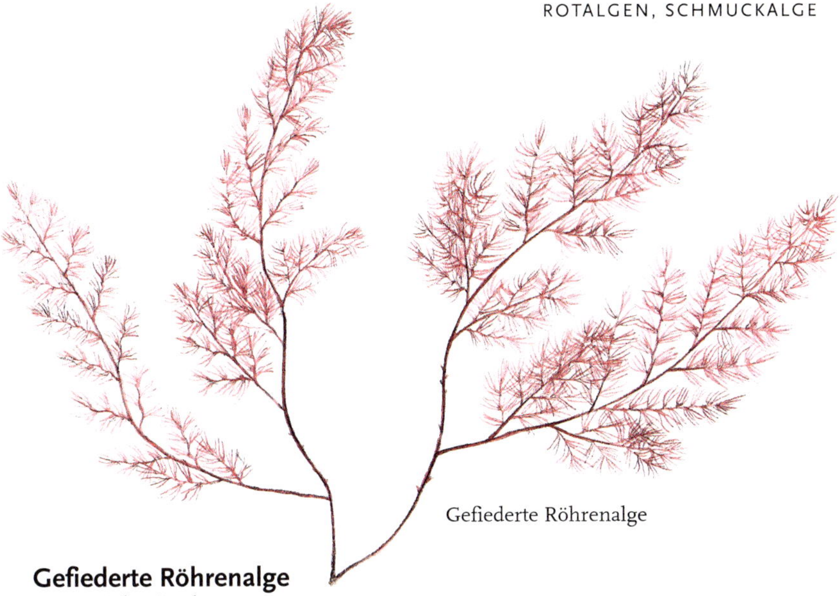

Gefiederte Röhrenalge

Gefiederte Röhrenalge
Heterosiphonia plumosa
(J. Ellis) Batters

3–10 (20) cm hohe, hübsche, federartig verzweigte Alge mit deutlichem Hauptstamm und zugespitzten Sprossen. Aufbau wie Röhrentang, jedoch werden die Perizentralzellen von einer kräftigen Rindenschicht bedeckt. Junge Exemplare sind leuchtend rot, ältere dunkler gefärbt. Wächst im Sommer auf Steinen, Muschelschalen und anderen Algen, u.a. auf Gabeltang, in Tiefen von 6–25 m. Nordsee bis nördliches und östliches Kattegat.

Doldige Schmuckalge, Schönstrauchalge
Callithamnion corymbosum
(J.E. Smith) Lyngb.

Busch 2–7 cm hoch mit sehr feinen, dichten, rosarot gefärbten Zweigchen. Die Zweigchen sind sehr dünn, radial verzweigt und im oberen Bereich einige Male gegabelt. Im Gebiet leben neun verschiedene Arten, von denen die Gattung *Aglaothamnion* am häufigsten vorkommt. Man kann die Art das ganze Jahr über finden, im Winter bevorzugt im Flachwasser auf der Innenseite von Hafenmolen und auf anderen Algen. Wächst in Tiefen von 0–20 m. Nordsee bis Ostsee um Bornholm.

Doldige Schmuckalge

Daunentang

Horntang *Ceramium*

Diese Gattung bildet verzweigte Büschchen, deren Sprossspitzen in einer zweigeteilten nach innen gebogenen Gabel enden. Die Spitzen ähneln Hörnchen. **Horntange** und **Röhrentange** sind die häufigsten einheimischen, buschförmigen Rotalgen und können anhand der Verzweigungsstruktur leicht unterschieden werden: Horntang ist gabelartig, Röhrentang ist radial verzweigt. Die Sprossbasis vom Horntang ist von Rindenringen umgeben, so dass die Pflanze einer Perlenschnur ähnelt. Röhrentang hingegen besitzt eine segmentierte oder glatte Oberfläche.

Daunentang

Pterothamnion plumula
(J. Ellis) Nägeli

Die Alge ist 2–10 (15) cm hoch, rosa gefärbt und wirkt watteartig. Im Wasser hat sie jedoch ein sehr elegantes Erscheinungsbild. Die einzelnen Hauptästchen tragen regelmäßig gegenständige oder radiale Seitenästchen mit kleinen Ästchen auf der Oberseite. Im Mikroskop erkennt man kleine Drüsenzellen auf den Ästchen. Im Sommer findet man die Art auf anderen Algen und auf Steinen. Sie bevorzugt tiefere Gewässer bis etwa 30 m. Nordsee bis Dänische Belte und Öresund.

Zierliche Hörnchenalge

Sprosssystem der Zierlichen Hörnchenalge

Roter Horntang

Ceramium rubrum
(Huds.) C. Agardh

Busch 8–15 cm hoch. Die Rindenbildung ist so stark, dass die Ringe ineinander übergehen und somit keine Perlenschnurstruktur entsteht. Der Rote Horntang ist die häufigste Horntangart und wächst bis in 20 m Tiefe auf Steinen und Algen. Nordsee bis Ålandinseln.

Roter Horntang

Zierliche Hörnchenalge

Ceramium tenuicorne (Kütz.) Wærn
(ehemals *C. strictum* sensu Harv.)

Busch 4–10 cm hoch mit deutlicher Perlenschnurstruktur, die aus großen weißlichen Zentralachsenzellen und roten Rindenringen entsteht. Wächst auf Steinen und anderen Algen bis in 10 m Tiefe. Häufig auch auf Seegras in strömenden Gewässern. Kann nur schwer von einigen anderen, eng verwandten Arten unterschieden werden.

Sprosssystem des Roten Horntangs

Zierliche Seefeder

Federalge

Zierliche Seefeder

Plumaria elegans
(Huds.) Kuntze

5–10 cm hoch, mit regelmäßig federartig verzweigten, kunstvollen Sprossen, die rot bis dunkelviolett gefärbt sind. Die gesamte Alge ist, mit Ausnahme der äußersten Verzweigungen, mit kleinen Rindenzellen bedeckt. Mehrjährige Art, die sich in Skandinavien nur über ungeschlechtige Sporen fortpflanzt. Wächst auf Steinen und anderen Algen, ab der Niedrigwasserlinie bis in 15 m Tiefe. Nordsee bis Dänische Belte und Öresund.

Federalge

Ptilota gunneri
Silva, Maggs & L. Irvine

5–15 (30) cm hoch mit flachen, sehr regelmäßigen, elegant verzweigten, leuchtend roten Sprossen. Diese sind über die gesamte Länge mit kleinzelliger Rinde bedeckt. Dadurch ist die Art kräftiger und steifer als die Zierliche Seefeder. Wächst auf Klippen, Steinen und anderen Algen, z.B. auf Palmentang, in Tiefen von 3–25 m. Nordsee bis südliches Kattegat und Eingang zum Öresund, wo sie stellenweise in tiefen und salzigen Gewässern vorkommt.

Kriechende Büschelalge

Spermothamnion repens
(Dillwyn) Rosenv.

Die Alge bildet 1–5 cm hohe, rote bis braunrote rundliche Büschelchen. Diese bestehen aus dünnen, einzelnen Fäden, die unregelmäßig verzweigt sind. Die Büschelchen wachsen epiphytisch auf anderen Algen. Ab der Niedrigwasserlinie bis in 20 m Tiefe. Nordsee bis Öresund.

Kriechende Büschelalge auf Faltentang

Asiatische Klammeralge

Bonnemaisonia hamnifera Har.
Tetrasporophytenstadium =
Trailliella intricata Batters

Der Art ist der Kriechenden Büschelalge in Größe und Aussehen zum Verwechseln ähnlich, zeigt jedoch eine leuchtendere rote bis violettrote Farbe. Im Mikroskop ist die Art anhand der farblosen Drüsenzellen leicht zu bestimmen.

Asiatische Klammeralgen sind zu Beginn des 20. Jahrhunderts als Tetrasporophyten von England bis nach Dänemark eingewandert. Sie vermehren sich ausschließlich dadurch, dass einzelne Zweige abgerissen werden, aus denen sich neue Pflanzen entwickeln. Nordsee bis südliches Kattegat und Großer Belt.

Die geschlechtsreifen Pflanzen sehen anders aus. Die Spitzen der Sprosse sind hakenförmig und können sich an anderen Algenarten festhalten. Die Art ist aus Japan bekannt, hat sich über England auch bis in die südliche Nordsee und einzeln auch bis nach Norwegen ausgebreitet.

Asiatische Klammeralge auf Faltentang

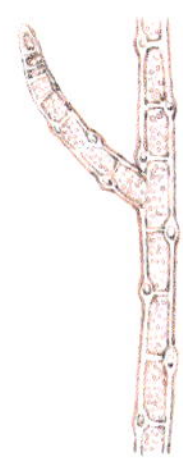

Verzweigtes Fadenstück

Asiatische Klammeralge

Gabeltang

Gabeltang

Furcellaria lumbricalis
(Huds.) J.V. Lamour.

Busch 5–25 hoch, dunkelrot bis schwarzbraun. An sonnigen Stellen im Flachwasser werden sie Sprossspitzen grünlich. Die Alge besteht aus aufrecht stehenden, 1–2 mm dicken, glänzenden, spitzwinklig verzweigten Sprossen. Die Verzweigungen werden zur Spitze hin kürzer. Gabeltang sitzt mit Hilfe einer Haftscheibe auf Steinen fest. Im Sommer tragen die Spitzen schotenförmige Vermehrungskörper, die in anderen Jahreszeiten fehlen, so dass die Zweigenden dann spitzer auslaufen. Aus den Zellwänden kann man eine geliermittelähnliche Substanz gewinnen. Im Zweiten Weltkrieg wurde darauf zurückgegriffen, da Importe aus Ostasien nicht möglich waren. In manchen Flachwassergebieten, in denen die Art nicht mit Hilfe der Haftscheibe festsitzt, konnte sie mit Netzen gefischt werden. Mehrjährige Art, die auf Steinen, z.T. aber auch epiphytisch auf anderen Algen in 2–28 m Tiefe wächst. Die meisten Exemplare wachsen jedoch in 4–15 m Tiefe. Gabeltang kommt von der Nordsee bis in die Ostsee um die Ålandinseln vor.

Scherentang

Angespülte Faltentang

Faltentang

Scherentang

Polyides rotundus (Huds.) Gaillon.

Ähnelt in Aussehen und Größe dem Gabeltang. Scherentang ist jedoch stärker bräunlich bis rötlich gefärbt, was man am besten im Gegenlicht sehen kann. Die Sprosse sind eher U-förmig verzweigt und sitzen mit Hilfe einer kleinen Haftscheibe fest. Losgerissene Exemplare des Scherentangs sind häufig nur schwer vom Gabeltang zu unterscheiden, da ihnen die Haftscheibe fehlt. Häufige Art auf Steinen, ab der Niedrigwasserlinie bis in 10 m Tiefe. Nordsee und Ostsee bis um die Ålandinseln.

Faltentang

Ahnfeltia plicata (Huds.) Fries

Busch bis zu 15 cm hoch, steif und unregelmäßig verzweigt. Die Zweige sind bis 0,5 mm breit, dunkelviolett bis schwarz gefärbt, was man am besten im Gegenlicht erkennen kann. Man findet die Art häufig in Form von ausgeblichenen, grünlichen oder weißlichen hornartigen Büscheln am Spülsaum. Die helle Farbe rührt daher, dass der Zellinhalt ausgetrocknet ist und nur die steifen Zellwände übrig sind. Wächst auf Steinen im Flachwasser bis in 10 m Tiefe. Nordsee und Ostsee bis um die Ålandinseln.

Gestieltes Rotblatt

An den Blatträndern kann man die Vermehrungskörper erkennen, auf den Blättern sitzen Posthörnchenwürmer.

Rotblätter

Phyllophora und *Coccotylus*

Die Gattungen *Phyllophora* und *Coccotylus* kennzeichnen sich durch einen etwa 1 mm dünnen Stiel aus, der nach oben hin in ein lederartiges Blatt mündet. Während die meisten Algenarten in Gebieten mit geringerem Salzgehalt schlechter wachsen, bevorzugen diese Gattungen strömungsreiche, salzhaltige Gewässer und werden in den Dänischen Belten und im Öresund bis zu 30 cm hoch. In diesen Gebieten leben auch nur wenige Moostierchenarten, von denen die Algen in anderen Gebieten nahezu vollständig bedeckt sind. Um Bornholm ist der Salzgehalt des Wassers jedoch so gering, dass die Rotblätter nur 5–8 cm groß werden. In Fahrwassergebieten trifft man häufig auf frei treibende Vertreter beider Gattungen. Sie werden länger und schmaler und sind nur schwer von einander zu unterscheiden. Die Arten sind mehrjährig und werden 2–3 Jahre alt. Mehrere Sprossgenerationen aufeinander weisen auf das Alter hin. Die Vermehrungskörper erkennt man während des Winterhalbjahres als kleine Knoten am Thallusrand.

Gestieltes Rotblatt

Coccotylus truncatus
(Pall.) M.J. Wynne & J.N. Heine

Bis zu 15 cm hoch. Der einfach verzweigte Stiel geht in ein leicht lappiges bis eiförmiges, einfaches bis wenig verzweigtes Blatt über. Die Farbe ist, anders als beim rotvioletten Dünnen Rotblatt, eher bräunlich violett. Wächst auf Steinen in 0,5–25 m Tiefe. Nordsee und Ostsee bis um die Åland-inseln.

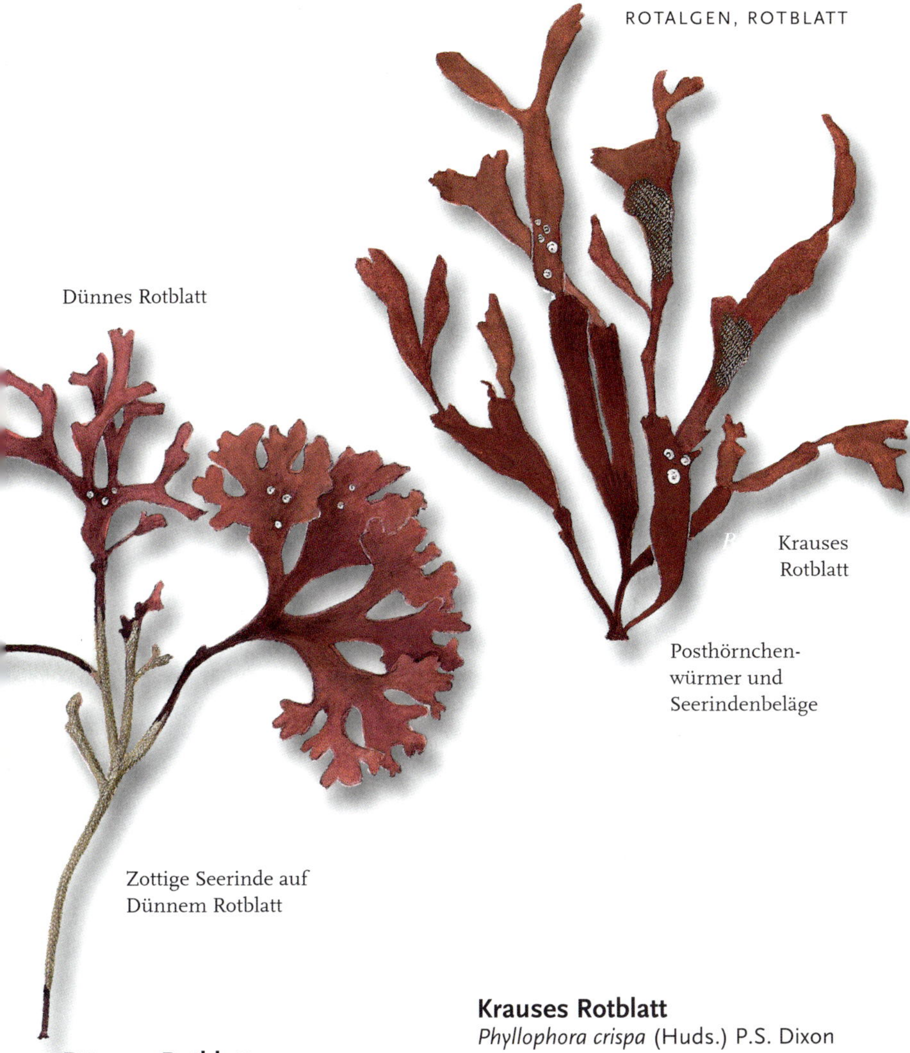

Dünnes Rotblatt

Phyllophora pseudoceranoides
(S.G. Gmel.) Newroth & A.R.A. Taylor

Bis 15 cm hoch mit einem 1–2 mm dicken, verzweigten Stiel, der in ein wedelförmiges, an der Basis gefingertes, zu den Spitzen hin weiter unterteiltes Blatt mündet. Die Farbe reicht von violett bis rot. Wächst auf Steinen in 0,5–25 m Tiefe. Nordsee und Ostsee bis um die Ålandinseln.

Krauses Rotblatt

Phyllophora crispa (Huds.) P.S. Dixon

6–20 cm hoch mit einem kurzen Stiel, der unregelmäßig gegabelte, 3–8 mm breite Thallusabschnitte trägt. Die Blattkanten sind parallel geschwungen. Wächst auf Steinen oder auf Kies in Tiefen zwischen 5 und 15 m. Bevorzugt größere Tiefen als verwandte Arten sowie Gewässer mit relativ hohem Salzgehalt. Nordsee bis Ostsee zwischen Seeland (DK) und Südschweden.

Gespreiztes Rotblatt

Krauser Sterntang

Gespreiztes Rotblatt

Rhodophyllis divaricata
(Stackh.) Papenf.

2–8 cm hohe, dunkelrote Alge mit einem flachen, gestielten Blatt, das an der Spitze mehr oder weniger regelmäßig zweigeteilt ist. Wächst auf Steinen, Klippen, Muschelschalen, anderen Tieren und anderen Algen, z.B. auf Tang. Kommt in Tiefen von 3–25 m vor. Nordsee bis nördliches Kattegat.

Krauser Sterntang

Mastocarpus stellatus
(Stackh. in With.) Guiry

Sehr ähnlich dem Gemeinen Knorpeltang, jedoch mit gefurchtem Stiel. Die wedelförmigen Thalli sind mit Warzen versehen, in denen sich die Vermehrungsorgane befinden. Die Art ist entlang europäischer Küsten häufig in Gezeitenzonen anzutreffen und ist in einige Gebiete, z.B. nach Dänemark, durch Schiffe verschleppt worden. Der Krause Sterntang wächst auf Steinen, ab der Niedrigwasserlinie. Nordsee.

Gemeiner Knorpeltang, Perltang

Chondrus crispus Stackh.

5–20 cm hoch mit flachem Stiel, der in ein wedelförmiges, mehrmals gegabeltes, krauses Blatt übergeht. Knorpelartige Konsistenz. Im Schatten dunkelrot, im Sonnenlicht wachsende Exemplare sind gelbgrün und die rötliche Farbe ist nur an der Algenbasis zu erkennen. Im Wasser leuchtet Knorpeltang in einem ansprechenden Blauton. Im Flachwasser variiert die Alge in ihrer Form und kann krause, blumenkohlähnliche Formen annehmen. Der Gemeine Knorpeltang wächst insbesondere auf Steinen und Felsen und kann in Flachwassergebieten dichte Bestände bilden. Die Art kommt auch in größeren Tiefen bis 20 m vor, ist dort jedoch kleiner und mehr lang gestreckt, 15–20 cm.

Aus den Zellwänden wird ein gelatineartiger Stoff gewonnen (Carrageen), der als Stabilisator und Emulsionsmittel sowohl zu pharmazeutischen als auch zu industriellen Zwecken verwendet wird. Gewonnen wird Carrageen durch Extraktion mit heißem Wasser unter leicht alkalischen Bedingungen und anschließender Trocknung oder Fällung. In einigen Gegenden Europas wird Knorpeltang daher kommerziell geerntet. **Irländisches Moos** (Irish moss) ist die handelsübliche Bezeichnung für Knorpeltang, der zur Gewinnung von Carrageen gelegentlich auch mit dem Krausen Sterntang gemischt wird. Die Art kommt von der Nordsee bis in die Ostsee zwischen dem dänischen Seeland und Südschweden vor.

Gemeiner Knorpeltang

Besentang

Gracilaria gracilis (Stackh.) Steentoft, Irvine & Farnham
(ehemals *G. verrucosa* (Huds.) Papenf.)

Höhe 30–60 cm, radial verzweigter Busch mit langen, 1–3 mm dünnen Sprossen, die einer kleinen Haftscheibe entspringen. An den Ästchen sind häufig Verdickungen zu erkennen, die die Vermehrungsorgane tragen. Die Art kommt nur in 1–2 m Tiefe vor und sitzt auf sandbedeckten Steinen fest. Global gibt es etwa 150 Arten, die meisten von ihnen kommen in wärmerem Klima vor. Nordsee bis Skagerrak.

Salzbart-Tang

Devaleraea ramentacea (L.) Guiry

Bis 40 cm hohe, dunkelrote bis bräunliche, kräftige, buschförmige Alge. Von der Haftscheibe aus entspringt ein Hauptstamm mit vielen verzweigten Seitensprossen. Diese sind hohl, zylindrisch oder flach und verjüngen sich zur Spitze. Die Art kann einem Wurmblatt ähneln, besitzt jedoch eine festere Konsistenz und hat einen anderen inneren Aufbau. Nördliche Art, die in Norwegen von Trondheim nach Norden hin verbreitet ist.

Wurmblatt

Dumontia contorta (S.G. Gmel.) Rupr.

Bis 60 cm hoch, 5 mm breit, mit hohlen, runden bis zusammengedrückten, relativ weichen Sprossen. Der Hauptstamm hat im unteren Bereich lange Seitenäste, die entweder unverzweigt oder wenig verzweigt sind. Die Farbe ist dunkelrot bis bräunlich und bleicht zu den Sprossspitzen hin aus. Die Größe der Alge variiert stark und ist vom Lebensraum abhängig. In ruhigen Fjorden wird sie am größten, während sie entlang brandungsexponierter Küsten nur bis 20 cm groß wird. Die Art wächst auch im Winter, ist jedoch am häufigsten im zeitigen Frühjahr anzutreffen. Häufige Art auf Steinen nahe der Niedrigwasserlinie, wächst in Gebieten mit niedrigem Oberflächensalzgehalt erst in Tiefen von 4–12 m. Nordsee bis Ostsee um Bornholm.

Wurmtang

Nemalion multifidum
(F. Weber & D. Mohr) Endl.

Höhe bis 20 cm. Die rundlichen, mehrmals gegabelten Sprosse sind dunkelbraun bis dunkelrot. Die 1–3 mm langen Sprosse sind schleimig. Dadurch ist die Alge nur schwer mit der Hand auszureißen. Wurmtang fällt zusammen, wenn er aus dem Wasser genommen wird. Die Art wächst in Brandungsgebieten auf Steinen und erreicht dort dichte Bestände. Die Hauptwachstumszeit reicht von Juli bis Oktober. Nordsee bis Ostsee zwischen Seeland (DK) und Schonen (S).

Wurmtang

Besentang

Wurmblatt

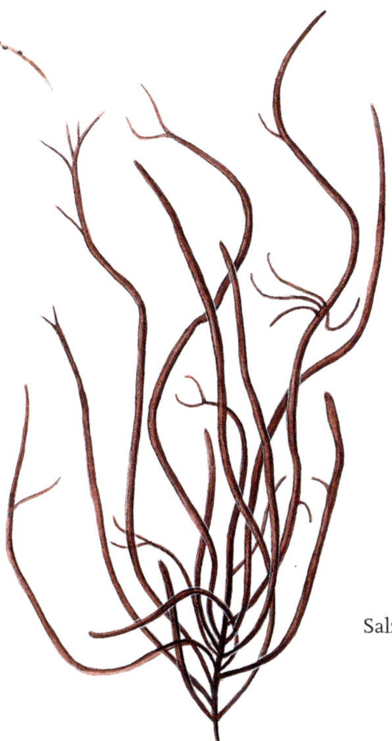

Salzbart-Tang

Breitblättriger Tang

Breitblättriger Tang

Gelidium latifolium
(Grev.) Bornet et Thuret

2–7 (20) cm hoch, braunrot, knorpelig mit einem flachen Hauptstamm und kurzen, überwiegend gegenständigen Seitenzweigen. Viele verschiedene Formen. An geschützten Stellen in der Gezeitenzone. In wärmeren Gewässern leben viele Arten dieser Gattung, die nur schwer voneinander zu unterscheiden sind. Nordsee.

Purpurfaden-Tang

Bangia atropurpurea
(Roth) C. Agardh

Die bis zu 15 cm langen, dünnen, unverzweigten Fäden bilden fädige, fuchsrote bis dunkelviolette Überzüge auf Steinen. Wächst im Frühjahr und Herbst am kräftigsten, verträgt jedoch längeres Trockenfallen in der Gischtzone im Sommer. Nordsee und Ostsee bis um die Ålandinseln.

Pfeffertang

Pfeffertang

Osmundea truncata
(Kütz.) Nam & Maggs

Pfeffertang ist eine 2–7 cm hohe, fleischig-knorpelige, verzweigte Alge. Die Seitenästchen entspringen bilateral dem Hauptstamm. Die Alge ist dunkelrot gefärbt, bleicht jedoch in starkem Sonnenlicht leicht aus. Sie schmeckt nach Pfeffer und wächst auf Steinen und anderen Algen, insbesondere auf Sägetang und Gabeltang. Ab der Niedrigwasserlinie bis in 6 m Tiefe. Nordsee bis südliches Kattegat.

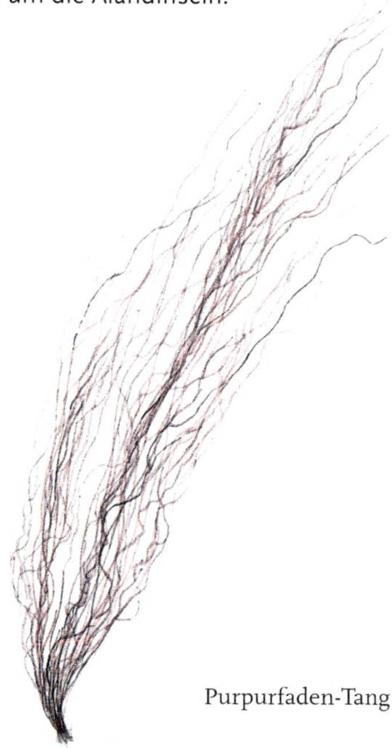

Purpurfaden-Tang

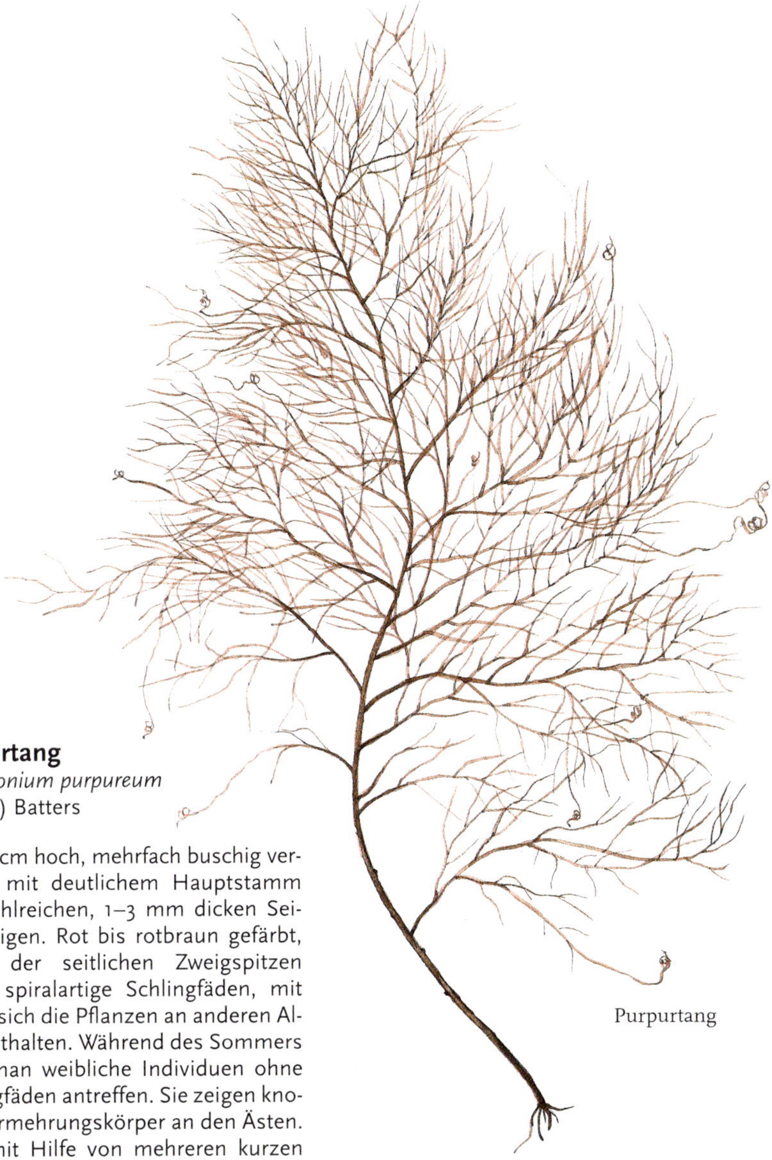

Purpurtang

Purpurtang

Cystoclonium purpureum
(Huds.) Batters

20–50 cm hoch, mehrfach buschig verzweigt mit deutlichem Hauptstamm und zahlreichen, 1–3 mm dicken Seitenzweigen. Rot bis rotbraun gefärbt, einige der seitlichen Zweigspitzen bilden spiralartige Schlingfäden, mit denen sich die Pflanzen an anderen Algen festhalten. Während des Sommers kann man weibliche Individuen ohne Schlingfäden antreffen. Sie zeigen knotige Vermehrungskörper an den Ästen. Sitzt mit Hilfe von mehreren kurzen Haftwurzeln auf Steinen und großen Algen fest. Wächst hauptsächlich während des Sommers. Ab der Niedrigwasserlinie bis in 20 m Tiefe. Nordsee bis Ostsee zwischen Seeland (DK) und Schonen (S).

Gefiederter
Keulentang

Gliedertang

Gefiederter Keulentang

Lomentaria clavellosa
(Turner) Gaillon

Die Art wird bis 20 (40) cm hoch, ist weich, leicht geleeartig, buschartig verzweigt mit deutlichen, 1–2 mm dicken Hauptstämmen. Die Sprosse sind rosarot, hohl, röhrenförmig, zu Anfang bilateral, später radial verzweigt. Die Seitenästchen sind am Ansatz eingeschnürt. Im Sommer stellenweise häufig auf Steinen, Klippen und anderen Algen. Wächst in Tiefen von 8–30 m. Nordsee bis südliches Kattegat.

Gliedertang

Lomentaria articulata
(Huds.) Lyngbye

Bis zu 10 cm hoch, zylindrisch und verzweigt. Die Alge wächst aufrecht und hat zusammengedrückte Thalli mit charakteristischen Einschnürungen, die ihr ein segmentiertes Aussehen verleihen. Die Segmente sind 3- bis 6-mal so lang wie breit (1–3 mm). Von den Einschnürungen entspringen Seitenzweige. Wächst auf Steinen, Klippen und anderen Algen im unteren Bereich der Gezeitenzone. Nordsee.

Kriechender Tang

Quirlige Büschelalge

Kriechender Tang

Catenella caespitosa
(With.) L.Irvine in Parke

Kriechender Tang bildet 0,5–2 cm hohe Überzüge auf Steinen und Klippen in der Gezeitenzone. Die Alge besteht aus einem kriechenden System verzweigter Sprosse, aus dem aufrecht stehende Sprosse entspringen. Diese sind charakteristisch, bis zu 2 mm breit, unregelmäßig gegabelt und weisen stellenweise Einschnürungen auf. Nordsee.

Quirlige Büschelalge

Chylocladia verticillata
(Lightf.) Bliding

Bis zu 25 cm hoch, weich, leicht geleeartig, büschelig verzweigt mit deutlichem Hauptstamm. Die Sprosse sind hohl, röhrenförmig und aufgrund innerer Scheidewände stellenweise eingeschnürt. Die 1–3 mm dicken Seitenäste entspringen radial den Einschnürungen. Die Farbe der Alge ist rot bis hellrot. Quirlige Büschelalgen sind relativ selten, können jedoch von Juli bis Oktober in Tiefen von 8–19 m angetroffen werden. Nordsee.

Braunalgen *Phaeophyceae*

Die braune Farbe der Braunalgen rührt daher, dass der grüne Farbstoff von Chorophyll a und c von gelbbraunen Farbstoffen (v.a. Fucoxanthin) überdeckt wird. Braunalgen zeigen eine hohe Formenvielfalt. Ihr Habitus reicht von kleinen, wenige Zentimeter hohen, gelbbraunen, fädigen Büscheln über mittelgroße, bräunliche, verzweigte Büschchen bis hin zu meterhohen lederartigen, bräunlichen, grünlichen oder schwärzlichen Tangen (Gewebethalli). Die großen Tangarten sind mehrjährig und sind sowohl für Küstenzonen als auch für tiefere Gewässer charakteristisch. Kleinere Arten sind hingegen kurzlebiger oder einjährig.

Die Vermehrungskörper sind bei der Braunalgengattung *Fucus* mit bloßem Auge in den Sprossspitzen erkennbar. Bei anderen Braunalgen benötigt man zur näheren Betrachtung ein Mikroskop. Gelegentlich kann man auch mit einer Lupe Klumpen von Vermehrungskörpern entdecken, die man mit dem bloßen Auge nur als dunkle Flecken auf dem Braunalgenthallus wahrnimmt.

Braunalgen haben zwei Arten von Vermehrungskörpern: einkammerige (uniloculäre) und vielkammerige (pluriloculäre) Sporangien. In diesen Sporangien werden mit Haftfäden bestückte Sporen (Zoosporen) gebildet, die sich nach kurzer Zeit des Umherschwimmens entweder festsetzen und auskeimen oder aber mit anderen Sporen in einer geschlechtlichen Fortpflanzung verschmelzen. Im letzteren Fall findet ein Generationswechsel statt. Bei der Braunalgengattung *Fucus* können aber auch männliche Geschlechtszellen (Spermatozoide) und Eizellen gebildet werden. Braunalgen variieren stark in ihren Lebenskreisläufen. Manche bilden sogar zwei unterschiedliche Thallisorten. Die großen Blatt-Tangalgen (Makrothallus) sind diploid, ungeschlechtlich und tragen einkammerige Sporangien. Die geschlechtliche Generation ist mikroskopisch klein (Mikrothallus) und trägt männliche und weibliche Vermehrungskörper. Diese Verteilung variiert allerdings stark. Bei der Felsen-Faseralge sehen die beiden Generationen nahezu gleich aus, andere Arten haben ausschließlich ungeschlechtliche Generationen, während *Fucus* die geschlechtliche Generation verloren hat.

Braunalgen sind schon lange als Dünger, Tierfutter und Nahrung genutzt worden. Heutzutage werden viele Braunalgenarten industriell verwertet, indem aus den Zellwänden komplexe Kohlenhydratverbindungen (Alginsäuren) gewonnen werden, die als Stabilisatoren und Emulsionsmittel in Nahrungsmitteln Verwendung finden oder in der Textilindustrie, in der Medizin und der Pharmazeutischen Industrie genutzt werden.

Braunalgen sind in europäischen Gewässern häufig. Aufgrund des abnehmenden Salzgehalts leben 106 Arten im nördlichen Kattegat, 73 im Eingang zum Öresund und nur 23 in der Ostsee um Bornholm.

Laminariales *Laminaria*

Zur Gattung *Laminaria* gehören meterhohe Tangpflanzen. Die Arten werden in Küstengewässern bis 2,7 m hoch und im nördlichen Skagerrak mit höherem Salzgehalt sogar etwa 3–4 m hoch und besitzen eine Biomasse von bis zu 30 kg/m^2.

Laminariales haben kräftige, lederartige Thalli (Phyloide), die an einem langen, runden Stiel (Cauloid) sitzen, der nach unten hin in ein verzweigtes Haftorgan (Rhizoid) übergeht. Die Thalli sind einjährig, die Stiele und Haftorgane mehrjährig. Das alte *Laminaria*-Blatt wird im Spätwinter gegen ein neues ausgetauscht, indem das alte Blatt herausgeschoben wird, sich dann abnutzt und von dem neuen Blatt, das dem Stiel entspringt, abgelöst wird. Auch der Stiel wächst in die Länge und Breite und bildet jedes Jahr eine neue Zellschicht um sich herum. In jedem Jahr wachsen und vergrößern sich auch die Haftorgane. Die Größe von Blatt und Stiel kann je nach Standort stark variieren. Ein Querschnitt durch den unteren Bereich des Stiels verrät das Alter der Pflanze. Anhand von Jahresringen kann man zeigen, dass *Laminaria*-Arten etwa 5–7 Jahre alt werden.

Laminaria-Arten bevorzugen flache und tiefere Gewässer und bilden dort mitunter große Tangwälder in bis zu 20–30 m Tiefe. In größeren Tiefen wird das Licht für die Laminariales zu schwach und sie wachsen daher dort nicht mehr. In Gezeitengebieten bilden sie oftmals einen Gürtel an der Grenze zu den ständig wasserbedeckten Gebieten. Aufgrund des abnehmenden Salzgehalts von der Nordsee zur Ostsee, wachsen sie dort in größeren Tiefen. Zuckertang und Fingertang kommen bis um Bornholm vor, während Palmentang höhere Salzgehalte beansprucht und somit nur bis in das nördliche und östliche Kattegat vordringt.

Laminaria-Arten werden insbesondere in Asien im Wasser geerntet, anschließend gegessen und auch weltweit verkauft. Der Nährwert ist gering, jedoch beinhalten die Laminariales einige Mineralien, z.B. Jod. Industriell werden sie auch zur Herstellung von Geliermitteln genutzt. Da die Laminariales an den norwegischen Küsten beeindruckende Bestände erreichen, hat Norwegen eine umfangreiche Tangindustrie aufgebaut.

Zuckertang

Zuckertang

Laminaria saccharina
(L.) J.V. Jamour

Bis 2,5 m hoch und mit länglichem ungeteilten Blattansatz, der normalerweise 10–30 cm breit wird und einen mehr oder weniger geschwungenen Rand besitzt. Die Blattbasis scheidet einen Zuckeralkohol aus, der nach dem Eintrocknen als ein weißliches, süß schmeckendes Pulver zurückbleibt. Zuckertang bevorzugt ruhigere Gewässer und Tiefen von 1–30 m. Nordsee bis Ostsee um Bornholm.

Fingertang

Laminaria digitata
(Huds.) J.V. Lamour

Bis 2,25 m hoch, mit einer fingerartig unterteilten Blattbasis. Der Stiel ist charakteristisch, leicht biegsam, gleichmäßig dick und glatt und kann zwischen 2–35 cm lang werden. Auch die Thalli variieren stark in der Länge und werden 40–60 cm lang. An brandungsexponierten Küsten sind die Blätter schmal, dick und in Striemen unterteilt. In tieferen Gewässern werden die Fingertang-Thalli dünner, dafür breiter und sind in weniger Streifen unterteilt. Wachsen in Tiefen von 1–27 m. Nordsee bis westliche Ostsee.

Palmentang

Laminaria hyperborea
(Gunnerus) Foslie

In Größe und Aussehen ähnelt der Palmentang dem Fingertang und ist nur schwer von ihm zu unterscheiden. Palmentang besitzt jedoch einen rauen, kegelförmigen Stiel mit vielen Schleimkanälen. Palmentang beansprucht höhere Salzgehalte als verwandte Arten und wächst daher in größeren Tiefen, ab 3 m bis hin zu 30 m. Nordsee bis nördliches und östliches Kattegat.

Fingertang

Palmentang beim Blattwechsel

Flügeltang

Flügeltang

Alaria esculenta (L.) Grev.

Ähnelt dem Zuckertang, unterscheidet sich aber durch den Stiel, der sich als Mittelrippe über das gesamte Blatt fortsetzt. Der mehrjährige Stiel ist 20–30 cm lang, die einjährigen Thalli können bis mehrere Meter lang und 20–30 cm breit werden. Im oberen Teil des Stiels sitzen zwei Reihen sporentragender Thalli, die bis zu 20 cm lang und 3–4 cm breit werden. Die Art kann gegessen werden und gilt als große Delikatesse. Sie wächst an Brandungsküsten. Flügeltang kommt nicht im Skagerrak und weiter in Richtung Ostsee vor, wahrscheinlich wegen der zu hohen Wassertemperaturen während des Sommers. Häufige Art in Norwegen und in westeuropäischen Gezeitenzonen. An der deutschen Nordseeküste wird die Art im Spülsaum angeschwemmt.

Sackwurzel-Tang

Riementang

Sackwurzel-Tang

Saccorhiza polyschides (Lightf.) Batt.

Bis 4,5 m hoch, einjährige Art, bei der sowohl Stiel, Blatt als auch Haftorgane im Winter absterben. Die Haftorgane sind unregelmäßig glockenförmig und werden bis zu 30 cm breit. Der Stiel ist abgeflacht und hat einen geschwungenen Rand. Die Blattbasis ist in regelmäßige Streifen unterteilt. Wächst an Brandungsküsten Norwegens und Westeuropas. An der deutschen Nordseeküste kann man die Art am Spülsaum angeschwemmt finden.

Riementang

Himanthalia elongata (L.) Gray

Riementang wird 2–3 m hoch. Die Alge besteht aus einer 2–3 cm hohen, knopfartigen Scheibe. Aus dieser entspringen riemenförmige, verzweigte Bänder, die Vermehrungskörper tragen und als kleine, dunkle Punkte und kleine Grübchen in Erscheinung treten. Einjährige Art. Riementang wird als „Haricots de mer" („Grüne Meeresbohnen") verkauft. Wächst an Brandungsküsten, ab der Niedrigwasserlinie, oft auch in Gezeitentümpeln, gerne gesellig. Nordsee bis Norwegen. Wird an der deutschen Nordseeküste zumeist im Spülsaum gefunden.

Schotentang
Halidrys siliquosa (L.) Lyngb.

0,5–2 m hoch, buschartig, mehrfach verzweigt, mit einer großen, festen Haftscheibe und mit runden bis abgeflachten, 2–5 mm breiten Sprossen. Zur Sprossspitze hin sitzen die Äste in zwei Reihen. An den Seitenästen entspringen lang gestreckte, luftgefüllte, 1,5–5 cm lange Schwimmblasen, die Schoten ähneln und in vier bis fünf Kammern unterteilt sind. Die Vermehrungskörper sind während des Winterhalbjahres zu beobachten. Mehrjährige Art, die in flachen Gewässern ab etwa 1 m Tiefe, am häufigsten in

Schotentang, Aststück

Fasertang, Aststück

Knolliger Gabeltang

Knolliger Gabeltang

Bifurcaria bifurcata Ross.

Bis 40 cm hoch mit runden, unregelmäßig gegabelten Sprossen. Schwimmblasen fehlen häufig. Die Vermehrungsorgane sitzen in den länglichen, angeschwollenen Sprossspitzen. Knolliger Gabeltang sitzt mit Hilfe der kriechenden, verzweigten Haftorgane fest im Untergrund. Wächst unterhalb der Niedrigwasserlinie. Südliche Nordsee, nicht in Dänemark.

Rinnentang

4–8 m Tiefe vorkommt. Nordsee bis Dänische Belte und westliche Ostsee. Die Art fehlt im Öresund und in der Ostsee zwischen Seeland (DK) und Schonen (S).

Fasertang

Cystoseira baccata
(S.G. Gmel.) P.C. Silva

Bis zu 90 cm hoch, olivgrünfarben bis bräunlich schwarz. Wächst buschartig und besitzt eine oder mehrere, 0,5 cm dicke Hauptachsen, die einer Haftscheibe entspringen. Die Zweigsysteme sind klein, fein verzweigt und besitzen kleine Schwimmblasen, die einzeln oder in Reihen angeordnet sind. Wächst im oberen Bereich der ständig wasserbedeckten Zonen und in kleinen Gezeitentümpeln. Die Art hat ein eher südliches Verbreitungsgebiet, z.B. Mittelmeer, kann jedoch auch in der südlichen Nordsee und in Dänemark angetroffen werden.

Rinnentang

Pelvetia canaliculata
(L.) Decne & Thur.

Bis 15 cm hoch. Ähnelt einem flachen Spiraltang, ist jedoch kleiner und hat gegabelte, 1–3 mm breite, tief gefurchte Zweigsysteme, die einer kleinen Haftscheibe entspringen. Die Vermehrungskörper sitzen an kleinen, verdickten, stark warzigen Sprossspitzen. Mehrjährige Art. Wächst im oberen Bereich der Gezeitenzone, z.T. zusammen mit Spiraltang, teilweise auch etwas oberhalb. Von allen lederartigen Braunalgen verträgt Riementang das Austrocknen am längsten. Häufige Art in der südlichen Nordsee und Norwegen, nicht in Dänemark.

Schwimmblase

Beerentang, Altstück

Beerentang

Sargassum muticum
(Yendo) Fensholt

Beerentang wird 2–4 m hoch, buschig und gelbbraun. Aus der kräftigen Haftscheibe entspringen 1–2 meterlange Hauptachsen mit kleineren Ästen mit Blättern und schwimmenden Beeren. Die Beeren haben einen Durchmesser von 2–3 mm. Die kleinen, 0,5–1 cm breiten Vermehrungskörper befinden sich an den verdickten Sprossspitzen. Beerentang stammt ursprünglich von den Küsten Japans und ist in der 40er Jahren mit jungen **Pazifischen Austern**, *Crassiostrea gigas,* an die amerikanische Pazifikküste gelangt. In den 60er Jahren hat sich die Art von dort aus weiter nach Frankreich, 1970 nach England, 1980 nach Holland, 1984 an die schwedische Westküste und den dänischen Limfjord und 1988 nach Helgoland sowie an die Südküste Norwegens ausgebreitet. Weiteres Vordringen ist zu erwarten. Beerentang hat sich vor allem in geschützten Küstengebieten ausgebreitet und wächst im oberen Bereich des Sublitorals in etwa 1–4 m Tiefe. Im Ärmelkanal verursacht die Art große Probleme, da sie sich leicht an den Antriebsschrauben kleinerer Boote festsetzt. Die dicht belaubten Beerentangbüsche konkurrieren durch Beschattung andere Algenarten aus, so dass die darunter wachsende Vegetation verhältnismäßig artenarm ist.

Knotentang

Knotentang

Ascophyllum nodosum (L.) LeJol.

0,3–1 (2) m langer, hellgelber bis bräunlich schwarzgrüner, lederartiger Busch. Die Art sitzt mit Hilfe einer Haftscheibe fest, von der mehrere, unregelmäßig verzweigte, flache, 0,5–1 cm breite Sprosse ohne Mittelrippe entspringen. Die Seitenzweige sind ausgeprägt und lang und besitzen einzelne, große, längliche Schwimmblasen. Knotentang bildet an der Hauptachse nur eine Schwimmblase pro Jahr, die erste im Alter von zwei Jahren. Daher ergibt die Anzahl der Schwimmblasen plus zwei das Alter der Alge, das stattliche 30 Jahre erreichen kann. Während des Winters erkennt man an den kleinen, stachelbeerartigen Seitensprossen Vermehrungsorgane. Knotentang wird als Tangmehl, Tierfutter und Nahrung für Menschen genutzt. Wächst in der Gezeitenzone, häufig zusammen mit Blasentang. Knotentang kann in der Unterwasservegetation des nördlichen Kattegats und der westeuropäischen Gezeitenzonen dominieren. Die nicht festsitzende Variante *A. nodosum* f. *scorpioides* mit verzweigten Sprossen, Schwimmblasen und Vermehrungsorganen kommt an geschützten Küsten mit sandigem und schlammigem Substrat vor. Nordsee bis nördliches Kattegat.

Fucales *Fucus*

Zu der Gattung *Fucus* gehören mehrjährige Arten mit lederartigen, olivbraunen bis braunen Thalli, die mehr oder weniger gegabelt sind und eine Mittelrippe haben. Fucales zeichnen sich neben den für Braunalgen typischen Schleimsubstanzen durch einen hohen Jodgehalt aus. Die drei Arten Spiraltang, Blasentang und Sägetang dominieren in den Küstengebieten. So werden bei Niedrigwasser ausgedehnte Tanggürtel sichtbar, in denen meist der Blasentang vorherrscht. Früher wurden *Fucus*-Arten als Dünger verwendet. Früher nutze man Pottasche, die aus verbrannten *Fucus*-Arten bestand, für die Herstellung von Soda und Salben. Aber bereits im Jahre 1814 wurde eine synthetische Methode zur Sodaherstellung entwickelt und das anstrengende Ernten der Algen entfiel. Heutzutage ist die Verwendung nur noch lokal begrenzt, meistens wird Tierfutter hergestellt.

Wachsbleicher Tang

Fucus ceranoides L.

30–60 cm hoch, abgeflachte, dünne, durchscheinende Blätter mit Mittelrippe und ohne Schwimmblasen. Die Seitensprosse sind wedelförmig. Am äußersten Ende der gegabelten, verdickten Spitzen sind die Fortpflanzungsorgane erkennbar. Wachsbleicher Tang wächst in Gezeitenzonen und scheint eng an Brackwassergebiete gebunden zu sein. Auf Steinen nahe Flussmündungen. Südliche Nordsee bis Norwegen, nicht in Dänemark.

Wachsbleicher Tang

Langfrüchtiger Klauentang

Fucus evanescens C. Agardh

Bis zu 30 cm hoch, gegabelt, ohne Schwimmblasen und mit schmaleren Thalli als Blasentang. Die Art ist am leichtesten im Frühjahr an den verdickten Fortpflanzungskörpern zu bestimmen, die 3–5 cm lang werden. Wächst mit Blasentang in der Gezeitenzone, häufig in nährstoffreichen Gewässern.

Die Alge stammt ursprünglich aus der Subarktis. Ist im Jahr 1893/94 in den Oslofjord und 1924 und 1933 an die schwedische Westküste eingewandert. 1948 wurde sie zum ersten Mal im Öresund gefunden. Seit den 70er Jahren hat die Art in der Ostsee stark zugenommen und hat sich entlang der Küste bis zur dänischen Insel Seeland, nach Kiel und nach Finnland ausgebreitet.

Langfrüchtiger Klauentang

Spiraltang

Fucus spiralis L.

10–30 cm hoch, flachwüchsig, spiralartige Thalli ohne Schwimmblase. Kleinste *Fucus*-Art. Die männlichen und weiblichen Fortpflanzungsorgane sitzen während des Sommerhalbjahres zusammen in kleinen Grübchen in den Spitzen der verdickten Sprossspitzen. Diese haben einen mehr oder weniger dicken Saum, der sie in zwei Hälften teilt. Spiraltang kann Schleim als Schutz vor Austrocknung ausscheiden und ist damit die gegen Austrocknung resistenteste Art. Wächst auf Steinen und Klippen im oberen Bereich der Gezeitenzone. An geschützten Küsten von Nordsee bis ins südliche Kattegat und in den Großen Belt, jedoch nicht im Kleinen Belt und Öresund.

Blasentang

Fucus vesiculosus L.

0,5–1 m hoch. Blasentang variiert äußerlich stark in Abhängigkeit von der Umgebung, der Umwelt und der Population. Charakteristisch sind paarige, gestielte Thalli, die der Mittelrippe entspringen. In Gebieten mit starker Brandung fehlen die Schwimmblasen, die Alge ist kürzer und schmaler. An geschützten Küsten wächst die Art mehr in die Breite, und die Schwimmblasen sitzen aufgereiht in zwei oder drei Paaren. Die Schwimmblasen breiten den Tang im Wasser aus, so dass die Pflanze optimal mit Licht und Wasser versorgt wird. Im Sommer findet man Blasentang mit Vermehrungskörpern. Er kann 4–6 Jahre alt werden, wächst auf Steinen und Klippen in der Gezeitenzone und verträgt regelmäßiges Trockenfallen. Der Blasentang kommt bis in eine Tiefe von 8 m vor und ersetzt aufgrund des abnehmenden Salzgehalts vom Kattegat in die Ostsee die *Laminaria*-Arten, die hier in ihrer Anzahl zurückgehen. In der Ostsee ist Blasentang auf größere Tiefen spezialisiert. Die Tiefenverbreitung wird durch Licht begrenzt. In den 40er Jahren verlief die Grenze bei 12,5 m, in den 80er Jahren bei 8,5 m. Diese Verschiebung beruht auf den erhöhten Eintrag von Nährstoffen (Eutrophierung). Blasentang kommt von Nord- und Ostsee bis in den Bottnischen Meerbusen vor, wo der Salzgehalt nur noch 3 ‰ beträgt.

Blasentang

Sägetang

Spiraltang

Sägetang

Fucus serratus L.

0,5–1 m hoch. Die Blätter haben einen gesägten Rand, Schwimmkörper fehlen. Es werden männliche und weibliche Pflanzen gebildet. Im Winter kann man Fortpflanzungskörper an den äußersten Zweigen entdecken. Sägetang verträgt nur kurzzeitiges Austrocknen und wächst im untersten Bereich der Gezeitenzone, unterhalb des Blasentangs. Wächst in dichten Beständen in 1–5 m Tiefe, vereinzelt auch bis 10 m. Nordsee bis mittlere Ostsee um Gotland.

Rauer Winterstrang

Meersaite

Palmtang-
Faseralge
auf Meersaite

Olivgrüne
Schleimalge

Meersaite, Seesaite
Chorda filum (L.) Stackh.

4–5 m hoch, unverzweigt, schnurartig, etwa 2–4 mm breit. Oftmals entspringen von einer kleinen Haftscheibe mehrere Stränge, die mit hellen Haaren besetzt sind. Die Haftscheibe ist auf anderen Algen, kleinen Steinen, Muschelschalen oder Seegras befestigt. Einjährige Art, die in Tiefen von 1–5 m angetroffen werden kann, wo sie dichte Bestände entwickelt. Gerne an geschützten Stellen in Fjorden und Buchten. Nordsee bis zu den Ålandinseln.

Rauer Winterstrang
Halosiphon tomentosus
(Lyngb.) Jaasund

0,1–1 (2) m hoch, unverzweigt, strang- bis schnurartig, dicht mit gelblichen Haaren besetzt, mit Ausnahme der Blattbasis. Der Raue Winterstrang ist seltener als die Meersaite. Er ist einjährig und wird nur während des Frühjahrs (März bis Juni) angetroffen. Wächst auf Steinen, bevorzugt an brandungsexponierten Küsten, im untersten Bereich der Gezeitenzone, selten tiefer als 5 m. Nordsee und Ostsee bis um die Ålandinseln.

Palmtang-Faseralge
Litosiphon laminariae (Lyngb.) Harv.

Bis zu 5 cm hoch. Palmtang-Faseralgen bestehen aus dünnen, unverzweigten, 0,1–0,2 mm dicken Strängen. Sie wachsen epiphytisch auf Meersaiten. Im Spätsommer sind sie mit mehreren anderen Arten vergesellschaftet, z.B. mit kleinen roten Büschchen des Horntangs, mit Röhrenalgen und braunen Büschchen der Faseralgen und weiteren Arten. Nordsee bis Dänische Belte, Öresund bis Ostsee zwischen Seeland und Südschweden.

Olivgrüne Schleimalge
Eudesme virescens
(Carmich. ex. Harv. in Hook) J. Agardh

Bis zu 25 (30) cm hoch, olivgrün bis hell bräunlich, mehrfach unregelmäßig verzweigt mit 1–2 mm dicken, glatten, schleimigen Sprossen. Die Hauptachse hat lange Seitenäste, denen wiederum kurze Ästchen entspringen. Färbt sich nach Austrocknung grün. Die Art ist im Frühjahr auf Steinen, Seegras und anderen Algen anzutreffen, ab 0,5–11 m Tiefe. Nordsee und Ostsee bis um die Ålandinseln.

Würmchentang
Mesogloia vermiculata
(J.E. Smith) Gray

Bis 30 cm hoch, dunkelbraun, unregelmäßig verzweigt und mit schleimiger Konsistenz. Ähnelt der Olivgrünen Schleimalge, hat jedoch dickere Sprosse (2,5–5 mm) und ist gröber verzweigt. Wächst während des Sommers auf Steinen und Algen, bevorzugt flaches Wasser in 1–5 m Tiefe, seltener bis 20 m Tiefe. Nordsee bis südliches Kattegat.

Würmchentang

Fenchel-Netzschlauchalge

Schnur-Netzschlauchalge

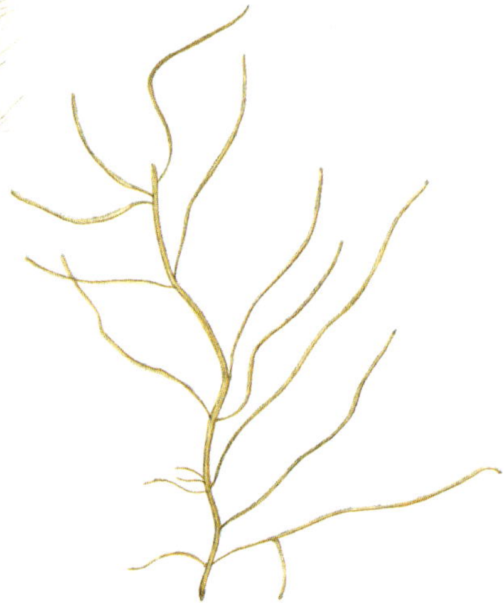

Fenchel-Netzschlauchalge

Dictyosiphon foeniculaceus
(Huds.) Grev

10–50 cm hoher, hellbrauner, mehrfach grob verzweigter Busch. An der Hauptachse entspringen zu allen Seiten zum Teil gegenständige, dünne, maximal 0,5 mm dicke und mit vielen farblosen Haaren besetzte Seitenzweige. Sehr variable Art, gröber als Felsenalgen und feiner als die Gattung *Desmarestia*. Die Art wird insbesondere im Flachwasser in 0,5 m Tiefe auf Steinen und anderen Algen angetroffen, kommt jedoch auch in Tiefen von bis zu 20 m vor. Nordsee und Ostsee bis um die Ålandinseln.

Schnur-Netzschlauchalge

Dictyosiphon chordaria
Aresch.

5–25 cm hoch. Die Hauptachse ist 1–3 mm dick und trägt eine Reihe ebenso dicker Seitenzweige, die entweder nicht oder nur leicht verzweigt und am Ansatz eingeschnürt sind. Wächst im Frühsommer und Sommer auf Steinen an geschützten Küsten in 0,5–1 m Tiefe. Recht seltene Art, die in Norwegen und Dänemark vorkommt und in die Ostsee hinein häufiger wird. Nordsee und Ostsee bis um die Ålandinseln.

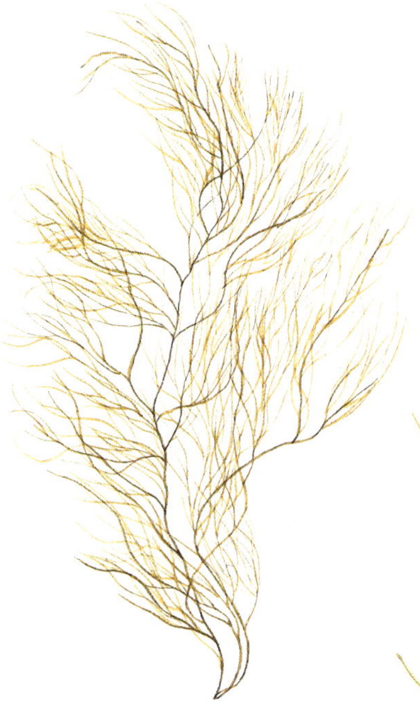

Schlauchalge

Dünne Streifenalge

Schlauchalge

Stictyosiphon tortilis (Rupr.) Renke sensu Rosenv.

20–50 (100) cm hoch, fein und dicht verzweigt. Schlauchalgen haben kürzere oder längere Seitenzweige, die wiederum verzweigt sein können. Ähnlich der Fenchel-Netzschlauchalge, jedoch enden die Sprossspitzen in einem farblosen Haar. Die Zeige sind zur Spitze hin segmentiert, so dass man mit einer Lupe eine leichte Querbänderung erkennen kann. Schlauchalgen kommen ganzjährig oft in größeren Mengen auf Steinen und Muschelschalen in 0–20 m Tiefe vor. Nordsee und Ostsee bis um die Ålandinseln.

Dünne Streifenalge

Striaria attenuata (Grev.) Grev.

10–20 (50) cm hoch. Von der Hauptachse entspringen nicht oder nur leicht verzweigte Seitenzweige. Die Sprosse sind ca. 1 mm dick, die Seitenäste sind gegenständig, radial oder unregelmäßig verteilt. Die Sprosse sind hohl und werden zu beiden Enden hin schmaler. Die Fortpflanzungskörper kann man als dicht beieinander stehende dunkle Flecken an den Sprossen erkennen, was ihnen ein quer gestreiftes Aussehen verleiht. Die Dünne Streifenalge kann in Tiefen von 5–20 m angetroffen werden. Nordsee bis westliche Ostsee und Öresund.

Geißeltang

Chordaria flagelliformis (O.F. Müller) C. Agardh

20–60 cm hoch, dunkelbraun bis schwarz, lederartig, strangförmig und verzweigt. Die Hauptachse besitzt mehrere Seitenzweige, die länger, jedoch wie die Hauptachse 0,5–1,5 mm dick sind. Die Art kann während des ganzen Jahres angetroffen werden. Häufige Art auf Steinen, jedoch auch auf anderen Algen, z.B. auf Blasentang. Bis in 4 m Tiefe, sowohl an brandungsexponierten als auch an geschützten Küsten. Nordsee bis Ostsee um Bornholm. Einzelne zweifelhafte Nachweise auch in der mittleren Ostsee.

Spitzentang

Acrothrix gracilis Kylin

10–40 cm hoch, gelbbraun bis grünlich braun, rund und unregelmäßig verzweigt. Die Hauptachse besitzt lange Seitenzweige, die wiederum wenige Zweige tragen. Sprosse hohl, ca. 0,5–1,5 mm dick, zur Spitze hin verjüngt. Ähnelt in ihrem Verzweigungsmuster dem Geißeltang, ist jedoch wesentlich dünner und heller gefärbt. Wächst im Sommer auf Steinen, Muschelschalen, seltener auch auf anderen Pflanzen, in Tiefen um 3–12 m. Nordsee, nördliches und mittleres Kattegat.

Weicher Winkeltang

Sphaerotrichia divaricata (C.Ag.) Kylin

10–40 cm hoch, hellbraun, rund, knorpelig bis geleeartig und unregelmäßig verzweigt. Die Äste sind 0,5–1 mm dick und stehen weit, nahezu rechtwinklig von der Hauptachse ab. Während des Sommers an geschützten Küsten auf Steinen, aber auch auf anderen Algen. Kommt in Tiefen von 0,5–2 m, seltener bis 10 m vor. Nordsee bis westliche Ostsee.

Fischertang

Spermatochnus paradoxus (Roth) Kütz.

10–50 cm hoch, braun, steif, rund, mehrfach gegabelt und seitlich verzweigt. Die Sprosse sind 1–2 mm dick, hohl und verjüngen sich stark zur Spitze hin. Einkammerige Sporangien sitzen warzenartig auf der Oberseite der Thalli. Im Sommer in geschützten Gebieten, wächst oftmals auf Blasentang und Seegras, seltener auch auf Steinen. Kommt im Flachwasser bis 15 m Tiefe vor. Während des Sommers kann man größere Mengen losgelöster Individuen in etwa 2–3 m Tiefe entdecken. Nordsee bis Ostsee zwischen Seeland und Südschweden.

Schnurtange, *Stilophora tenella* (Esper) P.C. Silva, ähneln dem Fischertang, sind jedoch etwas dünner (unterschiedliche Anatomie: Thalli von *S. tenella* besitzen vier parallele Fäden, *S. paradoxus* hat nur einen). Wachsen im Sommer im gleichen Habitat wie Fischertang. Nordsee bis westliche Ostsee.

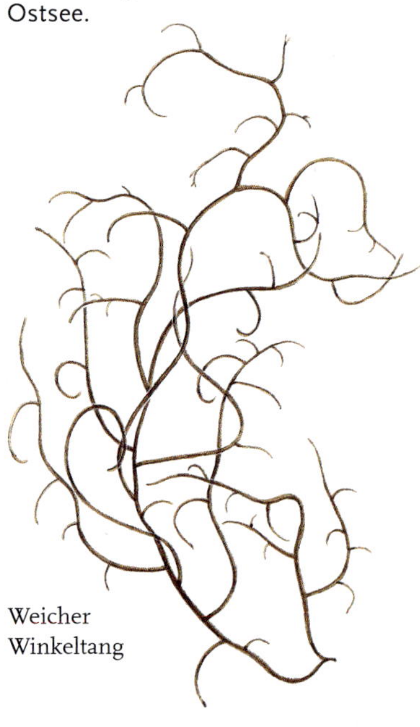

Weicher Winkeltang

Fischertang

Geißeltang

Spitzentang

Stacheltang

im Frühjahr

Gabelzunge

Stacheltang

im Sommer

Stacheltang

Desmarestia aculeata
(L.) J.V. Lamour.

Bis 1 (1,5) m hoch. Hauptachse und Seitenzweige sind reich und unregelmäßig verzweigt, dunkelbraun und bis 3 mm dick. Die Zweige sind an der Basis rund und mit kleinen Stielchen versehen. Während des Frühjahrs werden hellbraune Fäden gebildet, die entweder die Äste bedecken oder aber büschelig von kleinen Erhöhungen ausgehen. Zu Beginn des Sommers haben die Äste der Alge ein charakteristisches stacheliges Aussehen. Der Stacheltang ist mehrjährig und wächst auf Steinen, Muschelschalen, insbesondere auf kiesigem Substrat in geschützten Küstengebieten, in Tiefen bis zu 30 m. Nordsee bis Ostsee um Bornholm.

Federige Desmarestia

Federige Desmarestia

Desmarestia viridis
(O.F. Müller) J.V. Lamour.

10–50 cm hoch mit 0,5–1 mm dicken Zweigen und goldbraunen bis olivgrünen Thalli, die sich an die Hauptachse anlegen, sobald sich die Alge außerhalb des Wassers befindet. Wird von der Felsen-Faseralge und der Strand-Pilayella durch ihre etwas gröbere Struktur und die gegenständige Verzweigung unterschieden. Enthält in ihren Zellen Schwefelsäure. Deshalb sitzen nur selten andere Tiere oder Algen auf ihr, sie wird auch nur selten gefressen. Stirbt schnell, sobald sie sich nicht mehr in ihrem natürlichen Habitat befindet. Beim Sammeln muss man vorsichtig sein, da auslaufender Zellsaft andere gesammelte Algen beschädigen kann. Verfärbt sich beim Trocknen grün. Einjährig, wächst hauptsächlich auf Steinen oder anderen Algen ab 1–2 m bis in 30 m Tiefe. Nordsee bis Ostsee um Bornholm.

Gabelzunge

Dictyota dichotoma
(Huds.) J.V. Lamour.

5–25 cm hoch mit regelmäßig gegabelten dünnen, flachen, lappenförmigen Thalli ohne Mittelrippe. Die Blattlappen sind an der Basis mit 5 mm am breitesten und werden zur Sprossspitze hin schmaler. Die Thallusoberfläche kann von Gruppen winziger haarförmiger Fortpflanzungskörper bedeckt sein. Einjährige Art, die im Sommer am besten gedeiht. Wächst im unteren Bereich der Gezeitenzone bis hin zur Wasserlinie epiphytisch auf anderen Algen, auch auf Steinen und Muschelschalen. Diese westeuropäische Alge wurde 1939 zum ersten Mal in Dänemark auf Miesmuschelschalen gefunden. Nordsee bis Ärmelkanal, im Spülsaum des Skagerraks.

Bandblatt

Seegras-Bandalge

Bandblatt

Petalonia fascia (O.F. Müller) Kuntze

5–20 (40) cm hoch. Die Alge ist flach, fest, lanzett- oder zungenförmig, in der Mitte mit 0,5–5 cm am breitesten und zur Basis, wo sie in den Stiel übergeht, schmaler. Sie variiert stark im Aussehen: An brandungsexponierten Hafenmolen und Küsten ist sie kleiner und schmaler, während sie in geschützten Buchten größer und wesentlich breiter wird. Häufig entspringen mehrere Individuen der gleichen Haftscheibe (siehe Warzige Braunalge, S. 301). Häufige Art, die im Frühjahr auf Steinen in 0–0,5 m Tiefe wächst. Nordsee bis westliche Ostsee und Öresund.

Seegras-Bandalge

Petalonia zosterifolia (Reinke) Kuntze

5–30 cm hoch. Ähnelt dem Bandblatt, die Thalli sind jedoch schmaler, 0,2–2 mm breit und besitzen parallel verlaufende Kanten. Mehrere Individuen können von der gleichen Basalplatte entspringen. Die Art kann im Frühjahr und im Herbst auf Steinen in der Gezeitenzone angetroffen werden. Oftmals wächst sie in geringeren Tiefen als das Bandblatt und ist seltener. Nordsee bis Dänische Belte und Öresund.

Echter
Meerwegerich

Schmaler
Meerwegerich

Echter Meerwegerich

Punctaria plantaginea (Roth) Grev.

5–40 cm hoch. Die Alge ist flach, fest, lanzettförmig, dunkel gefleckt und besitzt leicht geschwungene Kanten. Die Thalli sind in der Mitte 1–3 (6) cm breit und werden zur Basis, wo sie in den Stiel übergehen, schmaler. Die Alge wird im Alter dunkelbraun und zerreißt in lange Fetzen. Sie ähnelt dem Bandblatt, wird von diesem jedoch durch die dunklen Flecken auf den Thalli, die Fortpflanzungskörper darstellen, unterschieden. Wächst im Frühjahr und Frühsommer auf Steinen in den Gezeitenzonen ab 0,5 m Tiefe. Nordsee bis westliche Ostsee und Öresund.

Schmaler Meerwegerich

Punctaria tenuissima (J. Ag.) Grev.

5–20 cm hoch mit olivgrünen bis hellbraunen, sehr schmalen (maximal 1–7 mm), weichen, bandförmigen Blättern, die aus nur einigen wenigen Zellschichten bestehen. Mehrere, gebogene Blätter entspringen von der gleichen Haftscheibe. Der Schmale Meerwegerich ist eine häufige Art, insbesondere auf Seegras. Im Frühjahr und Sommer in flachem Wasser bis in 10 m Tiefe. Nordsee und Ostsee bis um die Ålandinseln.

Schmaler Blasenschlauch

Asperococcus fistulosus
(Huds.) Hook

3–12 (20) cm hoch. Die Alge ist unverzweigt, schmal röhrenförmig, 1–3 mm dick, dünnwandig und hohl und wird zur Basis hin schmaler. Die Thalli zeigen häufig kleine Flecken, die Haare, Paraphysen (steril) und Sporangien enthalten. Der Schmale Blasenschlauch kann insbesondere im Sommer angetroffen werden und wächst hauptsächlich auf *Fucus*-Arten in geringen Tiefen, kann aber bis in 25 m Tiefe vorkommen. Nordsee bis westliche Ostsee, jedoch nicht im Öresund.

Körniger Blasenschlauch

Asperococcus bullosus J.V. Lamour.

5–17 (30) cm hoch. Die Alge ist unverzweigt, ca. 0,5–5 mm breit und wie ein luftgefüllter dünnwandiger Darm geformt, der fein gesprenkelt ist. Der Körnige Blasenschlauch kann im Sommer auf Steinen und anderen Algen ab wenigen Metern bis in 20 m Tiefe angetroffen werden. Nordsee bis mittleres Kattegat.

Schmaler Blasenschlauch

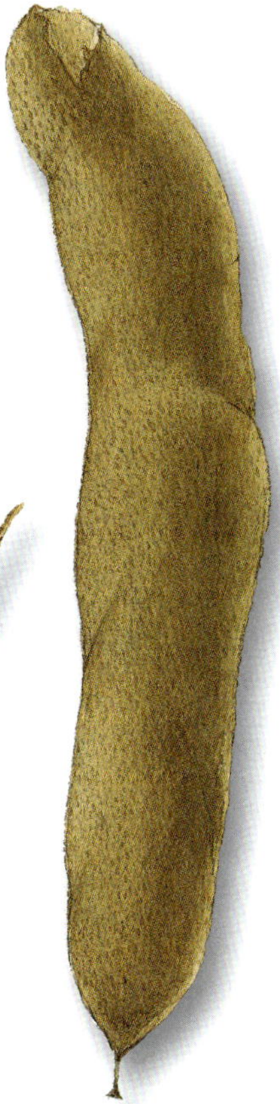

Körniger Blasenschlauch

Geschnürter Schlauchtang

Scytosiphon lomentaria (Lyngb.) Link

5–50 cm hoch. Die Alge wächst häufig in Büscheln. Die einzelnen Individuen sind unverzweigt, röhrenförmig, hohl, 1–5 mm breit und werden zu beiden Enden hin schmaler. Die Art zeigt charakteristische Einschnürungen, die ihr ein würstchenartiges Aussehen verleihen. Die Art variiert stark im Aussehen. Sie ist häufig zu finden, insbesondere im Frühjahr und Herbst auf Steinen im unteren Bereich der Gezeitenzone bis in 0,5 m Tiefe. Nordsee und Ostsee bis um die Ålandinseln.

Geschnürter Schlauchtang

Warzige Braunalge

Ralfsia verrucosa (Aresch.) J. Ag.

5–10 cm große, dunkle bis schwarzbraune lederartige Krusten, die bis 1 mm dick werden. Die Beläge sitzen auf Steinen oder Schalen fest und können sich, wenn sie älter werden, vom Substrat ablösen. Häufige Art, die während des ganzen Jahres in 0–0,5 m Tiefe angetroffen werden kann. Nordsee bis nördliche Ostsee.

Warzige Braunalge

Weitere **krustenartige Braunalgen** aus verschiedenen Gattungen können sowohl im Flachwasser als auch in tieferem Wasser angetroffen werden. Ihre Basalplatten können als Mikrothalli in die Lebenszyklen eingehen, wie z.B. beim Bandblatt. Die aufrechten Blätter können im Frühjahr und Herbst angetroffen werden, während der kleine, nur 1–2 mm große Mikrothallus auch ungünstigere Perioden überlebt. Zur Artbestimmung muss auf ein Mikroskop zurückgegriffen werden.

Felsen-Faseralge

Strand-Pilayella

Felsen-Faseralgen *(Ectocarpus siliculosus)* **und Strand-Pilayellas** *(Pilayella littoralis)* sind häufige, schwer voneinander zu unterscheidende Arten. Beide kommen als festsitzende und als losgelöste Formen vor. *P. littoralis* ist gegenständig verzweigt, während *E. siliculosus* radial verzweigt ist. Im Mikroskop sind in den Zellen der Strand-Pilayella die braunen, scheibenförmigen Chloroplasten erkennbar, während sie bei der Felsen-Faseralge bandförmig sind.

Es ist lediglich eine Art aus der Gattung *Pilayella* bekannt, dagegen gibt es mehrere gewöhnliche Faseralgenarten.

Felsen-Faseralge

Ectocarpus siliculosus
(Dillwyn) Lyngb.

1–5 (30) cm große, weiche, gelbbraune, wasserartige Alge, die zusammenfällt, wenn man sie aus dem Wasser nimmt. Eine Hauptachse fehlt, alle Seitenzweige sind haarfein und zu allen Seiten reich verzweigt. Junge Exemplare zeigen viele feine Seitenzweige, die bei älteren Individuen verschlissen und gröber sind. Häufige Art auf Steinen, Muschelschalen und anderen Algen, z.B. auf Seegras. Die Art wächst besonders gut während des Sommers, kann aber während des gesamten Jahres angetroffen werden. Kommt von der unteren Gezeitenzone bis in 20 m Tiefe vor. Hauptsächlich in nährstoffreichen, geschützten Gebieten, z.B. Häfen. Nordsee und Ostsee bis zu den Ålandinseln.

Strand-Pilayella

Pilayella littoralis (L.) Kjellm.

10–15 (30) cm groß, weich, von hellbraun über rostbraun bis zu dunkelbraun, watteartig. Verliert ihre Form, wenn sie aus dem Wasser genommen wird. Die vielen Ästchen sind haarfein, meistens gegenständig verzweigt. Die Büschchen sind teils lockerer, teils dichter und besitzen häufig Fäden, die der Alge ein charakteristisch dunkelbraunes, strangartiges Aussehen verleihen. Wächst oftmals zusammen mit Felsen-Faseralgen. Häufige Art auf Steinen, Muschelschalen und anderen Algen. Ganzjährig. Ab der mittleren Gezeitenzone bis in 20 m Tiefe, sowohl an Brandungsküsten als auch in ruhigeren Gebieten. Nordsee und Ostsee bis um die Ålandinseln.

Massenvorkommen von Felsen-Faseralgen und Strand-Pilayella

Filamentöse Braunalgenarten wie die Felsen-Faseralge und die Strand-Pilayella können in großen Mengen auftreten und die Küsten verunreinigen. Sie sitzen anfänglich auf dem Substrat fest, werden aber später losgerissen und wachsen umhertreibend zu größerer Größe heran. Nach und nach zerreißen die Algen in kleinere Stücke und sammeln sich in großen Mengen in nährstoffreichen Gebieten, z.B. in Buchten, an. Die Algen sind ungiftig, können jedoch bei Massenvorkommen hohe Konzentrationen von Bakterien und Viren, die im Meerwasser vorkommen, an den Zweigsystemen mitschleppen. Nach Massenauftreten verrotten die Algen an der Küste, was unangenehme Gerüche mit sich bringt.

Weicher Seeqirl

Filzige Braunalge

Weicher Seequirl

Cladostephus spongiosus (Huds.) C. Ag.

2–10 cm hoch mit schwarzbraunen, gegabelten Sprossen. Die Sprosse sind oft erst im oberen Teil der Hauptachse mit winzigen Kränzen aus haarfeinen, etwa 2 mm langen, abstehenden Ästchen besetzt. Sie ähneln so braunen Pfeifenreinigern. Mehrjährig und selten. Wachsen in Tiefen von 0–0,5 m. Nordsee bis südliches Kattegat.

Filzige Braunalge

Spongonema tomentosa (Huds.) Kütz.

5–10 cm hohe Büschchen aus feinen Fäden, die zu graubraunen, seilartigen Ästen verflochten sind. Die Fäden sind fein verzweigt, besitzen kleine, nach außen gebogene Seitenzweige, und die Zellen enthalten kurze, bandförmige Chloroplasten. Wachsen auf Blasentang, seltener auch auf Sägetang, im Flachwasser bis in 1 m Tiefe. Nordsee bis Ostsee um Bornholm.

Tang-Büschelalge

Elachista fuciola (Velley) Aresch.

1–3 cm hohe, pinselförmige Büschel, die auf *Fucus*-Arten, insbesondere auf Blasentang und Sägetang wachsen. Die weichen Büschel bestehen aus unverzweigten Fäden, die von einer harten, knorpeligen, kugelförmigen Basalknolle ausgehen. Im Herbst fallen die Fäden ab und die Art überwintert in der Basis. Nordsee und Ostsee bis um die Ålandinseln.

Knollenalge

Colpomenia peregrina (Sauv.) Hamel

1–15 cm Durchmesser, mit dünnen, blasenförmigen, luftgefüllten Thalli. Junge Pflanzen setzen sich auf jungen Austern fest, wachsen dort und füllen die Blasen bei Niedrigwasser mit Luft. Wenn die Alge Hühnereigröße erreicht hat, treibt sie frei im Wasser, mit der Auster unter sich. Ihre Entdeckung im Jahre 1905 auf den Austerbänken an der Loiremündung in Frankreich erweckte großes Aufsehen. Im Jahre 1921 wurde die Alge in Holland, 1933 in Norwegen und 1939 in Dänemark nachgewiesen. Knollenalgen können während des gesamten Jahres auf Muschelschalen, Sägetang oder anderen Algen beobachtet werden. Sie kommen auch auf Steinen im unteren Bereich der Gezeitenzone und im Flachwasser vor. Nordsee bis Limfjord und nördliches Kattegat.

Knollenalge

Tang-Büschelalge

Kartoffelalge

Leathesia difformis (L.) Aresch.

Durchmesser bis 5 cm. Hellbraune, kartoffelähnliche Alge, die zu Anfang rund und kompakt, später unregelmäßig gewölbt und mit Schleim gefüllt ist. Die Kartoffelalge ist eine häufige Art auf anderen Algen, insbesondere auf Horntang. Kommt im Flachwasser bis in 4–6 m Tiefe vor. Nordsee und Ostsee bis zu den Ålandinseln.

Kartoffelalge

Büschelalgen *Sphacelaria*

Die Gattung *Sphacelaria* bildet kleine, braune, deutlich abgegrenzte, runde oder leicht gespreizte Büschel. Sie ist leicht an der relativ großen Spitzenzelle der einzelnen längs und quer geteilten Fäden zu bestimmen. Die Zelle kann man im Gegenlicht (am besten unter der Lupe) gut als leuchtend hellen Spross erkennen. Es kommen eine vegetative Vermehrung durch Brutkörperbildung und eine geschlechtliche Fortpflanzung mit isomorphem Generationswechsel vor. Die verschiedenen Arten sind mehr oder weniger verzweigt. Die Bestimmung der Arten erfolgt aufgrund mikroskopisch kleiner Kennzeichen.

Gefiederte Büschelalge

Gefiederte Büschelalge

Sphacelaria plumosa Lyngb.

3–12 cm hoher, verzweigter Busch mit einer nahezu schwarzen, verzweigten Hauptachse, die in federartig verzweigte Abschnitte mit gegenständigen Zweigen übergeht. Charakteristisch sind die in der Mitte am breitesten, fiederigen Verzweigungen, während diese bei der nah verwandten **Langen Büschelalge**, *Sphacelaria plumigera* Holmes, gleich breit sind. Die Gefiederte Büschelalge kann ganzjährig auf Steinen, Muschelschalen und anderen größeren Algen, z.B. auf *Laminaria*-Wurzeln angetroffen werden. Wächst in 1–2 m Tiefe auf der Innenseite von Hafenmolen, aber auch in größeren Tiefen bis in 30 m Tiefe. Gefiederte Büschelalgen kommen von der Nordsee bis in die Ostsee zwischen Seeland (DK) und Südschweden vor, Lange Büschelalgen sind bis zu den Ålandinseln verbreitet.

Rasen-Büschelalge

Rasen-Büschelalge

Sphacelaria radians (Dillwyn) C. Ag.

Bildet 0,5–3 cm hohe, filzige, dunkelbraune Überzüge auf Steinen, die von anderen Algen, z.B. *Fucus*-Arten, beschattet werden. Die Büschel bestehen aus unregelmäßig verzweigten, kriechenden Fäden. Die Art wächst überwiegend im Flachwasser in Tiefen von 0,5–10 m. Sie kommt lokal von der Nordsee bis zu den Ålandinseln vor.

Fransige Büschelalge

Sphacelaria cirrosa (Roth) C. Ag.

Fransige Büschelalgen sind 1–3 cm hoch. Sie bilden steife bis weiche, kugelförmige Büschel, die auf anderen großen Algen, z.B. Stacheltang und Schotentang, in ca. 4–20 m Tiefe wachsen. Die einzelnen Zweige des Büschels sind unregelmäßig verzweigt. Nordsee bis nördliche Ostsee.

Arktische Büschelalge

Sphacelaria arctica Harv.

2–8 cm hohe, strauchförmige, steife Büschel. Die Sprosse sind unregelmäßig verzweigt und besitzen lange und leicht abgeflachte Seitenzweige. Wächst im Flachwasser hauptsächlich auf Steinen und anderen Algen, kommt aber auch bis in größere Tiefen von etwa 40 m vor. Arktische Art, die in der Nordsee und in der Ostsee bis zu den Ålandinseln vorkommt. Die Arktische Büschelalge ist dort sehr häufig und bildet Algengürtel in 7–10 m Tiefe.

Fransige Büschelalge

Arktische Büschelalge

Grünalgen *Chlorophyceae*

Grünalgen scheinen den übrigen grünen Pflanzen relativ nahe zu stehen. Denn beide Gruppen besitzen die gleichen Photosynthesepigmente (Chlorophyll a und b), den gleichen Satz an Carotinoiden, Stärke als Reservestoff und Zellulose als Gerüstsubstanz in der Zellwand. Die *Chlorophyceae* werden in der neueren Systematik in mehrere Algenklassen eingeteilt. Grünalgen sind sehr formvariabel, häufig grasgrün, können jedoch auch gelblich grün oder blassgrün bis dunkel flaschengrün sein.

Grünalgen sind in fast allen Organisationsstufen vertreten. In Anatomie und Morphologie reicht das Spektrum von einzelligen Formen (hauptsächlich im Süßwasser) über unverzweigte (Pinselförmige Vierkernalge) und verzweigte fädige Algen bis hin zu kompliziert gebauten verzweigten Formen oder haut- bis blattförmigen Arten (Meersalat). Die meisten Arten sind nicht größer als 20 cm. In geschützten Buchten kann man Grünalgen in etwa 1 m Tiefe antreffen, z.B. Darmtang.

Die Fortpflanzung vollzieht sich überwiegend ungeschlechtlich durch Zellen, die mit 2 oder 4 Peitschengeißeln ausgerüstet sind. Sie schwimmen nur kurze Zeit umher und setzen sich dann zum Auskeimen am Boden fest. Bei der geschlechtlichen Fortpflanzung verschmelzen zwei Geschlechtszellen, die häufig den vegetativen Schwärmern sehr ähnlich sind. Die männlichen Gameten sind in der Regel begeißelt, die weiblichen Geschlechtszellen können auch unbewegliche Eier sein.

Einige Grünalgen (z.B. Meersalat und Darmtang) werden gegessen. Da aber die Zellulose der Zellwände nicht verdaut werden kann, wird ein Großteil unverdaut wieder ausgeschieden. Die meisten Arten wachsen schnell, da sie nur kurze Zeit leben und zumeist einjährig sind. Sie leben in nährstoffreichen Gewässern, in Flussmündungen, Häfen und Abwasserausflüssen und bilden nahe der Wasserlinie grüne Beläge. Das Algenmaterial kann gesammelt und in Biogasanlagen verwendet werden (vgl. Meersalat, S. 312).

Die bei weitem meisten Grünalgen wachsen im Süßwasser, nur wenige leben im Meer. Die Artenanzahl nimmt von ca. 70 Arten in den dänischen Küstengewässern bis auf ca. 40 Arten in der zentraleren Ostsee ab. Grünalgen kommen häufig nahe der Wasserlinie vor, sie wachsen jedoch auch bis in 30 m Tiefe.

Pinselförmige Vierkernalge

Kleiner Darmtang

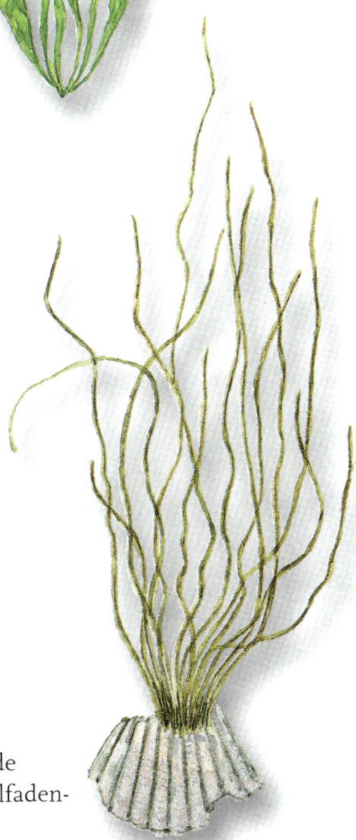

Blonde Spiralfadenalge

Pinselförmige Vierkernalge

Urospora penicilliformis
(Roth) Aresch.

10–15 cm lang, fadenförmig, dunkelgrün und unverzeigt. Die einzelnen Fäden sind sehr dünn, ca. 0,06 mm breit und bestehen aus nur einer Zellreihe. Vertragen zeitweises Austrocknen, wachsen jedoch am besten von Herbst bis Frühjahr, wenn der Wasserstand höher ist. Bilden auf Steinen grüne Gürtel zwischen Land und Wasser. Kommen hauptsächlich in der Gischtzone und Gezeitenzone vor. Nordsee und Ostsee bis um die Ålandinseln.

Kleiner Darmtang

Blidingia minima
(Näg. ex Kütz.) Kylin

1–7 cm hoch und 1–3 mm breit, röhrenförmig, normalerweise unverzweigt und gekräuselt. Verträgt kurzzeitiges Austrocknen. Bildet grassteppenartigen Bewuchs in der Gezeitenzone brandungsexponierter Küsten. Nordsee und Ostsee bis Ålandinseln.

Blonde Spiralfadenalge

Capsosiphon fulvescens
(C. Agardh) Setch. & Gardn.

1–10 cm hohe, unverzweigte, schmale Röhren, die dicht beieinander stehen, goldbraun bis olivgrün. Im Mikroskop erkennt man die schmuckvolle Anordnung der Zellen in Längsspiralen, oftmals in kleinen Gruppen von vier Zellen. Wächst auf Steinen und Muschelschalen in flachen, nährstoffreichen Gewässern. Nordsee und Ostsee bis um die Ålandinseln.

Darmtang *Enteromorpha*

Darmtang der Gattung *Enteromorpha* ist die häufigste und auffälligste Grünalgengruppe und bildet dichte, grasgrüne Bewüchse entlang der Wasserlinie. Darmtang kommt insbesondere in Häfen oder in der Nähe von Abwasserausläufen mit Zugang zu nährstoffreichem (eutrophem) Wasser vor. Die Algen besitzen nur eine Zellschicht und sind röhrenförmig. Die Form der Röhren variiert von Art zu Art und kann unverzweigt oder verzweigt, luftgefüllt oder flach gedrückt sein. Die Fortpflanzung erfolgt oftmals ungeschlechtlich mit Hilfe von Sporen, die sich schnell wieder auf Steinen, Schalen oder Schiffen festsetzen. Das kann zu Problemen führen, da der erhöhte Wasserwiderstand die Fahrt der Schiffe bremst und somit den Treibstoffverbrauch erhöht. Die einfach gebauten Arten variieren stark in ihrem Aussehen und lassen sich daher am besten mit Hilfe eines Mikroskops bestimmen. Dabei sollte auf die Zellform und Zellgröße, auf die Form und Lage des Chloroplasten sowie auf die Zahl der Pyrenoiden (kleine Proteine) geachtet werden.

Gemeiner Darmtang,
Querschnitt durch eine Röhre

Gemeiner Darmtang
Enteromorpha intestinalis (L.) Nees.

50 cm hoch, 1 cm breit. Die Röhre ist meist unverzweigt, länglich und geht nach unten hin in einen kurzen Stiel über. Sie ist darmähnlich aufgeblasen oder zusammengedrückt mit krausem Rand. Wächst in Vertiefungen auf Salzwiesen und auf Steinen im Flachwasser, oftmals an Stellen, an denen Süßwasser zufließt. Nordsee und Ostsee bis um die Ålandinseln.

Gewellter Darmtang
Enteromorpha linza (L.) J. Agardh

10–30 cm hoch und 1–6 cm breit, kann jedoch in nährstoffreichen Gewässern auch 70 cm hoch werden. Häufig mit unverzweigten Blättern, die im unteren Bereich röhrenförmig und im oberen blattförmig sind und einen hohlen, gewölbten Rand besitzen. Wächst auf brandungsexponierten Steinen nahe der Wasserlinie. Nordsee bis Ostsee.

Geschraubter Darmtang
Enteromorpha prolifera
(O.F. Müller) J. Agardh

Bis zu 50 cm hoch. Die Röhre ist verzweigt und bildet eine deutliche Haupt- und mehrere seitlich sitzende Nebenröhren, die etwas länger als die Hauptröhre sind. Zur Basis hin ist die Röhre korkenzieherartig geschraubt. Wächst sowohl auf geschützten als auch auf brandungsexponierten Steinen und anderen Algen bis in 1 m Tiefe. Nordsee und Ostsee bis um die Ålandinseln.

Verzweigter Darmtang
Enteromorpha ahlneriana Bliding

Bis 50 cm hoch und 0,5 cm breit. Die Hauptröhre hat viele fein verzweigte, fadenartige Nebenröhren. Häufige Art auf Steinen im Flachwasser, insbesondere in der Ostsee. Nordsee und Ostsee bis um die Ålandinseln.

Gemeiner
Darmtang
Geschraubter
Darmtang
Gewellter Darmtang
Verzweigter
Darmtang

Meersalat

Ulva lactuta L.

Blattquerschnitt mit einer Zellreihe

Bis 20 cm hoch, mit breiten, hautartigen, dunkelgrünen und festen Blättern. Diese Thalli bestehen aus zwei für *Ulva*-Arten charakteristischen Zellschichten. Der Rand ist gewellt und gefaltet und hat einen kurzen Stiel, mit dem die Art auf Steinen und Schalen festsitzt. Die Thalli werden gelblich und zerfallen teilweise am Rand, wenn die Sporen gebildet und freigesetzt werden. Die Gameten sind getrenntgeschlechtig. An brandungsexponierten Küsten werden viele Sporen gebildet und die Pflanze behält ihre Größe bei. In ruhigen Gewässern entlang geschützter Küstengebiete findet keine Sporenbildung statt, so dass die Thalli metergroß werden können.

Meersalat wird in manchen Gebieten gegessen, z.B. in Schottland. In der Abwasserreinigung kann Meersalat außerdem zur Aufnahme von Nährstoffen genutzt werden. Die Algen werden dann getrocknet und in Biogasanlagen verwendet.

Meersalat wächst hauptsächlich auf Steinen, etwas unterhalb der *Enteromorpha*-Arten, d.h. in der Übergangszone zwischen Gezeitenzone und Sublitoral. Er kann dichte Bestände bis in 1 m Tiefe bilden, aber auch bis 15 m Tiefe wachsen. Nordsee und Ostsee bis nördlich von Bornholm.

Meersalat

Dunkler Fjordsalat

Blattquerschnitt mit zwei Zellreihen: Dunkler Fjordsalat, Trompetenalge, Sommersalat

Trompetenalge

Gestielte Prasiola

Sommersalat

Trompetenalge

Monostroma grevillei (Thur.) Wittr.

Bis 20 cm hoch. Zu Anfang beutelförmig und reißt dann auf und breitet sich in ein dünnes Blatt aus, das nur eine Zellschicht besitzt. Blatt ist hautartig und verliert seine Struktur, sobald es aus dem Wasser genommen wird. Trompetenalgen können nur im zeitigen Frühjahr von Februar/März bis Mitte Mai angetroffen werden. Im Anschluss werden sie häufig am Spülsaum gefunden. Wachsen auf Steinen und Schalen in ca. 0–1 m Tiefe. Nordsee und Ostsee bis um die Ålandinseln.

Dunkler Fjordsalat

Ulvaria fusca (Postels & Rupr.) Rupr.

10–30 cm hoch, mit einem sehr dunkelgrünen Blatt, das aus nur einer Zellschicht besteht. Beim Trocknen färben sich die Thalli braungrün bis schwarz. Treibt frei in Buchten und kommt bis in 0–1 m Tiefe vor. Kann mit dem Meersalat verwechselt werden, der aber steifere und flaschengrünere Thalli hat. Nordsee bis westliche Ostsee.

Sommersalat

Gayralia oxysperma
(Kütz.) Vinogr. ex Scagel et al.

Bis 10 cm hoch, mit breiten, gelblich grünen Rosetten, die aus dünnen, einschichtigen Thalli bestehen. Wächst auf Steinen in geschützten Gewässern in ca. 0,5 m Tiefe. Im Sommer und Herbst, von Nordsee bis mittlere Ostsee.

Gestielte Prasiola

Prasiola stipitata Suhr. in Jess

0,2–1 cm hoch, mit wedelförmigen bis dreieckigen Thalli, die mit dem Stiel auf Steinen und Klippen festsitzen. Die Thalli bilden gelblich grüne bis dunkelgrüne, mehr oder weniger ausgebreitete, kleine Rosetten, die gehackter Petersilie ähneln. Die Art verträgt Austrocknen und kann in der Gischtzone auf Steinen wachsen. Sie bevorzugt Steine, auf denen Möwen rasten und sie über die Exkremente mit Nitrat und Phosphat versorgen. Gischtzone von Nordsee und Ostsee bis um die Ålandinseln.

Gewöhnliche Zweigfadenalge

Wollige Zweigfadenalge

Gewöhnliche Zweigfadenalge

Acrosiphonia centralis
(Lyngb.) Kjellm.

Bis 9 cm hohes, grünes, leicht seidig glänzendes und kugelförmiges Büschel. Die Alge besteht aus dünnen, einreihigen, verzweigten Fäden. Häufige Art auf Steinen in 0,5–1,5 m Tiefe, wächst insbesondere im Frühjahr und Frühsommer, Nordsee und Ostsee bis zu den Ålandinseln.

Wollige Zweigfadenalge

Spongomorpha aeruginosa
(L.) van den Hoek

1–2 cm hoch, hellgrün, watteartig und besenförmig. Wächst zumeist auf anderen Algen, während des Sommerhalbjahres auch auf Steinen in 0,5–1,5 m Tiefe. Nordsee und Ostsee bis zu den Ålandinseln.

Zweigfadenalgen

Cladophora

Die Zweigfadenalgen aus der Gattung *Cladophora* sind mit großen, buschigen Algen verwandt, die aus groben, einreihigen, verzweigten Fäden bestehen. Die Zellen sind vielkernig. Die Zellwände sind dick. Die darin enthaltenen, stabilisierenden Zellulose-Mikrofibrillen knistern, wenn man die Alge reibt. Zur Gattung gehören viele Arten, die sehr unterschiedlich aussehen und oftmals schwierig zu bestimmen sind, da sowohl frei treibende als auch festsitzende Arten vorkommen. Während des Sommerhalbjahres können sich in nährstoffreichen Gebieten *Cladophora*-Algenteppiche am Meeresboden bilden, die zu Nährstoffmangel führen können.

Felsen-Zweigfadenalge

Seidige Zweigfadenalge

Büschel-Zweigfadenalge

Seidige Zweigfadenalge

Cladophora sericea (Huds.) Kütz.

15–30 cm hoch, hell- bis dunkelgrün, büschelartig und reich verzweigt. Mehrere verwandte Arten. Kommt auf Steinen im Flachwasser vor, oftmals frei treibend. Nordsee bis mittlere Ostsee.

Felsen-Zweigfadenalge

Cladophora rupestris (L.) Kütz.

5–20 cm hoch, leicht an der dunkelgrünen Farbe zu erkennen. Die verzweigten, steifen Fäden bilden dichte Büschel. Wächst auf Steinen, dicht unterhalb der Wasserlinie und bis in 15 m Tiefe. Kann ganzjährig, häufig in der Unterwasservegetation zwischen Sägetang angetroffen werden, sehr selten frei treibend. Nordsee und Ostsee bis zu den Ålandinseln.

Büschel-Zweigfadenalge

Cladophora glomerata (L.) Kütz.

5–25 cm hoch. Junge Exemplare sind maigrün, ältere sind dunkler. Im Frühjahr zeigt die Art kleine, büschelförmige Sprossspitzen, die sich im Sommer abnutzen und sich im September wieder neu bilden. Die Algen wachsen in Meeresgebieten mit bis zu 15 ‰ Salzgehalt, aber auch im Süßwasser. Südliches Kattegat und Ostsee bis zu den Ålandinseln.

Borstenhaar

Chaetomorpha linum
(O.F. Müller) Kütz.

Tritt normalerweise als große, frei treibende Algenteppiche auf, die aus groben, dunkel- bis hellgrünen, gekräuselten Fäden bestehen. Die Fäden können meterlang und ca. 0,5 mm dick werden. Sie sind unverzweigt und aus nur einer Zellreihe. Die Zellen in den Fäden sind so groß, dass sie im Gegenlicht mit dem bloßen Auge gesehen werden können. Die Kräuselungen entstehen dadurch, dass an verschiedenen Stellen Zellteilungen stattfinden und sich die Fäden danach in die Länge strecken. Kommt auch als festsitzende Form auf Steinen vor, wird bis 15 cm lang. Die Fäden werden mit modifizierten Basalzellen, die sich oft mit benachbarten Zellen zu einer Haftscheibe verbinden, am Substrat fixiert. In geschützten Fjordgebieten in 0,5–5 m Tiefe. Nordsee bis zu den Ålandinseln.

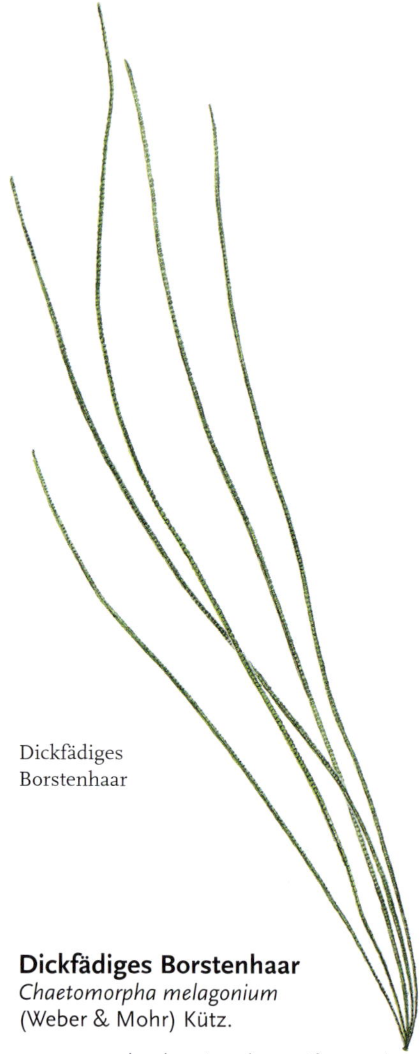

Dickfädiges Borstenhaar

Chaetomorpha melagonium
(Weber & Mohr) Kütz.

10–30 cm hoch mit sehr steifen und dunkelgrünen, unverzweigten Fäden (Borsten), die bis 0,7 mm dick werden können. Die Art wächst vereinzelt oder in Büscheln und ähnelt Angelschnüren, wenn man sie im Wasser sieht. Auch bei dieser Art kann man die großen Zellen mit bloßem Auge erkennen. Dickfädiges Borstenhaar wächst auf Steinen und anderen Algen in 0,5–20 m Tiefe. Nordsee bis nördliche Ostsee.

Zerbrechliche Gabelalge

Grüner Federtang

Grüner Federtang

Bryopsis plumosa (Huds.) C. Agardh

Bis 15 cm hoch, verzweigt, olivgrün. Aufrecht stehende Sprosse, die zur Spitze hin reich verzweigt sind. Die federförmig gefiederten Seitenzweige sind am Hauptstamm mehr oder weniger gegenständig angeordnet. Wächst auf Felsen etwas unterhalb der Wasserlinie bis in 15 m Tiefe. Der Tang bevorzugt kältere Temperaturen und kann daher an ehesten im Frühjahr und Herbst angetroffen werden. Nordsee bis westliche Ostsee und Öresund.

Zerbrechliche Gabelalge

Codium fragile (Suringar) Har.

10–90 cm hohe, dunkelgrüne Alge mit mehr oder weniger regelmäßig gegabelten Sprossen, die 5–8 mm breit sind. Die Sprosse bestehen aus verzweigten, dicht zusammenhängenden Röhren, die aus Zellen ohne Querwände bestehen und somit als Röhre funktionieren. Die Röhrenenden geben der Algenoberfläche ein plüschartiges Aussehen. Die Zerbrechliche Gabelalge wurde zuerst im Jahre 1857 in Skandinavien angetroffen und hat sich danach über Meeresströme über die Nordsee bis in das südliche Kattegat ausgebreitet und kann frei treibend auch im Öresund angetroffen werden. Zerbrechliche Gabelagen wachsen auf Steinen oder Pfählen, gerne an schattigen Stellen in 1–10 m Tiefe. Sie vertragen keine geringen Salzgehalte.

Armleuchteralgen *Charophyceae*

Armleuchteralgen sind offensichtlich die Gruppe unter den Grünalgen, die im Pflanzenreich den Übergang zu den Moosen darstellen könnte.

Armleuchteralgen werden bis 50 cm hoch und sind leicht an ihren kranzartigen, radialen Seitensprossen zu erkennen, die in verschiedenen „Etagen“ an der aufrecht stehenden, leicht verzweigten Hauptachse sitzen. Damit ähneln die Armleuchteralgen entfernt den Schachtelhalmen. Die kurzen Seitensprosse werden von kleinen Zellen gebildet. Der Abstand zwischen den Verzweigungsquirlen (Internodien) besteht aus nur einer Internodialzelle, die jedoch mehrere Zentimeter lang werden kann und daher auch „Langzelle" genannt wird.

Armleuchteralgen tragen Geschlechtsorgane, die mit dem bloßen Auge oder aber mit einer Lupe gesehen werden können. Die weiblichen Oogonien oder Eiknospen sind bräunlich bis schwärzlich, meist 0,5–1 mm groß und von spiralig angeordneten Hüllfäden schraubig umwunden, die an der Oogonienspitze in einer kleinen Krone enden. Die männlichen Spermatogonien entstehen in roten, knapp stecknadelkopfgroßen kugelförmigen Behältern. Nach der Befruchtung werden Sporen gebildet, die am Meeresboden überwintern und im darauf folgenden Frühjahr zu einer neuen Alge auskeimen.

Wie auch andere Algen sitzen Armleuchteralgen auf Steinen, sie verankern sich jedoch auch mit Hilfe von eigenen wurzelähnlichen Fäden (Rhizoide) im Substrat. Daher bevorzugen sie ruhige Küstengebiete ohne Brandung, z.B. Buchten oder Fjorde mit Sand- oder Schlammboden. Einige Arten wachsen im Brackwasser entlang von Küsten, andere im Brack- und Süßwasser oder ausschließlich im Süßwasser, insbesondere in klaren Seen und Flussläufen.

Normalerweise wachsen Armleuchteralgen dicht beieinander und können dadurch ausgedehnte Populationen in der Ostsee bilden. Zusammenhängende Populationen sind seltener, aber sie kommen im Kattegat und entlang der Nordseeküste vor.

Bei einigen Arten sind die Zellwände mit Kalk inkrustiert und werden dadurch steif und spröde, färben sich graugrün und haben einen charakteristischen Geruch.

Armleuchteralgen gehören zu den ersten Arten, die bei Versauerung durch Schwefel- und Salpetersäure absterben, da sie Gewässer mit hohem ph-Wert bevorzugen. Mit abnehmender Sichtweite im Wasser verschiebt sich die Tiefenverbreitungsgrenze nach oben.

Raue, Fuchsschwanz- und Nest-Armleuchteralgen wachsen im Brackwasser. Die Gattung *Chara* unterscheidet sich von der Fuchsschwanz- und der Nest-Armleuchteralge dadurch, dass die Internodialzellen mit Rindenfäden bedeckt sind, die für verschiedene Arten charakteristisch sind.

Zweigstück mit grünem weiblichen *Chara*-Oogonium (Eiknospe) und rotem männlichen *Chara*-Spermatogonium

Baltische Armleuchteralge

Baltische Armleuchteralge
Chara baltica Bruzelius

5–50 (90) cm hoch, steif, verzweigt, dunkelgrün und leicht verkalkt. Die Hauptachse ist mit kleinen Dornen besetzt, die einzeln, zu zweit oder zu dritt wachsen. Die kurzen Seitensprosse tragen sowohl nach oben als auch nach unten gerichtete Dornen. Die Seitensprosskränze sind 0,4–5 cm lang und bestehen aus 8–10 Sprossen. Die Sprossspitzen sind länger, nicht berindet und mehr durchsichtig. Einjährige Art, deren unterste Sprossspitzen im Herbst zu Knöllchen umgewandelt werden, die dicht mit Stärke gefüllt sind und als Überwinterungsorgane dienen. Wächst in 0,5–1,5 m Tiefe, ist sehr formvariabel mit kurzen Internodien zwischen den Zweigquirlen im Flachwasser und langen Internodien in tieferen Gewässern. Häufige Art in Ostsee und Kattegat, seltener in der Nordsee.

Raue Armleuchteralge

Chara aspera Dethard. ex Willd.

3–15 (30) cm hoch, dünn, leicht bis mäßig verkalkt und bräunlich bis grasgrün gefärbt. Die Hauptachse ist fein längs gestreift und besitzt einzeln stehende Dornen, die im Aussehen den nach oben und unten gerichteten Dornen der Seitensprosse ähneln. 8–9 Seitenzweige mit rindenlosen Spitzen bilden einen Sprosskranz. Ältere Exemplare können anders aussehen, da ihnen die Dornen fehlen und sie manchmal stark verkalkt sind. Auf den wurzelähnlichen Fäden bilden sich häufig als Überwinterungsorgane weiße Knöllchen. Es gibt männliche und weibliche Pflanzen, wobei die weiblichen Individuen kräftiger ausgebildet sind als die männlichen. Die Raue Armleuchteralge ist einjährig. Sie ist die häufigste Art in der Ostsee und wächst bis in 1,5 m Tiefe, lebt aber auch in kalkreichen Seen. In den anderen Regionen ist sie seltener, kommt jedoch lokal in Brackwassergebieten von der Nordsee bis Norwegen vor.

Die **Zerbrechliche Armleuchteralge**, *Chara globularis* Thuill., ist eine nah verwandte Art mit eingeschlechtigen Pflanzen. Sie wächst hauptsächlich im Süßwasser, jedoch auch in der mittleren und nördlichen Ostsee.

Raue Armleuchteralge

Graue Armleuchteralge

Graue Armleuchteralge

Chara canescens Loisel.

3–30 cm hoch. Die Graue Armleuchteralge ist nicht verkalkt und hat ein bürstenartiges Aussehen, da die Hauptachse dicht mit langen Dornen besetzt ist. Die Seitensprossquirle sind mit nach oben und unten gerichteten Dornen besetzt, die bis 1,5 mm lang werden können. 6–10 Seitensprosse, die bis 1,5 cm lang werden, bilden eine Sprossquirl. Es gibt männliche und weibliche Pflanzen. Einjährig. Wächst in 0,5–1,5 m Tiefe und kann in der Ostsee große Bestände entwickeln. Ist häufig mit der Baltischen Armleuchteralge und dem Kamm-Laichkraut vergesellschaftet. Kommt auch in Brackwassergebieten von Norwegen bis zur Nordsee vor.

Geweih-Armleuchteralge

Chara tomentosa L.

25–80 cm hoch, steif. Im Flachwasser sind junge Sprosse rötlich gefärbt, die Farbe verschwindet jedoch beim Trocknen. In größeren Tiefen ist sie grün gefärbt. Die Geweih-Armleuchteralge ist leicht an den nach oben gerichteten Dornen an der Hauptachse zu erkennen. Die Seitensprossquirle haben 6–7 Ästchen. Mehrjährige Art mit männlichen und weiblichen Pflanzen. Hübscheste Art in der mittleren und nördlichen Ostsee, auch im Süßwasser.

Geweih-Armleuchteralge

Fuchsschwanz-Armleuchteralge

Fuchsschwanz-Armleuchteralge

Lamprothamnium papulosum
(Wallr.) J. Groves

5–40 cm hoch, hellgrün, nicht verkalkt und mit eng zusammenstehenden oberen Seitensprossen, die einem Fuchsschwanz ähneln. Die Hauptachse ist nicht von Rinde, dafür jedoch mit 3 mm langen, nach unten gerichteten Dornen besetzt. Auch die Seitensprosse sind verzweigt und besitzen Dornenkränze, was der Art ein filzartiges Aussehen verleiht. Einjährige Art, die mit weißlichen Knöllchen an den wurzelartigen Fäden überwintert. Die Fuchsschwanz-Armleuchteralge bevorzugt ruhige Flachwassergebiete mit einem abnehmenden Salzgehalt von bis zu 10 ‰. Westliche Ostsee, Dänische Belte, Öresund, südliches Kattegat und Limfjord. Die Art ist von Norwegen bis zur Nordsee nur selten anzutreffen, obwohl sie Salzgehalte von bis zu 30 ‰ verträgt, denn sie kommt auch in Quellerbeständen vor.

Nest-Armleuchteralge

Tolypella nidifica
(O.F. Müll.) A. Braun

5–20 cm hoch, leicht verzweigt und buschig, olivgrün. Weder Kalkeinlagerungen noch Rindenbildung. Leicht an den langen, glatten Sprossen mit dichten Verzweigungen zu erkennen, an denen die Geschlechtsorgane sitzen. Einjährige. Häufige Art auf sandigem Substrat in 2–5 m Tiefe. Kommt in der Ostsee vor, aufgrund des hohen Salzgehalts ist sie im Kattegat und in Südnorwegen seltener.

Nest-Armleuchteralge

Flechten *Lichenes*

Flechten sind Doppelorganismen, in denen ein Pilz zusammen mit einer Alge (Grünalge oder Blaualge) einen morphologischen und physiologischen Verband bildet. Sie werden heutzutage nicht als eine eigene systematische Einheit, sondern eher als eine ökologische Gruppe angesehen. Flechten besitzen Vermehrungsorgane, die aus Sporensäckchen bestehen, die dicht auf scheiben- bis napfförmigen Fruchtkörpern (Apothecien) sitzen. Diese besitzen häufig eine andere Farbe als die Flechte. Flechten vertragen längerfristiges Austrocknen, aber auch Salzwasser. Sie bilden Überzüge auf Steinen, Pflanzen und Schalen entlang von Küsten, sowohl oberhalb als auch unterhalb der Wasserlinie.

Schönflechte
Caloplaca marina (Wedd.) Zahlbr.

1–2 cm breites, orangegelbes, krustenförmiges Blatt, das knotenartige Risse mit undeutlichen Rändern und keine deutlichen Randlappen aufweist. Die dunkelorangefarbenen Vermehrungsorgane sitzen in kleinen, runden Fruchtkörpern (Apothecien). Wächst überwiegend in der Gischtzone. Häufige Art von der Nordseeküste bis in die Ostsee um die Ålandinseln.

Wandflechte
Xanthoria parietina (L.) Th.

2–10 cm breite, orangegelbe bis grünlich gelbe, krustenförmige Blattflechte, die eine Kante mit 2–5 mm langen, lappenartigen Blättchen aufweist. Die Apothecien sind 2–3 mm lang, dunkelorangefarben und schalenförmig. Häufige Art oberhalb der Gischtzone, wo sie entlang geschützter Küstenregionen hübsche orangefarbene Flechtengürtel bilden kann. Nordseeküste bis in die Ostsee um die Ålandinseln.

Dunkle Warzenflechte
Verrucaria maura Wahlenb.

Kohlschwarz gefärbte, krustenförmige Flechte, die Flecken und Beläge bildet. Im ausgetrockneten Zustand ist die Kruste mattschwarz gefärbt und rau, während sie im nassen Zustand glatt und fettig erscheint. Sie wächst insbesondere auf schattigen Nord- und Ostseiten von Felsen und Steinen über der Hochwasserlinie und setzt sich durch eine deutliche Grenze von dieser ab. Auf der nach Süden gerichteten Seite von Klippen und Küsten wird die Dunkle Warzenflechte durch die Blaualge *Calothrix scopulorum*, die im Blaualgen-Kapitel beschrieben wird, ersetzt. Nordseeküste bis in die Ostsee um die Ålandinseln.

Schönflechte

Wandflechte

Dunkle Warzenflechte mit rotem
Belag der Weinroten Krustenalge

Marine Blütenpflanzen

Bedecktsamer = *Angiospermae*

Die höheren Blütenpflanzen sind auf dem Festland die bekanntesten Vertreter aus dem Pflanzenreich. Nur wenige kommen mit den Lebensbedingungen im Meer zurecht. Sie werden am häufigsten in Flachwassergebieten mit Brackwasser, sowie in der Nähe von Flussmündungen angetroffen. Echtes Seegras wächst jedoch auch in größerer Entfernung zu den Küsten bis in 5 m Tiefe und stellt die einzige richtige marine Blütenpflanzenart dar. Diese Art sowie auch die anderen Seegräser bevorzugen Salzgehalte von über 30 ‰, vertragen jedoch auch geringere Salzgehalte von 3 ‰ und darunter. Seegräser sind mehrjährige Arten, wachsen ausschließlich unter Wasser, besitzen kriechende Stiele, die im schlammigen oder sandigen Substrat festsitzen. Am Übergang vom Stängel zum Blatt kann man oftmals ein Blatthäutchen erkennen.

Blütenpflanzen bilden mit Armleuchteralgen marine Wiesen, die an geschützten Küsten und in der Ostsee eine reiche Tierwelt beherbergen.

Echtes Seegras

Zostera marina L.

Grasartige Pflanze, bis 5 mm dick und mit verzweigtem Stängel, an denen mehrere Blätter entspringen. Die Thalli stehen in zwei Reihen, sind schmal linealisch, 2–10 mm breit und 20–120 cm lang. Sie haben oftmals fünf oder mehr Blattnerven, die an der Blattspitze charakteristisch abgerundet zusammenlaufen. Die dunkelgrünen oder grasgrünen Blütensprosse, die an der Spitze des Stiels gebildet werden, sind 60–200 cm lang. Die eingeschlechtigen, nackten, unscheinbaren Blüten kann man an verdickten Sprossabschnitten erkennen. Die Bestäubung und die Fruchtbildung erfolgen im Wasser.

Seegras vermehrt sich reichhaltig, vegetativ über die Stängel und bildet, insbesondere in geschützten Buchten bis in 5 m Tiefe, große Seegraswiesen und ist auf Schlick- und Schlicksandböden bestandsbildend. Aufgrund des erhöhten Nährstoffeintrags (Eutrophierung) und der damit verbundenen geringeren Sichtweite unter Wasser hat sich die Tiefenverbreitung des Seegrases verschoben. Noch vor 30 Jahren konnte man die Art in Tiefen von bis zu 30 m antreffen. Im Herbst werden große Mengen Seegras am Spülsaum angespült. Die getrockneten Pflanzen werden örtlich als Isoliermaterial und zum Dachdecken verwendet. Als Laichplatz für Fische ist das Echte Seegras auch ökologisch eine wichtige Art.

Das **Schmalblättrige Seegras**, *Zostera angustifolia* (Hornem.) Reichenb., besitzt bis zu 2 mm breite Blätter mit je drei Blattnerven. Die Blätter sind an der Spitze leicht eingekerbt. Wächst bis in 1,5 m Tiefe und ist überwiegend im Wattenmeer verbreitet.

Echtes Seegras

Zwerg-Seegras

Zwerg-Seegras

Zostera noltii Hornem.

Kleines Seegras, das nur 20–30 cm hoch wird. Es besitzt sehr schmale, linienförmige Blätter. Die Blätter haben, außer den beiden Nerven am Blattrand, nur einen Blattnerv. Häufige Art an Küsten bis in 1 m Tiefe. Nordsee und Ostsee bis um die Ålandinseln.

Schraubige Salde

Ruppia cirrhosa (Petagna) Grande

In Größe und Aussehen der Strand-Salde sehr ähnlich, die Blattspitzen sind jedoch abgerundet und gleichmäßig gezähnt. Sehr häufige Art im Flachwasser der Küstenregionen, überwiegend in Buchten und Fjorden. Nordsee und Ostsee bis um die Ålandinseln.

Schraubige Salde

Strand-Salde

Strand-Salde

Ruppia maritima L.

Pflanze bis 30 cm hoch mit hellen, fadenförmigen, verzweigten Stängeln. Der Stängel ist deutlich durch Knoten gegliedert und schwimmt im Wasser. Die Blätter stehen zweizeilig, sind linien- bis borstenförmig. Sie werden bis 1 mm breit, sitzen am Grund einer leicht geöhrten Scheide und haben eine unregelmäßig gezähnte Kante an der Spitze. Es gibt männliche und weibliche Pflanzen. Die weiblichen Exemplare werden an der Oberfläche bestäubt, während die Fruchtentwicklung unter Wasser stattfindet. Der dünne Fruchtstiel ist schwach gekrümmt. Sehr häufige Art im Flachwasser an Küsten, insbesondere in Buchten und Fjorden. Nordsee und Ostsee bis um die Ålandinseln.

Brackwasser-Hahnenfuß

Brackwasser-Hahnenfuß

Batrachium baudotii
(Godr.) F. Schultz.

Weißliche, oftmals meterlange Stängel. Die Art wird häufig nur mit ihren Unterwasserblättern, die steife, fein verzweigte hell- bis gelbgrüne Abschnitte besitzen, angetroffen. Die zeitweise vorkommenden Schwimmblätter sind dreigeteilt und breiter. Die Pflanze ist zweigeschlechtig und besitzt weiße, 5–10 mm lange Kronblätter mit gelben, halbmondförmigen Staubbeuteln an der Basis. Der Fruchtstiel ist dick, gekrümmt und ca. 3–10 cm lang. Die Art variiert stark im Aussehen und kommt auch im Süßwasser vor. Sie wächst jedoch hauptsächlich in Flachwassergebieten an Meeresküsten. Nordsee und Ostsee bis um die Ålandinseln, insbesondere im Limfjord und anderen Brackwasserfjorden sowie in der gesamten Ostsee.

Kamm-Laichkraut

Kamm-Laichkraut

Potamogeton pectinatus L.

40–200 cm hohe Pflanze mit mehrfach verzweigtem fadenartigen Stiel, der auch unter der Ähre nicht deutlich verdickt ist. Die Seitensprosse sind zweireihig und bilden im Wasser zickzackförmige Sprosssysteme mit langen borstenförmigen Blättern. Die Blätter sind grün oder bräunlich, recht dick, borstenförmig und lang zugespitzt, jedoch nie gezähnt wie bei der Gattung *Ruppia*. Der Blütenstand ist aus einigen wenigen Kränzen der zweigeschlechtigen Blüten zusammengesetzt. Nordsee und Ostsee bis zu den Ålandinseln, auch im Süßwasser.

Das nah verwandte **Faden-Laichkraut**, *Potamogeton filiformis* Pers., unterscheidet sich vom Kamm-Laichkraut durch die dünneren, maximal 30 cm hohen und gerundeten Blattspitzen, die nie zugespitzt sind. Süßwasserart, die auch häufig in der Ostsee vorkommt.

Teichfaden

Zannichellia palustris L.

Kleine, zierliche Pflanze, die 20–50 cm hoch wird. Der kriechende Stängel zeigt zwei Segmente zwischen jedem aufrecht stehenden Blattspross. Die Blätter sitzen oftmals in dreiteiligen Kränzen. Sie sind hellgrün, durchsichtig, linienförmig, ganzrandig und zugespitzt, 0,5–0,2 mm breit und 2–5 cm lang. Mit Blatthäutchen.

Teichfaden wird entweder als eine Art angesehen oder aber in drei Unterarten mit unterschiedlichen ökologischen Merkmalen unterteilt. Die meistverbreitete Art ist der **Kriechende Teichfaden**, *Zannichellia repens* Boenn., der vier kleine, gleich aussehende Früchte ohne knotige Kanten bildet. Im marinen Flachwasser und im Süßwasser. Nordsee und Ostsee bis um die Ålandinseln.

Teichfaden

Literatur

BRATTERGARD, T. ET AL.: Distribution of marine, benthic macro-organisms in Norway. Research Report for DN 1997-1. Directorate for Nature Management, 1997.

DEHAAS, W. & KNORR, F.: Was lebt im Meer an Europas Küsten? Mittelmeer, Atlantik, Nordsee, Ostsee. Müller Rüschlikon, CH-Cham, 1999.

DE RUITER, E. & SCHOENMAKER, A.: Zeeboek. Jeugdbonds-uitgeverij & Stichting Uitgeverij, Utrecht, 1989.

DYBBRO, T.: Strandens dyr og planter. Politikens Forlag A/S, Kopenhagen, 1997.

FIEDLER, U. ET AL.: Tiere im Wattenmeer. Zur Lebensweise ausgewählter Arten. Hrsg.: Landesinstitut Schleswig-Holstein für Praxis und Theorie der Schule (IPTS), Kiel, Landesamt für den Nationalpark Schleswig-Holsteinisches Wattenmeer, Tönning. Schmidt & Klaunig, 1990.

HAYWARD, P.J. & RYLAND J.S.: Handbook of the Marine Fauna of North-West Europe, Oxford University Press, Oxford, 1995.

HAYWARD, P.J. & RYLAND J.S.: The Marine Fauna of the British Isles and North-West Europe Vol 1 + 2., Clarendon Press, Oxford, 1990.

JANKE, K. & KREMER, B.P.: Das Watt. Lebensraum, Tiere und Pflanzen. Franckh-Kosmos Verlag, Stuttgart, 1990.

JANKE, K. & KREMER, B.P.: Düne, Strand und Wattenmeer. Tiere und Pflanzen unserer Küsten. Franckh-Kosmos Verlag, Stuttgart, 1999.

KORNMANN, P. & SAHLING, P.-H.: Meeresalgen von Helgoland. Biologische Anstalt Helgoland, Hamburg, 1977.

MUUS, B.J. & NIELSEN, J.G.: Die Meeresfische Europas in Nordsee, Ostsee und Atlantik. Franckh-Kosmos Verlag, Stuttgart, 1999.

STREBLE, H.: Was find ich am Strande? Pflanzen und Tiere der Strände, Deiche, Küstengewässer. Franckh-Kosmos Verlag, Stuttgart, 1990.

WANDREY, R.: Die Wale und Robben der Welt. Vorkommen, Gefährdung, Schutz. Franckh-Kosmos Verlag, Stuttgart, 1997.

Register

Karte der im Buch beschriebenen Meeresregionen mit Angabe der durchschnittlichen Salzgehalte des Oberflächenwassers im August